「電気は理詰め」。私がいつも生徒に言う言葉です。例えば、抵抗は1Ωのものもあれば、$1\mathrm{M}\Omega$（いちメガオーム＝百万オーム）のものもあります。見かけは同じですが、とてつもない差です。もし1000Ωの抵抗が必要な場所に500Ωの抵抗をつないだら、回路はうまく動かないでしょう。1Ωの抵抗をつないだら、回路が壊れるとか煙が出て焼けるとか相当嫌なことが起こるでしょう。電気回路は「とりあえず、適当な値のものをつないでみる」では動きません。理論に基づいた計算が必要です[1]。

本書は電子工作に必要な理論の基礎を、この一冊で全て学べるようにした本です。内容を精選し、選んだ項目については、考え方が理解できるように記述しました。また難易度が徐々に上がるよう、項目を配列しました。

以下のような読者や用途を想定しています。

- 工学部電気系学生のための入門用教科書
- それ以外の理系の学生のための教科書
- 趣味で電子工作を楽しむ人のための独習書

本書の特長は、図と数式をたくさん用いて、分かりやすく説明していることです。数式の変形においては、できるだけ途中経過を省略しないように記述し、場合によっては小さな文字でコメントを式の傍に記しました。また、電気回路学習の最大の難関である「複素記号法」については、特に詳しく説明しました。

工学部の電気系学科においては「電気回路」と「電子回路[2]」は別の科目として扱われ、教科書も別になっています。アナログ電子回路の設計には、どちらも必要な理論なので、一人の著者が一貫性をもって記述した本が望ましいと言えましょう。本書は電気回路と電子回路のエッセンスを一冊にまとめました。1〜4章が電気回路、5〜7章が電子回路に対応します。

本書では読者の理解を助けるため、多くの図において、たぬきがワンポイントの説明をします。私の本のために、かわいいたぬきのイラストを描いて下さった河上隆昭さんに感謝します。

---

[1] もちろん、実験しないと分からないこともたくさんあります。電気回路は理論に基づいて設計した後、実際に回路を組んで実験してみて修正することが必要です。

[2] 「電気回路」と「電子回路」は似た用語であり、混同されることもありますが、次のような違いがあります。電気回路は電源と「コイル」「コンデンサ」「抵抗」のみを含む回路を

1

教員、あるいは回路の学習を経験済みの方向けに、本書の特長を箇条書きでまとめます。初学者の方は読み飛ばして下さい。

電気回路

- 徐々に難易度が上がるように項目を配列しました。理解が容易な直流回路（1 章）において、重ね合わせの理、テブナンの定理などの重要な理論を全て提示し、2 章の交流回路につなげました。
- 交流理論の根幹である「複素記号法」を、図と数式を用いて詳しく説明しました。
- 交流回路を分かりにくくする要因として、最初に「実効値」が出てくることが挙げられます。電子回路の設計においては通常は実効値ではなく振幅を用います。2 章の「交流回路の基礎」においては、複素記号法やベクトル図を振幅を用いて説明し、実効値は 3 章の「交流回路の電力」に回しました。
- 周波数特性という考え方、簡単な回路の過渡現象、交流に直流を付加・除去する回路など、実用的かつ基本的な回路について 4 章でまとめて説明しました。

電子回路

- 多くの本は「ダイオード ⇒ トランジスタ ⇒ オペアンプ」と発明された歴史順に単元を配置しています。本書は理解のしやすさと重要度を考慮し「オペアンプ ⇒ ダイオード ⇒ トランジスタ」の順に説明します。
- オペアンプの使うときの基本原理である負帰還について、詳しく説明しました。
- 実用上重要なオペアンプの単電源での使用法について、考え方の基本を丁寧に説明しました。
- ダイオードの特性と近似方法について、グラフと図を多用して分かりやすく説明しました。
- トランジスタについては、徐々に難易度が上がるように、スイッチとしての使用法を最初に説明しました。増幅回路においては、負荷線を引く難解な方法を避け、線形な等価回路を用いて説明しました。

言います。電子回路はそれに加えて、ダイオード、トランジスタ、オペアンプなどの半導体素子を含んだ回路を言います。また、「電子回路」は比較的低い電圧（30 V 以下）で動作する回路というイメージがあります。

目 次

▐▐▶ 第 1 章　直流回路の基礎　　8

1.1　電圧と電流 8

1.2　回路記号 9

1.3　電気回路で用いる単位 10

1.4　SI 接頭語 12

1.5　直流と交流 13

1.6　電圧・電流の向きと符号 14

1.7　オームの法則 16

1.8　キルヒホッフの法則 16

　　1.8.1　キルヒホッフの第 1 法則（電流則）：電流連続を表す . . . 17

　　1.8.2　キルヒホッフの第 2 法則（電圧則）：電圧連続を表す . . . 18

1.9　抵抗の直列接続 19

　　1.9.1　合成抵抗 19

　　1.9.2　分圧の式 20

1.10　抵抗の並列接続 21

　　1.10.1　合成抵抗 22

　　1.10.2　並列抵抗の計算例 23

　　1.10.3　分流の式 26

1.11　抵抗回路の計算例 27

1.12　ショート（短絡） 32

1.13　電流計と電圧計 36

1.14　電流計と分流器 42

1.15　電圧計と倍率器 43

1.16　キルヒホッフの法則を用いた回路の解き方 44

1.17　重ね合わせの理 (Principle of superposition) 49

1.18　アース記号 57

1.19　電流が流れていない部分の考え方 59

1.20　ブリッジ回路 62

1.21　テブナンの定理 (Thévenin's theorem) 66

1.22　電流源 73

1.23　電流源を含む場合の重ね合わせの理とテブナンの定理 75

1.24　電力 77

3

	1.25	電力最大と整合	. . . .	80
	1.26	電力量	. . . .	83

⫸ 第2章　交流回路の基礎　　　　　　　　　　　　　86

2.1	はじめに	. . . .	86
2.2	回路素子		86
	2.2.1　抵抗	. . . .	86
	2.2.2　コイル	. . . .	87
	2.2.3　コンデンサ	. . . .	88
2.3	交流回路を解くのに必要な知識のまとめ		91
2.4	交流回路に加える電圧		92
2.5	正弦波の表し方		93
2.6	交流回路における素子		97
2.7	交流回路を正攻法で解く		99
2.8	複素記号法による解法	. . . .	102
	2.8.1　電圧と電流の表し方	. . . .	102
	2.8.2　素子の表し方	. . . .	103
	2.8.3　方程式のたて方	. . . .	104
2.9	複素記号法の原理		106
	2.9.1　複素数の導入	. . . .	106
	2.9.2　微分の扱い	. . . .	107
	2.9.3　積分の扱い	. . . .	109
	2.9.4　まとめ	. . . .	111
2.10	複素表現と時間表現の関係		112
	2.10.1　複素表現を時間表現に直す方法	. . .	112
	2.10.2　複素数の偏角と $e^{j\omega t}$ をかけることの意味		114
	2.10.3　印加電圧の取り扱い方	. . . . .	117
2.11	ベクトル図		118
	2.11.1　L のみの回路	. . . .	118
	2.11.2　C のみの回路	. . . .	119
	2.11.3　RL 直列回路	. . . .	120
	2.11.4　RC 直列回路	. . . .	123
	2.11.5　RC 並列回路	. . . .	127
2.12	ベクトル図の応用例		128
2.13	複素記号法において成立する法則	. . . . .	130
	2.13.1　インピーダンスの直列・並列接続		131
	2.13.2　分圧・分流の式	. . . .	133

4

2.13.3	重ね合わせの理	134
2.13.4	テブナンの定理	135
2.14	アドミタンス (Admittance)	136
2.15	共振回路	138
2.15.1	直列共振	138
2.15.2	並列共振	140

▶ 第3章 交流回路の電力　143

3.1	交流回路の電力	143
3.1.1	時間表現と電力	143
3.1.2	複素記号法と電力	147
3.2	電力の公式の導出	148
3.3	実効値 (Effective value)	151
3.4	皮相電力	153
3.5	電流計と電圧計の指示値	155
3.6	簡単な回路の電力計算	158
3.7	コイルとコンデンサが蓄えるエネルギー	161
3.7.1	コイル	161
3.7.2	コンデンサ	162

▶ 第4章 回路に関するその他の知識　164

4.1	周波数特性	164
4.1.1	周波数特性の考え方	164
4.1.2	RC ローパスフィルタ	166
4.1.3	RC ハイパスフィルタ	172
4.1.4	dB（デシベル）	174
4.2	入力インピーダンスと出力インピーダンス	177
4.2.1	2つの回路を接続する	177
4.2.2	入力インピーダンスと出力インピーダンスを用いた考察 . .	179
4.3	抵抗分圧回路の性質	181
4.4	過渡現象	184
4.5	直流成分の付加と除去	195
4.5.1	電圧シフトの必要性	195
4.5.2	直流成分を加える回路	195
4.5.3	直流成分を遮断する回路	200
4.6	変圧器（トランス：Transformer）	205

目次

	4.6.1	変圧器で成立する式	205
	4.6.2	数式の導出	207
	4.6.3	単巻変圧器（オートトランス）	210

➡ 第5章　オペアンプ 212

5.1 基本特性 212
5.2 等価回路 216
5.3 オペアンプの使用方法 217
5.4 負帰還 218
5.5 2つの基本形 220
    5.5.1 反転増幅回路 220
    5.5.2 非反転増幅回路 222
    5.5.3 本当にショートさせると？ 224
5.6 バッファ 226
5.7 加算回路 228
5.8 減算回路 229
5.9 積分回路 230
    5.9.1 微分方程式に基づいた解析 230
    5.9.2 複素記号法を用いた解析 234
5.10 微分回路 237
5.11 コンパレータ 240
    5.11.1 コンパレータの基本 240
    5.11.2 ヒステリシス付きコンパレータ 242
5.12 オペアンプとコンパレータ 247
5.13 単電源での扱い方 249
    5.13.1 単電源とは 249
    5.13.2 増幅回路における考え方 251
    5.13.3 非反転増幅回路 252
    5.13.4 直流成分を付加する回路の改良版 255
    5.13.5 反転増幅回路 259

➡ 第6章　ダイオード 262

6.1 ダイオードの基本性質 262
6.2 ダイオードにおける電圧降下 265
6.3 発光ダイオードの駆動回路 266
6.4 整流回路（電源用） 267

		6.4.1 半波整流回路	267
		6.4.2 全波整流回路	269
		6.4.3 平滑回路	271
	6.5	整流回路（信号処理用）	274
		6.5.1 ダイオードと抵抗のみの回路	274
		6.5.2 オペアンプを用いた整流回路	275
	6.6	ダイオードと抵抗を接続した回路	278

▰▶ 第7章　トランジスタ　　　　　　　　　　280

7.1	基本特性	280
7.2	基本回路	283
7.3	スイッチ回路	287
7.4	増幅回路	291
	7.4.1 増幅とは	291
	7.4.2 固定バイアス回路	291
	7.4.3 電圧増幅率	296
7.5	エミッタとアースの間の抵抗の取り扱い	298
7.6	電流帰還バイアス回路	300
7.7	エミッタフォロワー (Emitter follower)	306
7.8	実際のトランジスタの特性	310
7.9	電界効果トランジスタ (FET: Field effect transistor)	313
	7.9.1 FET とは	313
	7.9.2 JFET (Junction FET)	313
	7.9.3 MOSFET (Metal Oxide Semiconductor FET)	316
	7.9.4 MOSFET の使用例	318
	7.9.5 実際の FET の特性	321

▰▶ 付録A　複素数の基礎　　　　　　　　　　325

A.1	複素数とは	325
A.2	極座標形式	326
A.3	代表的な値	328
A.4	極座標形式の演算	330
A.5	複素共役	331

第1章 直流回路の基礎

　電気回路学における重要な法則は「オームの法則」「キルヒホッフの電流則」「キルヒホッフの電圧則」の3つである。本章ではこれらの法則を学び、さらに重ね合わせの理やテブナンの定理を学ぶ。

▶ 1.1 電圧と電流

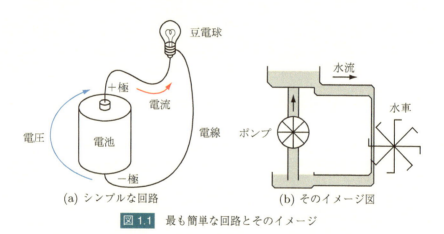

図 1.1　最も簡単な回路とそのイメージ

　最も簡単な電気回路を図 1.1(a) に示す。図のように配線すると、電池の＋極から－極に向かって電気が流れ、豆電球が光る。電池は電気を流そうとする力があり、これを**電圧**と呼ぶ。電池に電線と豆電球を接続すると、電気が流れる。この電気の流れを**電流**と呼ぶ。電池のように電圧を発生させるものを**電源**という。

この現象は図 1.1(b) のように例えることができる[1]。電圧は高度差、電流は水流、電池はポンプに相当する。豆電球は「水を流れにくくし、かつ水車のように水の位置エネルギーを利用して仕事をする」部分に対応する。

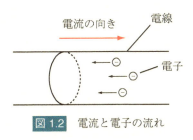

図 1.2　電流と電子の流れ

　電流の実体は電子の流れである。図 1.2 のように電線中を電池の − 極から + 極に向かって電子が移動する。電流の向きと電子の移動方向が逆なのは、電気工学の歴史において、電流の実体が未解明な時期に、電流の向きを「電池の + 極から − 極に向かって流れる」と定義したためである。このように定義しても不都合は起こらないので、電気工学においては電流は電池の + 極から − 極に向かって流れると考える。

1.2　回路記号

　電気回路を表現するのにイラストを書くのは非能率で分かりにくいので、回路記号を用いる。図 1.1(a) を回路記号を用いて書くと、図 1.3 となる。これを回路図という。

図 1.3　回路図

　主な回路記号を図 1.4 に示す。電気回路において電気を流れにくくする素

---

[1] 電気の現象とは異なる面もあるが、類推としては良い例えだと思う。

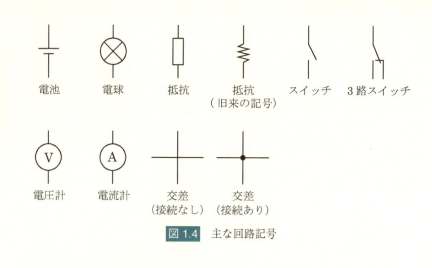

図 1.4 主な回路記号

子を**抵抗**とよぶ。豆電球も抵抗の一種である。抵抗に電流が流れるとエネルギーを消費する。豆電球の場合は、エネルギーの大部分は熱になり、一部は光となる。

1.3 電気回路で用いる単位

電気回路において用いられる単位とその定義、使われる記号を以下にまとめる。

電荷量 (Charge)

電子は − に帯電した電荷である。原子は原子核のまわりを電子が回る構造を持つが、その電子のうち 1 個または数個の電子が離れた状態にある原子は、+ に帯電した電荷である。このような電荷の量を電荷量という。

 単位 C（クーロン）[2]

 記号 Q
    └─ 数式や回路図中で、電荷量を表すときに用いる英文字

 1 C の定義 …… 電子 1 個が持つ電荷量は -1.6×10^{-19} C である。

---

[2] Charles Augustin de Coulomb（シャルル・オーギュスタン・ド・クーロン）(1736–1806): フランスの物理学者。
 単位記号には直立体文字を用いる。原則として小文字を用い、人名に由来する場合は最初の 1 文字は大文字で表す。

電流 (Current)

1 秒間に電線の断面を通過する電荷量を表す。

単位　A（アンペア）[3]

記号　I（Intensity of electricity）

1 A の定義 ⋯⋯ 1 秒間に 1 C の電荷が導線の断面を通過するとき、1 A である。

電圧 (Voltage)

電気を流そうとする力を電圧という。

単位　V（ボルト）[4]

記号　V（Voltage）または E（Electromotive fource: 起電力）

1 V の定義 ⋯⋯ ある 2 点間を 1 C の電荷を移動させたとき、必要なエネルギーが 1 J（ジュール）[56] であるなら、2 点間の電圧は 1 V である。

抵抗 (Resistance)

電気が流れるのを制限する働きを抵抗[7] という。

単位　Ω（オーム）[8]

記号　R（Resistance）

1 Ω の定義 ⋯⋯ オームの法則の節 (p.16　1.7 節) で示す。電球は抵抗の一種である[9]。

---

[3] André Marie Ampère （アンドレ・マリー・アンペール）(1775–1836): フランスの数学者、物理学者。

[4] Alessandro Giuseppe Antonio Anastasio Volta （アレッサンドロ・ジュゼッペ・アントニオ・アナスタシオ・ヴォルタ）(1745–1827): イタリアの物理学者。

[5] 力学の分野では 1 J は 1 N（ニュートン）の力を加え続けて 1 m 移動させるために必要なエネルギーと定義される。1 N は 1 kg の物体に $1 m/s^2$ の加速度を生じさせる力の大きさであり、100 g の物体にかかる重力の大きさが約 1 N である。

[6] James Prescott Joule （ジェームス・プレスコット・ジュール）(1818–1889): イギリスの物理学者。

[7] 回路素子としての抵抗は resistor, 抵抗値は resistance で表す。

[8] Georg Simon Ohm （ゲオルク・ジーモン・オーム）(1789–1854): ドイツの物理学者。

[9] 電球の抵抗値は点灯時と消灯時で異なる。点灯時の抵抗値は消灯時の 10 倍以上になる。これは点灯時はフィラメントの温度が上がり、原子の運動が激しくなり、電子の流れを妨げるためである。

単位記号の付け方

例えば、1.5 ボルトの電圧は 1.5 V と表記する。記号「V」は「1 ボルトの電圧」を表す。ゆえに、「1.5 V」は「無次元量 1.5」と「1 ボルトの電圧を表す V」の積を表す。書籍によっては 1.5[V] のように単位を [ ] で囲む流儀もあるが、1.5 V という表記が正式である。

本書では単位を付けると数式が見づらくなる場合、式中の単位を省略することがある。

1.4 SI 接頭語

電気回路で使用する電圧、電流、抵抗などの値は広い範囲の値をとる。電子工作において取り扱う電圧は 10^{-6} V 〜 300 V, 電流は 10^{-6} A 〜 10 A, 抵抗は 1 Ω 〜 10^6 Ω 程度の範囲である。10^{-3} のような指数表現は分かりづらいので、表 1.1 の接頭語を用いる。

表 1.1 接頭語

接頭語	読み方	意味	日本語
k	キロ	10^3	千
M	メガ	10^6	100 万
G	ギガ	10^9	10 億
T	テラ	10^{12}	1 兆

接頭語	読み方	意味	日本語
m	ミリ	10^{-3}	1/千
μ	マイクロ	10^{-6}	1/100 万
n	ナノ	10^{-9}	1/10 億
p	ピコ	10^{-12}	1/1 兆

上記の接頭語のうち、μ のみがギリシャ文字である。ギリシャ文字が使えないときは u で代用する。

コラム　k, M, m, μ をうまく使おう

大きな数の掛け算をするとき、k（千）, M（百万）を使うと便利である。例えば、横 4000 ピクセル, 縦 3000 ピクセルのカメラの画素数を計算するとき、4000 × 3000 = 12000000 では 0 の個数を間違える恐れがある。

$$4\,\mathrm{k} \times 3\,\mathrm{k} = 12\,\mathrm{M}$$

とすると、数字の計算「4 × 3 = 12」と、桁数の計算「k × k = M ($10^3 \times 10^3 = 10^6$)」を別々に行うことができるので、間違える可能性が少ない。「キロ」と「キロ」をか

けると「メガ」になると覚えるとよい。

　電子回路では電流は mA, 抵抗は kΩ を使うことが多い。オームの法則で

$$10\,\text{V} \div 2\,\text{k}\Omega = 5\,\text{mA}$$

という計算をするとき、数字の計算「$10 \div 2 = 5$」と桁数の計算「$1 \div \text{k} = \text{m}\,(1 \div 10^3 = 10^{-3})$」を別々に行う。「キロ」で割ると「ミリ」になると覚える。同様に「ミリ」で割ると「キロ」になる。

 ## 1.5　直流と交流

　1.1 節 (p.8) では電源として電池を扱った。電池が発生する電圧は一定であり、横軸を時間、縦軸を電圧としてグラフを描くと図 1.5(a) のような形になる。これを直流（DC: Direct Current）という。

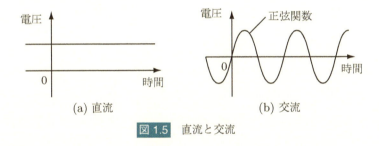

図 1.5　直流と交流

　一方、家庭用のコンセントに来ている電圧は図 1.5(b) のような形をしており、正弦関数[10] の形状で時間変化する。これを交流（AC: Alternating Current）という。

　身近な電源の電圧値を表 1.2 に示す。なお家庭用コンセントの 100 V は実効値である。実効値の意味は 3.3 節 (p.151) で説明する。

　直流回路は直流電源と抵抗のみを含む回路であり、回路中を流れる電流や

---

[10] 数学用語において、sin（サイン）は正弦、cos（コサイン）は余弦と訳されるので、一般的には正弦関数は sin 関数を指す。しかし、sin と cos は 90° ずらすと重なるので、形状としては同一である。本書では「正弦関数」という用語を図 1.5(b) のような形状を表すのに用いる。すなわち本書では「正弦関数」は sin 関数と cos 関数の両方を指す。似た用語として「三角関数」という用語がある。三角関数は sin, cos, tan の 3 つの関数を指すと見なされることが多い。厳密には、sec, cosec, cotan, arcsin, arccos, arctan も三角関数の中に含まれる。

表1.2 身近な電源の電圧値

名称	種別	電圧
乾電池	直流	1.5 V
ニッケル水素電池	直流	1.2 V
リチウムイオン電池	直流	3.7 V
USB端子	直流	5 V
車のバッテリー	直流	12 V
家庭用コンセント	交流	100 V

電圧の値は一定値である。直流回路の解析は簡単なように見えるが、その中には「オームの法則」「キルヒホッフの法則」「テブナンの定理」など、電気回路（交流を含む）を考えるときに用いる重要な概念が全て含まれている。本書は直流回路から説明を始める。

1.6 電圧・電流の向きと符号

回路の計算をする場合、電圧と電流は符号を持つ量として取り扱う必要がある。電圧や電流の向きと符号について説明する。

図1.6 電圧の定義

図1.6 に示すように、電圧 V は2点を結ぶ矢印で表され、符号を持つ。図1.1(p.8) のように、電圧を水面の高度差に例えて考えるとき、図1.6 の点 a の方が点 b より水位が高いなら、電圧 V の符号は正である。点 a の方が点 b より水位が低いとき、電圧 V は負の値をとる。

図1.7(a)(b) において、$V_1 = 1.5\,\mathrm{V}$, $V_2 = -1.5\,\mathrm{V}$ である。図1.7(c) のように、電圧の向きを逆にとると符号は逆になる。V_3 と V_4 の関係は、$V_4 = -V_3$ となる。

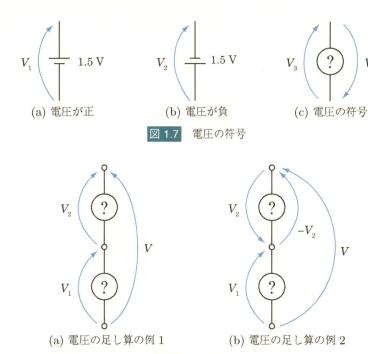

図 1.8(a) において

$$V = V_1 + V_2 \tag{1.1}$$

である。図 1.8(b) は V_2 の向きが、同図 (a) とは逆になっている。上側の素子の電圧の向きを、下から上向きにとると $-V_2$ であるから、

$$V = V_1 + (-V_2) = V_1 - V_2 \tag{1.2}$$

である[11]。

図 1.9(a) に示すように電流も向きを持つ。電流を表す記号 I に添えられた矢印と同方向に電流が流れるとき、I は正の値をとり、矢印と逆方向に電流が流れるとき、負の値をとる。例えば図 1.9(b) において $I_1 = 1\,\mathrm{A}$ であり、同図 (c) において $I_2 = -1\,\mathrm{A}$ である。

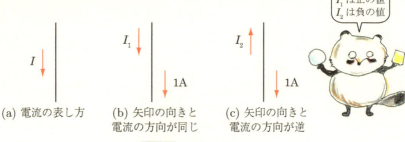

図 1.9　電流の符号

図 1.10　オームの法則

▶ 1.7　オームの法則

「抵抗にかかる電圧」と「抵抗を流れる電流」の関係を表すのがオームの法則である。図 1.10 のように電圧と電流の向きをとる[12]。電圧 V, 電流 I, 抵抗 R の間には以下の関係がある。

$$V = IR \tag{1.3}$$

(1.3) をオームの法則と呼ぶ[13]。**電圧と電流の向きに注意する**。図 1.10 では電圧 V と電流 I を表す矢印は逆方向を向いている。図 1.11(a) あるいは (b) のように、電圧と電流の矢印が同方向のときは、次式となる。

$$V = -IR \tag{1.4}$$

▶ 1.8　キルヒホッフの法則

---

[11] 電圧の和をとるとき、矢印の先に矢印をつぎ足すようにする。これに従うと、図 1.8(b) において $V + V_2 = V_1$ である。V_2 を移項して (1.2) が得られる。

[12] 電気回路は「回路」という名の通り、図 1.3 (p.9) のようにループが形成されないと電流は流れない。図 1.10 はループの一部を取り出したものである。

[13] I と R の順序はどちらが先でもよい。

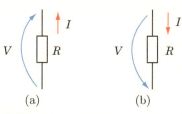

図 1.11　電圧と電流の向きが同じ場合

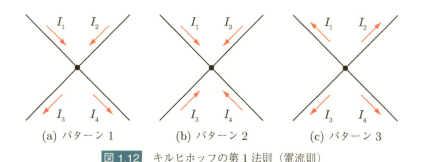

(a) パターン 1　　(b) パターン 2　　(c) パターン 3

図 1.12　キルヒホッフの第 1 法則（電流則）

1.8.1　キルヒホッフの第 1 法則（電流則）：電流連続を表す

図 1.12(a) において

$$I_1 + I_2 = I_3 + I_4 \tag{1.5}$$

が成立する。言葉で書くと、

> ある節点に流れ込む電流の和は、その節点から流れ出す電流の和に等しい

となる。電流は電子の流れであるから、回路中に湧き出したり消滅したりする点はなく、連続である。(1.5) はこのことを表している。これを「キルヒホッフ[14] の第 1 法則」あるいは「キルヒホッフの電流則」という。本書では以降「キルヒホッフの電流則」と呼ぶ。

$I_1 \sim I_4$ は正負どちらの値もとりうる。負のときは電流の向きが矢印と逆方向であることを意味する。

電流の向きを図 1.12(b) あるいは (c) のように定めるときは、次式が成立する。

$$I_1 + I_2 + I_3 + I_4 = 0 \tag{1.6}$$

---

[14] Gustav Robert Kirchhoff（グスタフ・ロベルト・キルヒホッフ）(1824–1887)：ドイツの物理学者。

電流の向きをどのように定めるかは、方程式をたてるとき、考えやすいように選ぶ。

1.8.2 キルヒホッフの第2法則（電圧則）：電圧連続を表す

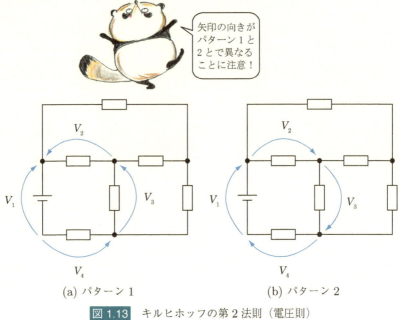

(a) パターン1　　　　　　　(b) パターン2

図 1.13　キルヒホッフの第2法則（電圧則）

図 1.13(a) において次式が成立する。

$$V_1 = V_4 + V_3 + V_2 \tag{1.7}$$

言葉で表現すると

　　　ある2点間の電圧は、どのような経路をとっても同じ値になる

となる[15]。これを「キルヒホッフの第2法則」あるいは「キルヒホッフの電圧則」という。本書では以後「キルヒホッフの電圧則」と呼ぶ。

図 1.13(b) のように電圧の向きをとると、次式のようになる。

$$V_1 + V_2 + V_3 + V_4 = 0 \tag{1.8}$$

---

[15] 多くの教科書では「任意の閉回路において電圧降下の総和は起電力の総和に等しい」と述べられている。意味は同じである。

言葉で表現すると

　任意の閉回路に沿っての電圧の和は 0 になる

となる。(1.7) と (1.8) は電圧の向きのとり方が異なるだけで、意味は同じである。電圧の向きをどのようにとるかは、方程式をたてるとき、考えやすいようにとればよい。

　以上で述べた「オームの法則」「キルヒホッフの電流則」「キルヒホッフの電圧則」の 3 つの法則を用いると、どんなに複雑な電気回路であっても、連立 1 次方程式をたてることで、各場所の電流や電圧を求めることができる。

1.9　抵抗の直列接続

1.9.1　合成抵抗

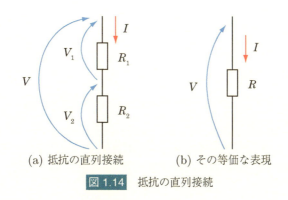

図 1.14　抵抗の直列接続

図 1.14(a) と (b) が等価であるとき、合成抵抗 R は次式で与えられる。

$$R = R_1 + R_2 \tag{1.9}$$

このことは以下のように導出できる。図 1.14(a) にオームの法則を適用すると、以下の式を得る。

$$\begin{aligned} V_1 &= R_1 I \\ +\underline{\quad V_2 &= R_2 I} \\ \underbrace{V_1 + V_2} &= (R_1 + R_2)I \\ V &= (R_1 + R_2)I \end{aligned} \quad (1.10)$$

図 1.14(b) では次式が成立する。

$$V = RI \quad (1.11)$$

(1.10) と (1.11) を見比べて $R = R_1 + R_2$ が得られる。

1.9.2 分圧の式

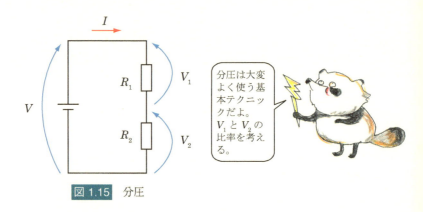

図 1.15　分圧

図 1.15 において、V がどのような比率で V_1 と V_2 に分配されるかを考える。

$$V_1 : V_2 = R_1 I : R_2 I = R_1 : R_2 \quad (1.12)$$
$$\uparrow$$
$$\text{オームの法則}$$

である。各々の抵抗にかかる電圧の比は、抵抗の比に等しい。V を抵抗の値に従って比例配分すればよいので、

$$V_1 = \frac{R_1}{R_1 + R_2} V \qquad (1.13)$$

$$V_2 = \frac{R_2}{R_1 + R_2} V \qquad (1.14)$$

である。これを分圧の式と呼ぶ。電圧は抵抗の大きさに比例する。

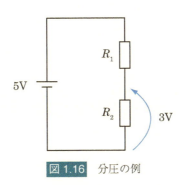

図 1.16　分圧の例

例題 1.1

図 1.16 のように抵抗 R_2 にかかる電圧が 3 V になるようにしたい。R_1 と R_2 をいくらにすればよいか。

[解答]

R_1 にかかる電圧は 2 V である。抵抗にかかる電圧の比と抵抗の値は比例するので、

$$R_1 : R_2 = 2 : 3 \qquad (1.15)$$

であればよい [16]。

1.10　抵抗の並列接続

---

[16] 机上の答えとしては、$R_1 = 200\,\Omega$, $R_2 = 300\,\Omega$ も正解であるし、$R_1 = 20\,\text{k}\Omega$, $R_2 = 30\,\text{k}\Omega$ も正解である。どの値を採用するかは、用途による。
　この回路が信号電圧の 3/5 を取り出す回路の場合、回路の消費電力をおさえたいので、流れる電流を少なくしたい。抵抗の値はある程度大きな値（kΩ のオーダー）を選択する。
　この回路が疑似的な 3 V 電源を作るための分圧回路であれば、ある程度の電流を流す必要があるので、抵抗の値は小さくする必要がある。
　抵抗の値はケースバイケースによって定める。

1.10.1 合成抵抗

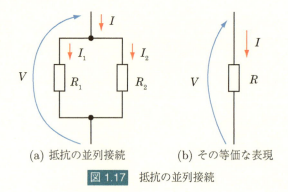

図 1.17　抵抗の並列接続

図 1.17(a) と (b) が等しいとき、合成抵抗 R は以下のようになる。

$$R = \frac{1}{\frac{1}{R_1} + \frac{1}{R_2}} \tag{1.16}$$

(1.16) を導出するには、図 1.17(a) において $V \div I$ を計算すればよい。

$$R = \frac{V}{I} = \frac{V}{I_1 + I_2} = \frac{V}{\frac{V}{R_1} + \frac{V}{R_2}} = \frac{1}{\frac{1}{R_1} + \frac{1}{R_2}} \tag{1.17}$$

通分すると

$$\frac{1}{\frac{1}{R_1} + \frac{1}{R_2}} = \frac{1}{\frac{R_2 + R_1}{R_1 R_2}} = \frac{R_1 R_2}{R_1 + R_2} \tag{1.18}$$

となる。(1.18) の $\frac{R_1 R_2}{R_1 + R_2}$ の形はよく使うので、覚えておくと便利である。

抵抗の個数が 3 個の場合

図 1.18 のように 3 個の抵抗が並列に接続されている場合、その合成抵抗 R は

$$R = \frac{1}{\frac{1}{R_1} + \frac{1}{R_2} + \frac{1}{R_3}} \tag{1.19}$$

である。導出は (1.17) の式において、分母に I_3 の項を追加すればよい。

通分すると以下のようになる。

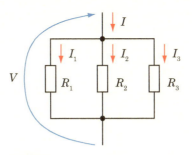

図 1.18 抵抗の個数が 3 個の場合

$$\frac{1}{\frac{1}{R_1}+\frac{1}{R_2}+\frac{1}{R_3}} = \frac{1}{\frac{R_2R_3+R_1R_3+R_1R_2}{R_1R_2R_3}} = \frac{R_1R_2R_3}{R_1R_2+R_2R_3+R_1R_3} \tag{1.20}$$

(1.20) の右端の形は複雑な形をしているので、覚える価値はない。3 個以上の抵抗を並列接続した場合の合成抵抗値は (1.19) を使う。4 個以上の場合は (1.19) の分母に $+\frac{1}{R_4}+\frac{1}{R_5}+\frac{1}{R_6}\cdots\cdots$ のように項を付け加えればよい。

> **コラム　知っている知識を組み合わせて乗り切る**
>
> 2 個並列の式をマスターしたなら、多数個並列の公式は忘れても何とかなる。多数の抵抗が並列に接続されている場合、「そのうち 2 個を取り出し、その 2 個に対して公式を適用して 1 個に置換する」という作業を繰り返せばよい。
> 工夫する心を忘れないようにしたい。

1.10.2　並列抵抗の計算例

本項では並列抵抗の計算例を通して、並列接続の性質について学ぶ。

図 1.19 の合成抵抗を求めなさい。

[解答]

合成抵抗は

$$\frac{1}{\frac{1}{12}+\frac{1}{12}} = \frac{1}{\frac{2}{12}} = 6\,\Omega \qquad (\text{式途中の単位省略})$$

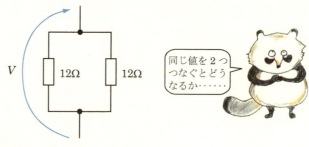

図 1.19　同じ抵抗を 2 つ並列接続

となり、以下のことが分かる。

同じ値の抵抗を 2 本並列に接続すると、合成抵抗値は半分になる

このことは、以下のように考えると直観的に理解できる。抵抗にかかる電圧 V が一定であると仮定すると、抵抗を 2 本にすると、電流は 2 倍流れる[17]。「電流が 2 倍流れる」ことは「抵抗値が半分になる」ことに等しい。例えば、図 1.19 において $V = 12\,\mathrm{V}$ とおいて実際に計算してみるとよい。

同様に抵抗 R を n 本並列に接続すると、合成抵抗値は $\dfrac{R}{n}$ になる。

例題 1.3

図 1.20 の合成抵抗を求めなさい。

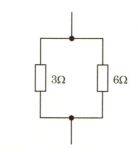

図 1.20　異なる値の抵抗を 2 本並列

解答

---
[17]「パイプを 2 本並べると、水は 2 倍流れやすくなる」と例えることもできる。

合成抵抗を R とすると、

$$R = \frac{1}{\frac{1}{3} + \frac{1}{6}} = \frac{3 \times 6}{3 + 6} = \frac{18}{9} = 2\,\Omega \qquad （式途中の単位省略）$$

となる。以下の性質が分かる。

合成抵抗は、小さい方の抵抗値より小さくなる。また小さい方の抵抗値の 1/2 よりは大きくなる。

例えば、6 V かけると、3 Ω に 2 A, 6 Ω に 1 A 流れ、合計 3 A 流れる。合成抵抗は 6 V ÷ 3 A = 2 Ω である。小さい方の抵抗 3 Ω 単独のときに比べると、6 Ω が並列に接続されるので、電流は流れやすくなり、合成抵抗は 3 Ω より小さくなる。また、3 Ω の抵抗が 2 本並列なら合成抵抗は半分の 1.5 Ω になるが、片方は 6 Ω であり、それよりは電流が流れにくい。ゆえに、合成抵抗は 1.5 Ω より大きくなる。

例題 1.4

図 1.21 の合成抵抗を求めなさい。

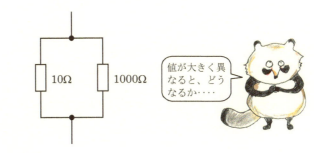

図 1.21　値の比が大きい 2 本の抵抗

[解答]

合成抵抗 R を正確に計算すると、

$$R = \frac{10 \times 1000}{10 + 1000} = 9.900990099\cdots\,\Omega \qquad （式途中の単位省略）$$

である。近似を入れると

$$R = \frac{10 \times 1000}{10 + 1000} \simeq \frac{10 \times 1000}{1000} = 10\,\Omega \qquad \text{(式途中の単位省略)}$$

となる。このことから以下の性質が導ける。

> 並列に接続された **2** つの抵抗値が大きく異なるとき、大きい方の抵抗には電流がほとんど流れないため、合成抵抗にはほとんど影響を与えない。大きい方の抵抗は無視してよい。

1.10.3 分流の式

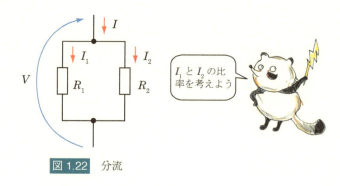

図 1.22　分流

図 1.22 において、電流 I がどのような比率で I_1 と I_2 に分配されるか考える。

$$I_1 : I_2 = \frac{V}{R_1} : \frac{V}{R_2} = \frac{1}{R_1} : \frac{1}{R_2} \tag{1.21}$$

である。電流値は抵抗値に反比例する。(1.21) の右端の項に $R_1 R_2$ を掛けると、以下のような形にも書ける。

$$I_1 : I_2 = R_2 : R_1 \tag{1.22}$$

$I = I_1 + I_2$ と (1.22) を利用すると、以下の関係が導出できる。

$$I_1 = \frac{R_2}{R_1 + R_2} I \tag{1.23}$$

$$I_2 = \frac{R_1}{R_1 + R_2} I \tag{1.24}$$

(1.23)(1.24) を分流の式と呼ぶ。電流は抵抗の大きさに反比例する。

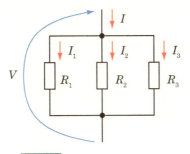

図 1.23　3 つに分流する場合

図 1.23 の場合も同様に考えられる。

$$I_1 : I_2 : I_3 = \frac{V}{R_1} : \frac{V}{R_2} : \frac{V}{R_3} = \frac{1}{R_1} : \frac{1}{R_2} : \frac{1}{R_3} \quad (1.25)$$

である。

1.11　抵抗回路の計算例

例題 1.5

図 1.24 の回路を流れる電流 I_1, I_2, I_3 と電圧 V_1 を求めなさい。

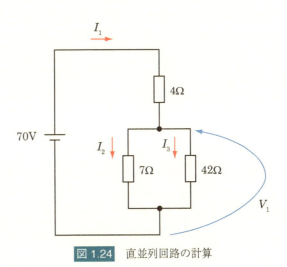

図 1.24　直並列回路の計算

[解答]

回路全体の合成抵抗を求めて I_1 を算出し、I_2 と I_3 は分流の式を用いて求める。V_1 は $I_2 \times 7\,\Omega$、あるいは $I_3 \times 42\,\Omega$、あるいは $70\,\text{V} - I_1 \times 4\,\Omega$ のいずれかを用いて求める。

$7\,\Omega$ と $42\,\Omega$ の並列接続の合成抵抗は

$$\frac{7 \times 42}{7 + 42} = \frac{\overset{1}{\cancel{7}} \times \overset{6}{\cancel{42}}}{\underset{1}{\cancel{49}} \cancel{7}} = 6\,\Omega \qquad （式途中の単位省略）$$

である。この例のように、並列抵抗の計算をする場合、約分が終わるまで、分子の掛け算はしないほうがよい。

全体の抵抗値は

$$6\,\Omega + 4\,\Omega = 10\,\Omega$$

であるから、

$$I_1 = 70\,\text{V} \div 10\,\Omega = 7\,\text{A}$$

である。I_1 を I_2 と I_3 に分流するので、分流の式に代入して、

$$I_2 \;=\; 7\,\text{A} \times \frac{42\,\Omega}{7\,\Omega + 42\,\Omega} \;=\; 6\,\text{A}$$

$$I_3 \;=\; 7\,\text{A} \times \frac{7\,\Omega}{7\,\Omega + 42\,\Omega} \;=\; 1\,\text{A}$$

が得られる。$7\,\Omega$ の抵抗を流れる電流を利用して

$$V_1 = 7\,\Omega \times 6\,\text{A} = 42\,\text{V}$$

が得られる。

◀||| 例題 1.6 |||▶

図 1.25(a) の回路を流れる電流 $I_1,\ I_2,\ I_3$ と電圧 V_1 を求めなさい。

[解答]

図 1.25(b) のように少し変形して考える。

$10\,\Omega$ と $15\,\Omega$ の抵抗の並列接続の部分は

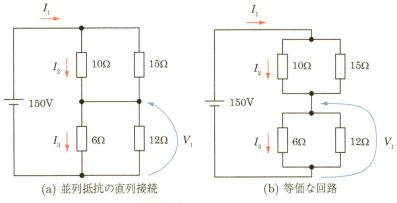

図 1.25 回路計算練習

$$\frac{10 \times 15}{10 + 15} = \frac{\cancel{10}^{2} \times \cancel{15}^{3}}{\cancel{25}_{\,1}^{\,\cancel{5}}} = 6\,\Omega \quad \text{(式途中の単位省略)}$$

である。$6\,\Omega$ と $12\,\Omega$ の抵抗の並列接続の部分は

$$\frac{6 \times 12}{6 + 12} = \frac{\cancel{6}^{1} \times \cancel{12}^{4}}{\cancel{18}_{\,1}^{\,\cancel{3}}} = 4\,\Omega \quad \text{(式途中の単位省略)}$$

である。回路全体の抵抗は $6\,\Omega + 4\,\Omega = 10\,\Omega$ だから、

$$I_1 = 150\,\text{V} \div 10\,\Omega = 15\,\text{A}$$

が得られる。I_2 と I_3 はそれぞれ分流の式を利用して、

$$I_2 = 15\,\text{A} \times \frac{15\,\Omega}{10\,\Omega + 15\,\Omega} = \cancel{15}^{3} \times \frac{\cancel{15}^{3}}{\cancel{25}_{\,1}^{\,\cancel{5}}} = 9\,\text{A} \quad \text{(式途中の単位省略)}$$

$$I_3 = 15\,\text{A} \times \frac{12\,\Omega}{6\,\Omega + 12\,\Omega} = \cancel{15}^{5} \times \frac{\cancel{12}^{2}}{\cancel{18}_{\,1}^{\,\cancel{3}}} = 10\,\text{A} \quad \text{(式途中の単位省略)}$$

である。V_1 は $6\,\Omega$ を流れる電流 I_3 を利用して

$$V_1 = 10\,\text{A} \times 6\,\Omega = 60\,\text{V}$$

と求まる。

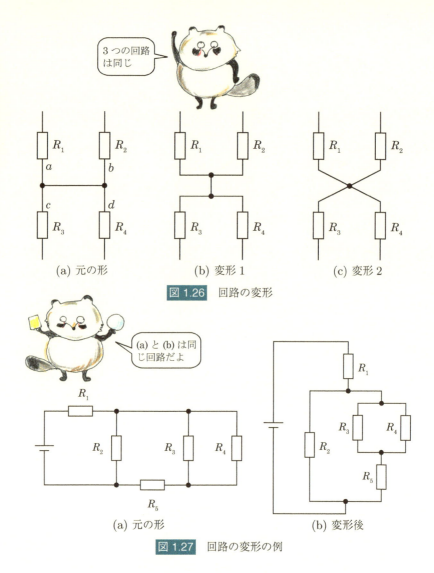

図 1.26　回路の変形

図 1.27　回路の変形の例

　この例のように、電気回路を考える場合、回路の形を変形すると考えやすくなることがある。図 1.26(a) の回路の場合、4 つの抵抗の端子 a, b, c, d が接続されていれば、どのように変形しても構わない。例えば図 1.26(b) や (c) のように変形しても電気回路としての性質は不変である。

　図 1.27(a) の回路について、抵抗の直列と並列の関係がより把握しやすいように書き直すと、同図 (b) のようになる。図 1.27(a) と (b) は見かけは異なるが、同一の回路である。

コラム　実体配線図と回路図

　回路図は「素子のどことどこが接続されているか」を最も簡潔に分かりやすく表したものである。回路図を見れば、回路の働きを容易に理解することができる。

　回路図に示された回路を、ブレッドボード上に組んだり、ユニバーサル基板上に組む場合、部品の配置や配線のレイアウトは無数にある。個性がある程度出るところである。そして、「回路図」と「実際に組むときの部品や配線のレイアウト」はかなり異なる。

　電子工作の初心者にとっては、回路図を与えられても、どのように部品を配置して配線するのかが分からないかもしれない。そのような初心者のために、電子工作の本によっては、ブレッドボード上の実体配線図のみが示され、回路図が省略されていることがある。

　実体配線図は一見しただけでは回路の働きが読み取れないので、私にとっては大変分かりにくい。

　実体配線図のみを示すことは、ピアノに例えるなら、楽譜を示さずに鍵盤のどこを押さえるかを示した図だけを示すようなものである。一番最初は分かりやすいかも知れないが、少し上達すると、不便に感じられると思われる。

　本書の読者は回路図に慣れてほしいと思う。

例題 1.7

図 1.28 の回路を流れる電流 I_1, I_2 と電圧 V_1 を求めなさい。

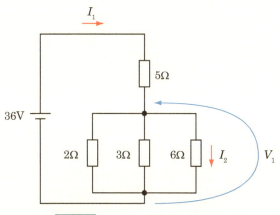

図 1.28　3 分岐を含む回路の計算

[解答]

$2\,\Omega$ と $3\,\Omega$ と $6\,\Omega$ の3本の抵抗の合成抵抗値は

$$\frac{1}{\frac{1}{2}+\frac{1}{3}+\frac{1}{6}} = 1\,\Omega \qquad (\text{式途中の単位省略})$$

電流 I_1 は

$$I_1 = 36\,\mathrm{V} \div (5\,\Omega + 1\,\Omega) = 6\,\mathrm{A}$$

である。電圧 V_1 は電源の電圧 $36\,\mathrm{V}$ から $5\,\Omega$ の抵抗にかかる電圧を引けばよいので

$$V_1 = 36\,\mathrm{V} - 5\,\Omega \times 6\,\mathrm{A} = 6\,\mathrm{V}$$

である。電流 I_2 はオームの法則より V_1 を $6\,\Omega$ で割ればよいので、

$$I_2 = 6\,\mathrm{V} \div 6\,\Omega = 1\,\mathrm{A}$$

である。

電圧 V_1 の求め方として、次のような方法もある。3本の抵抗の合成抵抗が $1\,\Omega$ である。V_1 は電源の電圧 $36\,\mathrm{V}$ を $5\,\Omega$ と $1\,\Omega$ で分圧したときに、$1\,\Omega$ の部分にかかる電圧なので、

$$V_1 = 36\,\mathrm{V} \times \frac{1\,\Omega}{5\,\Omega + 1\,\Omega} = 6\,\mathrm{V}$$

である。

電流 I_2 は分流の式を使って求めることもできる。$6\,\mathrm{A}$ の電流が

$$\frac{1}{2} : \frac{1}{3} : \frac{1}{6} = 3 : 2 : 1$$

の比率で分配されるので、$6\,\Omega$ の抵抗を流れる電流 I_2 は、

$$I_2 = 6\,\mathrm{A} \times \frac{1}{3 + 2 + 1} = 1\,\mathrm{A}$$

である。

1.12 ショート（短絡）

電気回路の2点を導線で結ぶことを**ショート（短絡）する**[18] という。図

---

[18] Short circuit の略

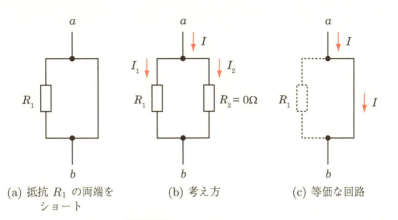

(a) 抵抗 R_1 の両端を
ショート

(b) 考え方

(c) 等価な回路

図 1.29 ショートの考え方

1.29(a) のように抵抗 R_1 の両端をショートした場合を考える。

図 1.29(b) のように導線を $0\,\Omega$ の抵抗（R_2 で表す）と考えると、$a-b$ 間の合成抵抗は

$$\frac{R_1 R_2}{R_1 + R_2} = \frac{R_1 \cdot 0}{R_1 + 0} = 0$$

より $0\,\Omega$ である。分流の公式を適用すると、I_1 と I_2 はそれぞれ

$$I_1 = \frac{R_2}{R_1 + R_2} I = \frac{0}{R_1 + 0} I = 0$$

$$I_2 = \frac{R_1}{R_1 + R_2} I = \frac{R_1}{R_1 + 0} I = I$$

となり、電流は全てショートさせた導線側を流れ、抵抗 R_1 には全く流れない。従って、図 1.29(a) は図 1.29(c) と等価であり、抵抗 R_1 は存在しないのと同じことになる。

図 1.30(a) の $a-b$ 間をショートさせた場合を考える。このとき図 1.30(b) の点線で示した部分は電流が流れないので無視してよい。

「$a-b$ 間をショートさせる」ことは「節点 a と節点 b を同一の点にすること」と解釈してもよい。a と b を重ねると、図 1.30(c) と等価になる。

電気回路において絶対にしてはならないのは、電源をショートさせることである。図 1.31(a) において端子 $a-b$ 間をショートさせた場合を考える。回路は図 1.31(b) と等価になる。導線は $0\,\Omega$ の抵抗と見なせるから、図 1.31(b) における電流 I はオームの法則より

$$I = \frac{E}{0} \to \infty$$

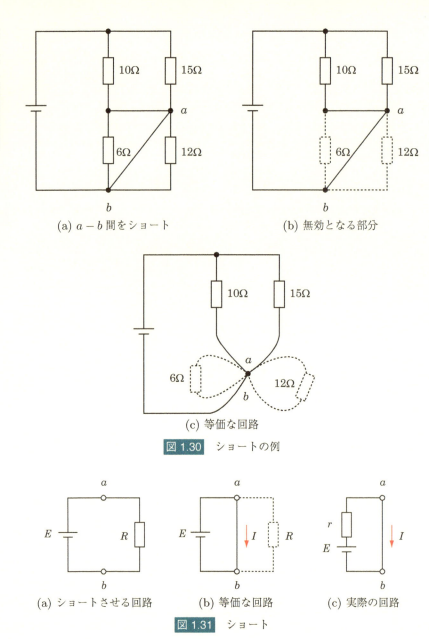

図 1.30　ショートの例

図 1.31　ショート

となり、理論的には無限大の電流が流れる。実際には電池には小さな内部抵抗 r（数 Ω 以下）があるので、図 1.31(c) のような状況となり、非常に大きな電流が流れる。電池は発熱し、短時間で消耗してしまう。

充電式の電池は内部抵抗が小さいので、ショートさせると大電流が流れ、危険である。

家庭用コンセント（交流 100 V）をショートさせると非常に危険である。火花が飛び、瞬時に導線が溶解し、溶解した高温の金属が飛散する。家庭用コンセントのショートは火事を起こすこともある。

回路をショートさせると正常に働かないのはもちろんのこと、素子の破壊、発火など厄介なことが起こる。回路をショートさせたり、ショートさせる可能性があることをしてはならない。

例題1.8

図 1.32 において、$a-e, b-e, b-d$ 間をショートさせたとき、それぞれ回路はどのようになるか。

また、$a-c$ 間をショートさせたとき、抵抗の直列・並列関係はどうなるか。

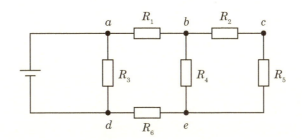

図 1.32　ショートの例題

[解答]

$a-e$ 間をショートさせたとき、a と e は同一の場所となる。その結果、図 1.33(a) のようになり、点線の部分は無効となる。無効となる部分を除去し、書き直すと同図 (b) のようになる。

同様に、$b-e$ 間をショートさせたとき、$b-d$ 間をショートさせたとき、それぞれ図 1.34, 図 1.35 となり、点線の部分は無効となる。

$a-c$ 間をショートさせると、無効となる部分は生じないが、a と c が同一の点となるため、抵抗の直列・並列関係は図 1.36(a) となり、ショート前の回路である同図 (b) とは異なったものになる。

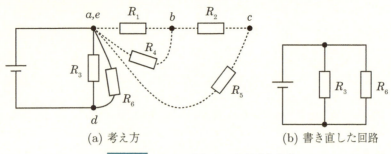

(a) 考え方　　　　　　　　　　(b) 書き直した回路

図 1.33　$a-e$ をショートさせたとき

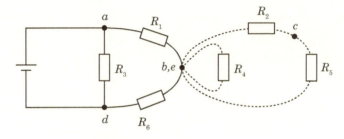

図 1.34　$b-e$ をショートさせたとき

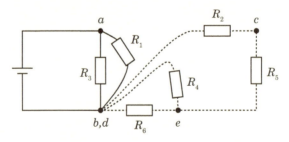

図 1.35　$b-d$ をショートさせたとき

1.13　電流計と電圧計

電流計

図 1.37(a) における電流 I_1 を測定する場合を考える。そのためには同図(b) のように電流計を測定したい場所に挿入する。

図 1.37 において電流計の内部抵抗を R_A とすると、

1.13 電流計と電圧計

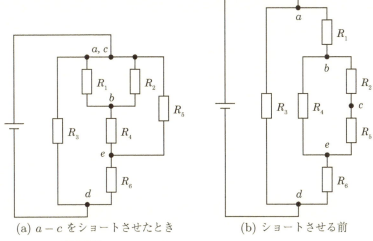

(a) $a-c$ をショートさせたとき　　(b) ショートさせる前

図 1.36　$a-c$ をショートさせる前と後の接続関係

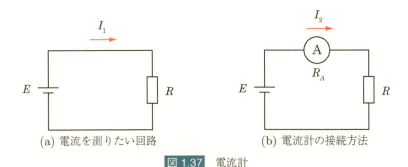

(a) 電流を測りたい回路　　(b) 電流計の接続方法

図 1.37　電流計

$$I_1 = \frac{E}{R}, \qquad I_2 = \frac{E}{R + R_A}$$

である。

　電流計を挿入することによって測りたい電流 I_1 の値が変化するのは望ましくない。図 1.37 において $I_1 = I_2$ となるためには、$R_A = 0$ が必要である。すなわち、**理想的な電流計の内部抵抗は 0** である[19]。

---

[19] 実際の電流計の内部抵抗は 0 ではない。デジタルマルチメータで電流を測定する場合、測定するレンジによって内部抵抗は異なる。三和電気計器の PC500a という機種の場合、交流・直流ともに、レンジが 5000 μA 以下のとき内部抵抗は 150 Ω, 50 mA, 500 mA のとき 3.3 Ω, 5 A 以上のとき 0.03 Ω である。アナログ電流計の場合も同様である。横河電機の 2051 (機種名) という直流電流計の場合、レンジが 3 mA のとき 300 Ω, 30 mA のとき 14 Ω, 1000 mA のとき 0.04 Ω である。2052 という交流電流計の場合、レンジが 10 mA のとき 300 Ω, 50 mA のとき 60 Ω, 250 mA のとき 12 Ω である。

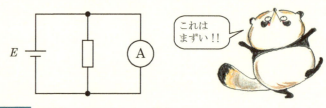

図 1.38 絶対にしてはならない接続

　電流計の内部抵抗は 0 に近いので、図 1.38 のような接続は絶対にしてはならない。電源をショートさせている。「電源の内部抵抗が 0, 電流計の内部抵抗が 0」という理想的な場合、オームの法則によると電流計に無限大の電流が流れる。アナログ電流計の場合は電流計内部から煙が出て焼損する（機種や測定レンジによってはヒューズがついており、その場合は焼損を免れる）。デジタルマルチメータの場合はヒューズが切れ、最悪の場合メータが壊れる。

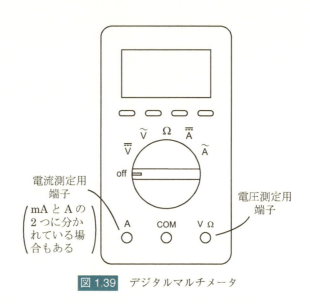

図 1.39 デジタルマルチメータ

　そのような接続は普通はしないが、間違う可能性が高いケースがある。いくつかのデジタルマルチメータは図 1.39 のような端子構成を持っている。＋側の端子は「電圧を測定するとき」と「電流を測定するとき」で異なる場所に差し込む。電流を測定した後、差し替えるのを忘れて電源の電圧を測定す

ると、図 1.38 の状態となる[20]。デジタルマルチメータのヒューズが切れ、ヒューズの交換が必要となる。

電圧計

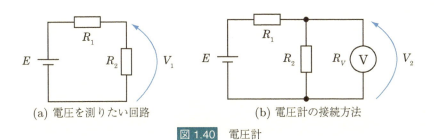

(a) 電圧を測りたい回路　　　(b) 電圧計の接続方法

図 1.40　電圧計

図 1.40(a) の回路中に V_1 と書かれた場所の電圧を測定する場合、図 1.40(b) のように測定したい 2 点に電圧計の 2 つの端子を接続する。

図 1.40 において電圧計の内部抵抗を R_V とすると、

$$V_1 = \frac{R_2}{R_1 + R_2} E, \qquad V_2 = \frac{R_2 // R_V}{R_1 + (R_2 // R_V)} E$$

$$ただし \quad R_2 // R_V = \frac{R_2 R_V}{R_2 + R_V}$$

である。// は並列接続を表す。

電圧計を接続する前と後で回路の状況が変化するのは望ましくない。$V_1 = V_2$ となるためには、$R_2 // R_V \simeq R_2$ が必要であり、そのためには $R_V = \infty$ が必要である。すなわち、**理想的な電圧計の内部抵抗は無限大である**[21]。

---

[20] 機種によっては電流測定用端子にプラグを差し込んだ状態で、測定レンジを電圧に合わせると、警告してくれるものもある。また、機種によっては測定レンジを電圧に合わせると、内部抵抗が $1\,\mathrm{M\Omega}$ 以上になるものもある。

[21] デジタルマルチメータの内部抵抗は $10\,\mathrm{M\Omega}$ であることが多い。一方、アナログ電圧計の内部抵抗はそれより遥かに低い。横河電機のアナログ回路計 3201 (型番名) の場合、測定レンジによって内部抵抗は異なり、$100\,\mathrm{k\Omega/V}$ である。例えば $10\,\mathrm{V}$ のレンジで測定を行うと $100\,\mathrm{k\Omega} \times 10 = 1\,\mathrm{M\Omega}$ の内部抵抗となる。横河電機のアナログ電圧計 2052 (型番名) の場合は $10\,\mathrm{k\Omega/V}$ であり、さらに低い。また、アナログ計器で交流電圧を測定する場合、内部抵抗は直流測定に比べて 1 桁小さくなる。

アナログ電圧計の内部抵抗が低い理由は、電圧や電流を測定する場合、測定対象からエネルギーを得る必要があるからである。デジタル測定器は入力を増幅する機構を持っているので、測定器に流れる電流はわずかでよい。すなわち内部抵抗は大きい。アナログ測定器は「計器を流れる電流 × 計器にかかる電圧」によるエネルギーで針を駆動するので、ある程度の電流が必要である。

コラム　筆者の苦い思い出

　本書では「電流計の接続には気をつけろ。ショートさせるな。」としつこいくらい記述している。これは筆者の苦い経験に基づいている。中学3年生のとき、理科の実験の授業で電流計を扱った。男子2名、女子2名の計4名の班であった。筆者の班は、筆者が中心となり配線をした。電源を入れた瞬間、電流計から煙が出た。「先生、壊れました。」といって先生の所へ行くと、先生は新しい電流計をくれた。

　筆者は図1.38 (p.38)のように接続して電流を測るものと思い込んでいた。「間違った配線（図1.38ではない配線）をしたため、電流計が壊れたのだろう。今度は正しく配線しよう。」と考え、もう一度図1.38のように配線した。当然、電源を入れると、同じことが起こり、新しい電流計も壊れた。

　電流計は1台1万円以上する高価な機器である。理科教師は激怒し、「おまえら立っとれ」と言い、筆者らの班は授業終了時まで教室の後ろに立たされ、実験をさせてもらえなかった。筆者が他の班員から恨まれたのは言うまでもない。

　後日、生活指導部の恐いH先生からも呼び出しを受けた。恐る恐る行ったが、H先生は笑っており、怒られはしなかった。

　その学期の理科の成績は、実験の項目に赤点がついた（中間・期末テストはどちらも満点をとったが……）。

　筆者にとって、大変ショックな出来事であった。それ以来、電流計の取り扱いには細心の注意を払うようになった。

図1.41　クランプメータ

> **コラム** 電線を切断しないと電流は測れないのか？
>
> 「電流計は測りたい箇所を切断して挿入する」というのが電流計の常識である。しかし、回路を切断せずに電流を測る方法もある。図 1.41 に示すクランプメータは、電流が流れている導線をクランプの輪で囲むことで、電流を測定する。
>
> その原理は以下の通りである。電流が流れると、導線のまわりに磁界が発生する。この磁界を利用することで電流を測定する。ただし、この方法で測れる電流は、通常は 10 mA 〜 数百 A オーダーであり、μA オーダーの微小な電流を測定することはできない[22]。

アナログ計器とデジタル計器

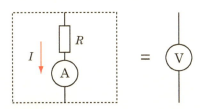

図 1.42　アナログの電圧計と電流計

図 1.42 にアナログ電圧計とアナログ電流計の関係を示す。アナログ電流計[23] が基本となっており、それに大きな値を持つ抵抗 R を直列に接続したものがアナログ電圧計である。「電流 × 抵抗」を計算することで電圧を得る。

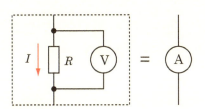

図 1.43　デジタルの電圧計と電流計

図 1.43 にデジタル電圧計とデジタル電流計の関係を示す。デジタル電圧

---

[22] 例外として、リーク電流測定用のクランプメータは 40 Hz 〜 70 Hz の範囲の交流電流を μA オーダーの精度で測ることができる。

[23] コイルに電流を流すと磁束が発生する。その磁束と永久磁石の間に働く力で針を動かす。磁束は電流に比例するので、針の振れは電流に比例する。

計[24] が基本となっており、それに小さな値を持つ抵抗 R を並列に接続したものがデジタル電流計である。「電圧÷抵抗」を計算することで電流を得る。

1.14 電流計と分流器

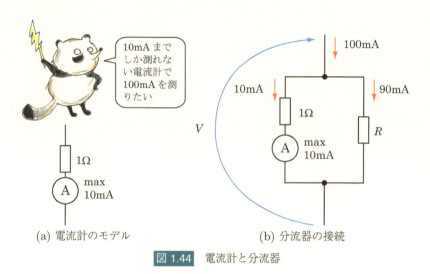

(a) 電流計のモデル　　　(b) 分流器の接続

図 1.44　電流計と分流器

　理想的な電流計の内部抵抗は $0\,\Omega$ であるが、実際はわずかな値を持つ。内部抵抗が $1\,\Omega$ で最大 $10\,\mathrm{mA}$ まで計測可能な電流計を仮定する。これを図 1.44(a) のように表現する。図中のⒶの記号は内部抵抗 $0\,\Omega$ の理想的な電流計を表す。

　この電流計を用いて $100\,\mathrm{mA}$ まで測るには、図 1.44(b) のように分流用抵抗 R（分流器と呼ぶ）を電流計に並列に接続すればよい。$100\,\mathrm{mA}$ の電流が流れてきたとき、電流計に $10\,\mathrm{mA}$, 分流器に $90\,\mathrm{mA}$ 流れるように、抵抗値 R を設定する。$1:9$ の割合で分流させるには、抵抗の比率を $9:1$ にすればよい（p.26 の (1.22) 参照）。ゆえに、

$$R = \frac{1}{9}\,\Omega$$

となる。

　別の解き方を示す。電流計を流れる最大電流は $10\,\mathrm{mA}$ だから、そのとき

---

[24] 電圧を増幅する回路（プリアンプと呼ばれる）と A/D 変換器（アナログ電圧を数値に変換する IC）で構成される。プリアンプの内部抵抗は非常に高い。

の電圧 V は

$$V = 10\,\text{mA} \times 1\,\Omega = 10\,\text{mV}$$

である。$100\,\text{mA}$ の電流が来たとき、R には $90\,\text{mA}$ 流すので、

$$R = \frac{10\,\text{mV}}{90\,\text{mA}} = \frac{1}{9}\,\Omega$$

となる。

1.15 電圧計と倍率器

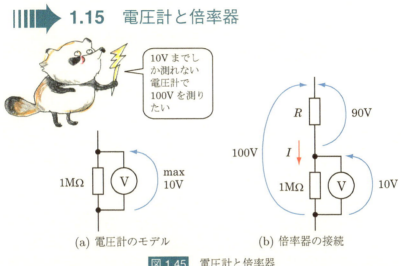

図 1.45 電圧計と倍率器

　理想的な電圧計の内部抵抗は無限大であるが、実際には内部抵抗は有限値を持つ。内部抵抗が $1\,\text{M}\Omega$ で最大 $10\,\text{V}$ まで計測可能な電圧計を仮定する。これを図 1.45(a) のように表現する。図中の Ⓥ の記号は内部抵抗無限大の理想的な電圧計を表す。

　この電圧計を用いて $100\,\text{V}$ まで測るには、図 1.45(b) のように抵抗 R（倍率器と呼ぶ）を電圧計に直列に接続すればよい。$100\,\text{V}$ かけたとき、電圧計に $10\,\text{V}$、倍率器に $90\,\text{V}$ かかるように R を設定する。1.9.2 節 (p.20) で説明した分圧の式によると、抵抗を直列に接続したとき、抵抗値に比例した電圧がかかるので、電圧の比が $10\,\text{V} : 90\,\text{V} = 1 : 9$ のとき、抵抗の比も $1 : 9$ になる。従って、$R = 9\,\text{M}\Omega$ に設定すればよい。

　別の解き方を示す。$10\,\text{V}$ を計測中に電圧計を流れる電流 I は

$$I = \frac{10\,\mathrm{V}}{1\,\mathrm{M\Omega}} = \frac{10\,\mathrm{V}}{1 \times 10^6\,\Omega} = 10 \times 10^{-6}\,\mathrm{A} = 10\,\mu\mathrm{A}$$

である[25]。$10\,\mu\mathrm{A}$ の電流が流れたとき、倍率器に $90\,\mathrm{V}$ かかるようにするには、オームの法則より、

$$R = \frac{90\,\mathrm{V}}{10\,\mu\mathrm{A}} = \frac{\overset{9}{\cancel{90}}\,\mathrm{V}}{\underset{1}{\cancel{10}} \times 10^{-6}\,\mathrm{A}} = 9 \times 10^6\,\Omega = 9\,\mathrm{M\Omega}$$

となる[26]。

1.16 キルヒホッフの法則を用いた回路の解き方

「キルヒホッフの電流則」「キルヒホッフの電圧則」「オームの法則」の 3 つを組み合わせると、どんな複雑な回路であっても、連立 1 次方程式を解くことに帰着し、回路中の電圧や電流を求めることができる。

連立 1 次方程式の立て方は 2 通りある。一つは電流を未知数とする方法で、もう一つは電圧を未知数とする方法である。それぞれについて、説明する。

ループ電流を使う方法（電流を未知数とする方法）

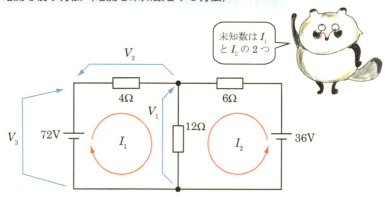

図 1.46　ループ電流を使う方法

図 1.46 の回路について考える。ループ状の電流 I_1, I_2 を図中に示すよう

---

[25] 「メガ (10^6) で割るとマイクロ (10^{-6}) が付く」と覚えるとよい。
[26] 「マイクロ (10^{-6}) で割るとメガ (10^6) が付く」と覚えるとよい。

に設定する。$12\,\Omega$ の抵抗を流れる電流は $I_1 + I_2$ である。このように電流を設定することで、キルヒホッフの電流則は自動的に満たされる。

次に左側のループに対してキルヒホッフの電圧則を適用すると $V_1 + V_2 = V_3$ である。V_1 と V_2 にオームの法則を適用して

$$12(I_1 + I_2) + 4I_1 = 72 \tag{1.26}$$

が得られる。整理して

$$16I_1 \;+\; 12I_2 \;=\; 72$$
$$\Downarrow$$
$$4I_1 \;+\; 3I_2 \;=\; 18 \tag{1.27}$$

となる。右側のループに対してもキルヒホッフの電圧則を適用すると、

$$12(I_1 + I_2) + 6I_2 = 36 \tag{1.28}$$

が得られる。整理して

$$12I_1 \;+\; 18I_2 \;=\; 36$$
$$\Downarrow$$
$$2I_1 \;+\; 3I_2 \;=\; 6 \tag{1.29}$$

となる。

(1.27) と (1.29) より以下のように解ける。

$$
\begin{array}{lrcrcr}
(1.27) & 4I_1 & + & 3I_2 & = & 18 \\
(1.29) \quad -\big) & 2I_1 & + & 3I_2 & = & 6 \\
\hline
 & 2I_1 & & & = & 12 \\
 & I_1 & & & = & 6 \\
 & I_2 & & & = & -2
\end{array}
$$

I_2 の値が負なのは、電流の向きがループの矢印と逆であることを示している[27]。

---

[27] ここでは机上の問題なのでこのような結果になったが、実際の回路においてはトラブルが発生する可能性がある。電源の $+$ 極からは電流が流れ出すのが普通だが、この場合は $36\,\mathrm{V}$ の直流電源に電流を流し込んでいる。電池の場合は充電することになる。乾電池に充電すると発熱、破裂の危険がある。直流安定化電源の場合は故障の原因となる。ただし、第 5 章で学習するオペアンプの出力の場合は問題ない。

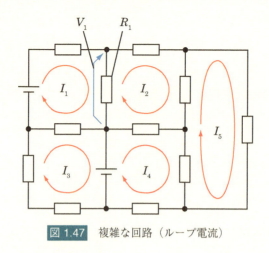

図 1.47　複雑な回路（ループ電流）

このように回路中の各ループに沿って流れる電流を未知数とし、ループに沿ってキルヒホッフの電圧則に従って方程式を作ると、連立 1 次方程式が得られる。

図 1.47 のような回路の場合、回路中にループが 5 個あるので、各々のループについて、電流を表す未知数 $I_1 \sim I_5$ を定義する。各ループについて、キルヒホッフの電圧則に基づいて式をたてると、未知数 5 個、式 5 個の連立 1 次方程式が得られ、$I_1 \sim I_5$ は唯一の解を持つ [28]。

式をたてるときには電圧や電流の向きに注意する必要がある。例えば、図 1.47 中の V_1 を与える式は I_1 と I_2 の向きを考慮すると、

$$V_1 = (I_1 - I_2)R_1 \tag{1.30}$$

となる。

図 1.46 や図 1.47 ではループ電流の経路として、そのループをショートカットする経路がないように設定した。また、キルヒホッフの電圧則を適用する経路として、ループ電流と同じ経路を採用した。このように設定するのが明快でよい。

ただし、「ループ電流のとり方」と「キルヒホッフの電圧則を適用する経路」はともに一意ではない。例えば、図 1.48 のようにループ電流を設定することも可能である。また、ループ電流の経路とキルヒホッフの電圧則を適用する経路は一致しなくてもよい。

---

[28] 連立 1 次方程式において、未知数の個数と方程式の個数が等しいとき、唯一の解が存在する。

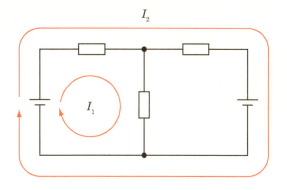

図1.48　ループ電流の別のとり方

節点方程式をたてる方法（電圧を未知数とする方法）

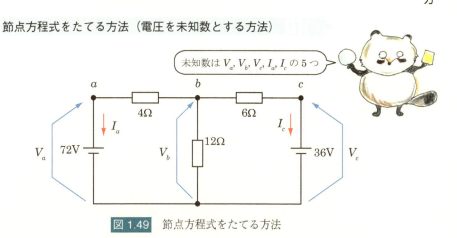

図1.49　節点方程式をたてる方法

　図1.49のように節点a, b, cを考え、各節点の電圧をV_a, V_b, V_cとする。電圧を定義するときの基準点は同一の点にとる。このように電圧を定義すると、キルヒホッフの電圧則は自動的に満たされる。回路中に電源がある場合、電源を流れる電流をそれぞれI_a, I_cとして未知数に付け加える。

　「各節点から流れ出す電流の和は0である」（図1.12(c) (p.17) 参照）というキルヒホッフの電流則を各節点に適用すると、次の節点方程式が得られる。

$$\text{節点 a} \qquad \frac{V_a - V_b}{4} + I_a \;=\; 0 \qquad (1.31)$$

$$\text{節点 b} \qquad \frac{V_b - V_a}{4} + \frac{V_b}{12} + \frac{V_b - V_c}{6} \;=\; 0 \qquad (1.32)$$

$$\text{節点 c} \qquad \frac{V_c - V_b}{6} + I_c \;=\; 0 \qquad (1.33)$$

電源において成立する式 $V_a = 72, V_c = 36$ を付け加えて整理すると、次の連立 1 次方程式が得られる。

$$V_a \qquad\qquad\qquad\qquad = \; 72 \qquad (1.34)$$

$$V_c \qquad\qquad\qquad = \; 36 \qquad (1.35)$$

$$V_a \quad -V_b \qquad\quad +4I_a \qquad = \; 0 \qquad (1.36)$$

$$-3V_a \quad +6V_b \quad -2V_c \qquad\qquad = \; 0 \qquad (1.37)$$

$$-V_b \quad +V_c \qquad\quad +6I_C \;=\; 0 \qquad (1.38)$$

V_a と V_c に値を代入して右辺に移項すると、次式が得られる。

$$-V_b \quad +4I_a \qquad\quad = \; -72 \qquad (1.39)$$

$$6V_b \qquad\qquad = \; 288 \qquad (1.40)$$

$$-V_b \qquad\quad +6I_c \;=\; -36 \qquad (1.41)$$

(1.40) より $V_b = 48$ が得られる。この値を (1.39)(1.41) に代入して、それぞれ $I_a = -6, I_c = 2$ が得られる。ループ電流を使う方法と同一の結果が得られた。

図 1.50 のような複雑な回路の場合について考える。左下の節点を電圧の基準点にとる（電圧の矢印の根元をここに設定する）。

図中の $V_1, V_2, \cdots\cdots V_8$ の 8 個の節点においてキルヒホッフの電流則に基づいた式をたてると、8 個の方程式が得られる。基準点における節点方程式は、8 個の方程式から導出できるので不要である。

次に、電源の電圧を E_1, E_2 とすると、$V_1 - V_4 = E_1$, $V_5 - V_7 = E_2$ の 2 個の方程式が得られる。

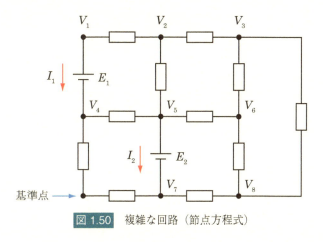

図 1.50　複雑な回路（節点方程式）

未知数の個数は $V_1 \sim V_8$ と I_1, I_2 の計 10 個である。8 個の節点方程式と E_1, E_2 に関する 2 個の方程式を併せて、方程式の個数は 10 個である。未知数 10 個、式の数 10 個なので、唯一の解を持つ。

定番の回路シミュレータである SPICE は、この節点方程式を用いて回路を解く。

1.17　重ね合わせの理 (Principle of superposition)

図 1.51(a) の回路中を流れる電流 I を求める問題を考える。重ね合わせの理を使うと、以下のように問題を分解して考えることができる。図 1.51(b) のように電源 E_1 のみが存在し、残りの電源を短絡させた（= 電圧を 0 とした）ときに流れる電流を I_1 とする。I_2, I_3 は同図 (c)(d) のように、それぞれ電源 E_2, E_3 のみが存在するときの電流である。このとき、

$$I = I_1 + I_2 + I_3 \tag{1.42}$$

が成立する。

証明

図 1.52 のようにループ電流 I_a, I_b を定める。I_a の沿ってのループでは、キルヒホッフの電圧則により $V_1 + V_2 + V_3 + V_4 = 0$ が成立する。符号に注意して書き下すと

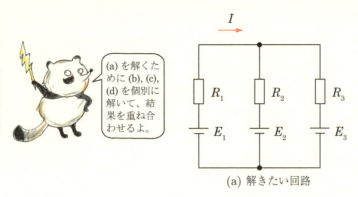

(a) 解きたい回路

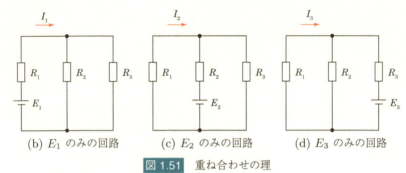

(b) E_1 のみの回路　　(c) E_2 のみの回路　　(d) E_3 のみの回路

図 1.51　重ね合わせの理

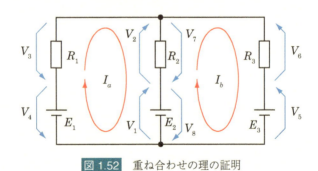

図 1.52　重ね合わせの理の証明

$$E_2 + R_2(I_a - I_b) + R_1 I_a - E_1 = 0 \tag{1.43}$$

が得られる。I_b に沿ってのループでは $V_5 + V_6 + V_7 + V_8 = 0$ が成立するので、

$$E_3 + R_3 I_b + R_2(I_b - I_a) - E_2 = 0 \tag{1.44}$$

が得られる。未知数を I_a と I_b として整理し、行列形式で書くと次式が得られる。

$$\begin{pmatrix} R_1 + R_2 & -R_2 \\ -R_2 & R_2 + R_3 \end{pmatrix} \begin{pmatrix} I_a \\ I_b \end{pmatrix} = \begin{pmatrix} E_1 - E_2 \\ E_2 - E_3 \end{pmatrix} \tag{1.45}$$

の部分の行列を A で表す。A の逆行列 A^{-1} は、逆行列を求める公式より、

$$A^{-1} = \frac{1}{(R_1 + R_2)(R_2 + R_3) - R_2^2} \begin{pmatrix} R_2 + R_3 & R_2 \\ R_2 & R_1 + R_2 \end{pmatrix}$$

である。

(1.45) の両辺に、左側から逆行列 A^{-1} をかけると、次式が得られる。

$$\begin{pmatrix} I_a \\ I_b \end{pmatrix} = A^{-1} \begin{pmatrix} E_1 - E_2 \\ E_2 - E_3 \end{pmatrix} \tag{1.46}$$

以下のように I_a', I_a'', I_a''', I_b', I_b'', I_b''' を定める。

$$\begin{pmatrix} I_a' \\ I_b' \end{pmatrix} = A^{-1} \begin{pmatrix} E_1 \\ 0 \end{pmatrix}, \quad \begin{pmatrix} I_a'' \\ I_b'' \end{pmatrix} = A^{-1} \begin{pmatrix} -E_2 \\ E_2 \end{pmatrix}, \quad \begin{pmatrix} I_a''' \\ I_b''' \end{pmatrix} = A^{-1} \begin{pmatrix} 0 \\ -E_3 \end{pmatrix}$$
$$\tag{1.47}$$

I_a' と I_b' は (1.46) において、$E_2 = E_3 = 0$ としたときの電流であるから、図 1.51(b) のときの電流を表す。同様に I_a'' と I_b'' は図 1.51(c)、同様に I_a''' と I_b''' は図 1.51(d) に対応する。

(1.46) と (1.47) を比較すると

$$I_a = I_a' + I_a'' + I_a''' \tag{1.48}$$

$$I_b = I_b' + I_b'' + I_b''' \tag{1.49}$$

である。これは重ね合わせの理を表している。

補足

ここでは 3 個の電源がある場合を考え、図 1.51(b)(c)(d) のように 3 つの

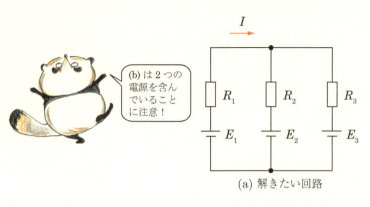

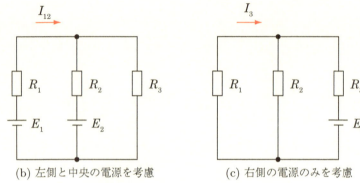

図 1.53　重ね合わせる回路の選び方

ケースに分解して考えた。個々の回路は電源を 1 個だけ含んでいた。

(1.46) から類推できるように、分解した個々の回路に含まれる電源の個数は 1 個でなくてもよい。例えば、図 1.53(a) の I を求めるときに、同図 (b)(c) のように 2 個の回路の重ね合わせとして考えると、

$$I = I_{12} + I_3$$

となる。

図 1.54(a) の回路における電流 I を求めなさい。

[解答]

重ね合わせの理を使い、図 1.54(b) 中の I_1 と同図 (c) 中の I_2 の和として

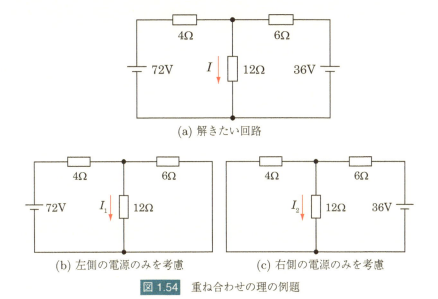

(a) 解きたい回路

(b) 左側の電源のみを考慮

(c) 右側の電源のみを考慮

図 1.54　重ね合わせの理の例題

求める。

図 1.54(b) においては回路全体の合成抵抗が $4 + \frac{12 \times 6}{12+6} = 8\,\Omega$ だから、72 V の電源から流れだす電流は $72\,\text{V} \div 8\,\Omega = 9\,\text{A}$ である。12 Ω の抵抗と 6 Ω の抵抗に $\frac{1}{12} : \frac{1}{6} = 6 : 12 = 1 : 2$ の割合で分流されるので、$I_1 = 9\,\text{A} \times \frac{1}{1+2} = 3\,\text{A}$ である。

図 1.54(c) においては回路全体の合成抵抗が $6 + \frac{4 \times 12}{4+12} = 9\,\Omega$ だから、36 V の電源から流れだす電流は $36\,\text{V} \div 9\,\Omega = 4\,\text{A}$ である。4 Ω と 12 Ω の抵抗に $\frac{1}{4} : \frac{1}{12} = 12 : 4 = 3 : 1$ の割合で分流されるので、$I_2 = 4\,\text{A} \times \frac{1}{1+3} = 1\,\text{A}$ である。

ゆえに、$3\,\text{A} + 1\,\text{A} = 4\,\text{A}$ となり、前節のループ電流や節点方程式を使ったときの結果と一致する。

例題 1.10

図 1.55 の回路における電流 $I_1 \sim I_3$ を求めなさい。

[解答]

図 1.55(b)〜(d) のように考え、各々の場合において求まった電流の和を計算すればよい。

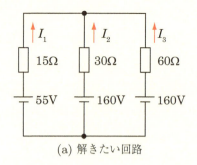

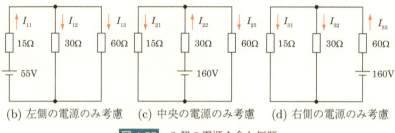

(a) 解きたい回路

(b) 左側の電源のみ考慮　(c) 中央の電源のみ考慮　(d) 右側の電源のみ考慮

図 1.55　3 個の電源を含む例題

図 1.55(b) においては、$30\,\Omega$ と $60\,\Omega$ の抵抗が並列に接続された部分の合成抵抗は $\frac{30 \times 60}{30+60} = 20\,\Omega$ だから

$$I_{11} = 55\,\text{V} \div (15\,\Omega + 20\,\Omega) = \frac{11}{7}\,\text{A}$$

$I_{12} : I_{13} = \frac{1}{30} : \frac{1}{60} = 60 : 30 = 2 : 1$ の割合で分流されるから

$$I_{12} = \frac{11}{7}\,\text{A} \times \frac{2}{3} = \frac{22}{21}\,\text{A}$$
$$I_{13} = \frac{11}{7}\,\text{A} \times \frac{1}{3} = \frac{11}{21}\,\text{A}$$

である。

図 1.55(c) においては、$15\,\Omega$ と $60\,\Omega$ の抵抗が並列に接続された部分の合成抵抗は $\frac{15 \times 60}{15+60} = 12\,\Omega$ だから

$$I_{22} = 160\,\text{V} \div (30\,\Omega + 12\,\Omega) = \frac{80}{21}\,\text{A}$$

$I_{21} : I_{23} = \frac{1}{15} : \frac{1}{60} = 60 : 15 = 4 : 1$ の割合で分流されるから、

$$I_{21} = \frac{80}{21}\,\text{A} \times \frac{4}{5} = \frac{64}{21}\,\text{A}$$

$$I_{23} = \frac{80}{21}\,\text{A} \times \frac{1}{5} = \frac{16}{21}\,\text{A}$$

である。

図 1.55(d) においては、$15\,\Omega$ と $30\,\Omega$ の抵抗が並列に接続された部分の合成抵抗は $\frac{15 \times 30}{15+30} = 10\,\Omega$ だから

$$I_{33} = 160\,\text{V} \div (60\,\Omega + 10\,\Omega) = \frac{16}{7}\,\text{A}$$

$I_{31} : I_{32} = \frac{1}{15} : \frac{1}{30} = 30 : 15 = 2 : 1$ の割合で分流されるから、

$$I_{31} = \frac{16}{7}\,\text{A} \times \frac{2}{3} = \frac{32}{21}\,\text{A}$$

$$I_{32} = \frac{16}{7}\,\text{A} \times \frac{1}{3} = \frac{16}{21}\,\text{A}$$

である。

$$\uparrow I_1 = \uparrow I_{11} + \downarrow I_{21} + \downarrow I_{31}$$

図 1.56 図 1.55 における電流 $I_1, I_{11}, I_{21}, I_{31}$ の向き

図 1.55 中の、電流 I_1 の向きに関する部分を取り出すと、図 1.56 となる。矢印の向きに注意して、以下のように重ね合わせる。

$$I_1 = I_{11} - I_{21} - I_{31} = \frac{11}{7} - \frac{64}{21} - \frac{32}{21} = -3\,\text{A} \qquad \text{(式途中の単位省略)}$$

I_2, I_3 についても同様に、電流の向きに注意して重ね合わせて、

$$I_2 = I_{22} - I_{12} - I_{32} = \frac{80}{21} - \frac{22}{21} - \frac{16}{21} = 2\,\text{A} \qquad \text{(式途中の単位省略)}$$

$$I_3 = I_{33} - I_{13} - I_{23} = \frac{48}{21} - \frac{11}{21} - \frac{16}{21} = 1\,\text{A} \qquad \text{(式途中の単位省略)}$$

という結果が得られた。

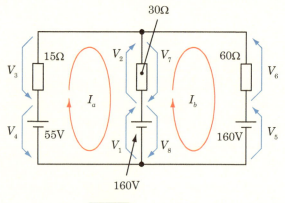

図 1.57 ループ電流

　同じ回路をループ電流を使って解き、答えが一致することを確認する。図 1.57 のように電流 I_a, I_b を定義する。

　I_a に沿ってのループでは $V_1 + V_2 + V_3 + V_4 = 0$ が成立する。符号に注意して書き下すと、

$$160 + 30(I_a - I_b) + 15I_a - 55 = 0$$

整理して

$$3I_a - 2I_b = -7 \tag{1.50}$$

　I_b に沿ってのループでは $V_5 + V_6 + V_7 + V_8 = 0$ が成立するので、

$$160 + 60I_b + 30(I_b - I_a) - 160 = 0$$

整理して

$$-I_a + 3I_b = 0 \tag{1.51}$$

(1.50)(1.51) を解くと、

$$I_a = -3, \qquad I_b = -1$$

が得られ、重ね合わせの理で解いた結果と一致する。

　本節では電流を求める問題を重ね合わせの理を用いて解いた。抵抗にかかる電圧は「電流 × 抵抗値」であり、抵抗値は定数なので、**電圧についても重ね合わせの理は成立する**。

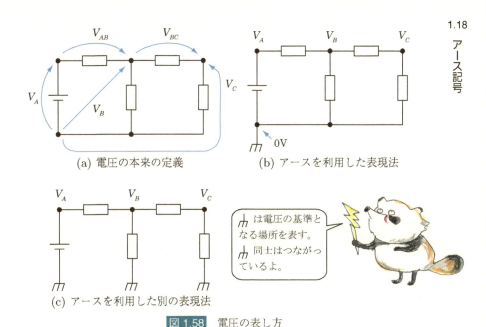

図 1.58　電圧の表し方

1.18　アース記号

図 1.58(a) の $V_A, V_B, V_{AB}, V_{BC}, V_C$ のように、電圧は 2 点間において定義されるものである。しかし、電気回路を設計するとき、どこか 1 点を基準にとり、そこからの電圧を考えることが多い。そこで、通常は図 1.58(b) のように ⏚ を含む回路図を描き、電圧を表す矢印は書かない。図中の電圧 V_A, V_B, V_C は「場所 ⏚ を基準とした電圧」を表す。⏚ をアース (earth) と呼ぶ。通常は電池の − 極をアースにする。アースの場所の電圧は 0 V である。

本節以降、電圧を表す V_1 のような文字が（矢印なしに）書いてあるときは、⏚ からの電圧を表す。

アース記号（⏚）を利用すると図 1.58(b) の回路は図 1.58(c) のように書くこともできる。⏚ を含む回路図は以下の 2 つが暗黙の了解事項となっている。

- ⏚ は 0 V の場所を表す。
- ⏚ の場所同士は接続されている。

「アース (earch)」の直訳は「大地」である。「アースする」の本来の意味

は大地に埋めこまれた金属板（あるいは金属棒）に接続することである。例えば、電柱に載っている柱上変圧器の低圧側の1線は地中に埋めこんだ金属板に接続されている。また住宅の台所や洗濯機置き場にはアース付きコンセントがあり、そのアース端子は大地に埋められた金属板に接続されている。

家電製品においては、洗濯機のアースはアース付きコンセントのアース端子に接続することで、本当に大地に接続する。このときは、記号 ⏚ が用いられる。

電子回路の回路図で使われるアース記号 ⏚ は本当に大地に接続することを意味するわけではない。「電圧を表すときの基準点（0Vの点）」を表している。

アースを表す記号として ▽ が用いられることも多い[29]。また「アース (earth)」以外の呼び方として「グランド (ground)」あるいは「コモン (common)」あるいは「接地」という呼び方もある。

「電圧」と類似した用語に「電位」がある。図1.1(b) (p.8) のように、電流を水流に例えるなら、「電位」は「標高」に対応し、「電圧」は「標高差」に対応する。アースの電位を0とすると、「電圧 ＝ 電位」だから、電圧と電位は、ほぼ同義語として使われる。電気工学においては「電圧」がポピュラーであるが、電位（電圧）の高低をより明確に意識したいときは「電位」が使われることもある。

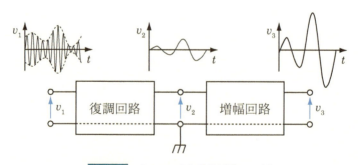

図1.59　AMラジオ受信回路の一部

---

[29] 厳密には ⏚ は「フレーム（シャーシ）への接続」（電気機器の筐体は金属ケースでできていることが多い。これをフレーム（シャーシ）といい、電位0の点として用いる）を表し、▽ は「単に電位0とする点を表す」という違いがある。しかし、慣用的に ⏚ はフレームに接続していなくても、電位0の点を表すのに用いられる。

電子回路を設計する場合、いくつかのモジュールに分けて設計することが多い。例えば、AM ラジオの受信回路は図 1.59 のようになっている。図中の長方形で囲まれた部分がモジュールを表し、各モジュールは入力端子を 2 個、出力端子を 2 個持つ。

信号電圧を図中の v_1, v_2, v_3 で表す。各モジュールにおいて、点線で示された部分は接続されている。すなわち、入力端子と出力端子の片方は共通であり、アースである。これは以下の理由による。

- 1 つの電源から各モジュールにエネルギーを供給するには、このような構成が必要
- このような構成にしないと、回路の設計が困難

回路図を書く場合、図 1.58 のように、電圧が高い方を上方に描き、図 1.59 のように信号は左から右へ流れるように描くのが慣習となっている。

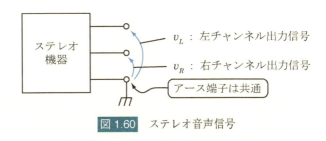

図 1.60　ステレオ音声信号

Walkman や iPod などステレオ機器のヘッドホン出力からは、右チャンネルと左チャンネルの 2 つの電気信号が出ている。1 つのチャンネルを表すのに 2 個の端子が必要であるが、片方の端子を共通にすると、図 1.60 のようになり、3 端子で済む。この共通の端子はアースである。

以上のように、通常の電気回路はアースを持つ構成をとる。

1.19　電流が流れていない部分の考え方

図 1.61 の回路において、V_1 は分圧の式を用いて

$$V_1 = \frac{R_2}{R_1 + R_2} E$$

である。

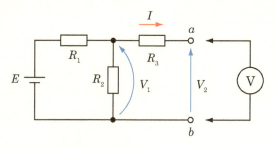

図 1.61　電流が流れていない部分

では V_2 はどうなるか？　電流は流れないので $I = 0$ である。R_3 にかかる電圧は、オームの法則により

$$I \cdot R_3 = 0 \cdot R_3 = 0$$

であるから、R_3 が如何なる値であっても、R_3 にかかる電圧は 0 である。このように**電流が流れていない部分**においては**電圧降下（上昇）は生じない**。ゆえに $V_2 = V_1$ である。

電流が流れていない部分は電圧 0 と機械的に考えてもよいが、何となく違和感を感じる読者がいるかもしれない。「電気回路」という名前の通り、電気はループを作って使うものであり、枝のような部分があることに違和感を感じるのは自然である。そのような読者は以下の説明で納得できるかもしれない。

端子 $a-b$ に電圧計を接続したときの指示値を考える。電圧計を接続するとループができる。V_2 は V_1 を「R_3」と「電圧計の内部抵抗」で分圧したときに後者にかかる電圧となる。電圧計の内部抵抗は非常に高い（理想的には無限大）ので、ほぼ全ての電圧が電圧計にかかることになり、$V_2 = V_1$ である。

ただし、現実の電圧計の内部抵抗は無限大ではない（p.39 の脚注参照）。「R_3 の値が電圧計の内部抵抗よりも遥かに小さい」という条件が成立しない場合は、電圧計を接続したときに、$V_2 = V_1$ とはならない。

図 1.62(a)(b) の回路はマイコンなどのデジタル IC の入力端子に "0" か "1" の二者択一の入力を行う回路である。スイッチが on/off の場合の電圧 V_1 を表 1.3 に示す。

どちらも off のときループができず電流が流れないので、R にかかる電圧は 0 となり、この結果となる。図 1.62(a) においてスイッチが off のとき V_1

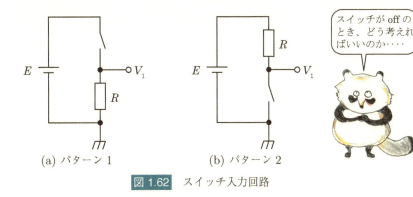

(a) パターン1 (b) パターン2

図 1.62　スイッチ入力回路

表 1.3　図 1.62 の回路の出力電圧

回路	スイッチ	電圧 V_1
図 1.62(a)	on	E
	off	0
図 1.62(b)	on	0
	off	E

がどうなるかを、図 1.61 の電圧計を接続したときと同じ考え方で解釈する。

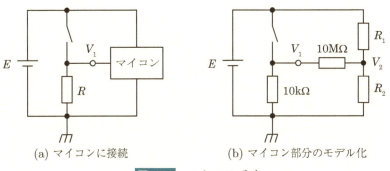

(a) マイコンに接続　　(b) マイコン部分のモデル化

図 1.63　マイコンに入力

端子 V_1 をマイコンの入力端子に接続した場合、マイコンに電源を供給する配線も描くと、回路は図 1.63(a) のようになる。マイコンの部分は図 1.63(b) のようにモデル化することができる[30]。マイコンの入力端子の入力インピーダンス[31] は通常は非常に高いので、このモデルでは $10\mathrm{M}\Omega$ と仮定した。R

---

[30] マイコンの入力端子は、マイコン内部のトランジスタに接続されている。従って、図 1.63(b) のモデルはかなり強引であり、正確ではない。現時点では抵抗以外の素子について学習していないので、説明の便宜上、図 1.63(b) のモデルを仮定する。

の値としてはこのパターンの回路の標準的な値である $10\,\mathrm{k\Omega}$ を用いた。R_1 と R_2 は $10\,\mathrm{M\Omega}$ よりは十分に低い値である。

スイッチが off のとき、「V_1」は「V_2 を $10\,\mathrm{k\Omega}$ と $10\,\mathrm{M\Omega}$ で分圧したときに $10\,\mathrm{k\Omega}$ の抵抗にかかる値」である。$10\mathrm{k} : 10\mathrm{M} = 1 : 1000$ なので、$V_1 = \frac{1}{1+1000}V_2$ となり、V_2 の値に関係なく $V_1 \simeq 0$ である。

R の値は大きすぎても小さすぎてもいけない。大きすぎると図 1.63(b) から分かるように、スイッチが off のときに分圧の結果 $V_1 \simeq 0$ とならない。また on のときの電流が小さくなるため、ノイズに弱くなり、メカニカルスイッチの最小電流を満たせない可能性がある。一方で R の値が小さすぎると、on のときに流れる電流が多くなり、電池で駆動する場合は電池の消耗が激しいという問題がある。

図 1.62(a)(b) のようなスイッチ回路においては $10\,\mathrm{k\Omega}$ が標準的な値として用いられる。

1.20　ブリッジ回路

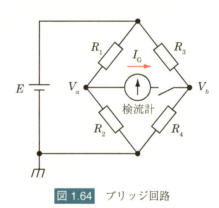

図 1.64　ブリッジ回路

図 1.64 のパターンをブリッジ回路と呼ぶ。$V_a = V_b$ のとき、スイッチを閉じても検流計[32]に流れる電流 I_G は 0 である。このとき「ブリッジは平

---

[31] マイコンの入力端子とアース端子の間の抵抗値。インピーダンスは交流回路の章で学習する。ここでは「インピーダンス = 抵抗」と考えてよい。

衡している」という。平衡条件は以下のように考えて得られる。

V_a は E を R_1 と R_2 で分圧して得られる値であり、V_b は E を R_3 と R_4 で分圧して得られる値である。$V_a = V_b$ とするには、分圧の式 (1.13) (p.20) より

$$R_1 : R_2 = R_3 : R_4 \tag{1.52}$$

が満たされればよい。書き直して、

$$R_1 R_4 = R_2 R_3 \tag{1.53}$$

がブリッジの平衡条件である。

図 1.64 のように、各辺の素子が抵抗であるブリッジ回路をホイートストンブリッジ[33] と呼ぶ。高精度に抵抗を測定するときに用いられる。R_1 を未知抵抗とするとき、$I_G = 0$ となるように R_2, R_3, R_4 を調節すれば、(1.53) より

$$R_1 = \frac{R_2 R_3}{R_4}$$

として R_1 が求まる。

◀‖‖‖ **例題 1.11** ‖‖‖▶

図 1.65 のブリッジについて次の問いに答えなさい。

1. ブリッジが平衡するには R がいくらであればよいか
2. 平衡したとき I, I_1, I_2, I_3, V_1 はいくらか。

‖‖‖ [解答] ▶

ブリッジの平衡条件

$$R \times 40 = 20 \times 10 \qquad (\text{式途中の単位省略})$$

より

$$R = 5\,\Omega$$

---

[32] ガルバノメータ (galvanometer) と呼ばれることもある。微小な直流電流を測るための計器である。電流の向きはどちらに流れてもよい。一方、電流計は決められた方向に電流が流れることを前提としている。

[33] Charles Wheatstone （チャールズ・ホイートストン）(1802–1875): イギリスの物理学者。

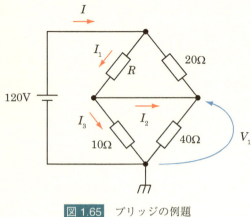

図 1.65　ブリッジの例題

である。平衡しているので $I_2 = 0$ である。回路の上半分の合成抵抗が

$$\frac{5\,\Omega \times 20\,\Omega}{5\,\Omega + 20\,\Omega} = 4\,\Omega$$

下半分の合成抵抗が

$$\frac{10\,\Omega \times 40\,\Omega}{10\,\Omega + 40\,\Omega} = 8\,\Omega$$

であるから回路全体の抵抗は

$$4\,\Omega + 8\,\Omega = 12\,\Omega \tag{1.54}$$

である。電池から流れ出す電流 I は

$$I = \frac{120\,\text{V}}{12\,\Omega} = 10\,\text{A}$$

である。$R = 5\,\Omega$ の抵抗を流れる電流と $20\,\Omega$ の抵抗を流れる電流の比率は $\frac{1}{5} : \frac{1}{20} = 20 : 5$ だから、I_1 は分流の式を用いて

$$I_1 = 10\,\text{A} \times \frac{20\,\Omega}{5\,\Omega + 20\,\Omega} = 8\,\text{A}$$

である。$I_2 = 0$ なので $I_3 = I_1$ である。

ブリッジの部分の合成抵抗は、次のように解いてもよい。I_2 の部分は電流が流れないので、その部分を切断してもよい。すると、ブリッジの部分は図 1.66 と等しい。

左側の経路の合成抵抗が $5\,\Omega + 10\,\Omega = 15\,\Omega$, 右側の経路の合成抵抗が

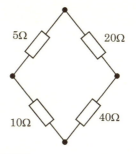

図 1.66　ブリッジの部分を切断

$20\,\Omega + 40\,\Omega = 60\,\Omega$ であり、その並列接続だから、回路全体の抵抗は

$$\frac{15\,\Omega \times 60\,\Omega}{15\,\Omega + 60\,\Omega} = \frac{15\,\Omega \times 60\,\Omega}{75\,\Omega} = 12\,\Omega$$

となり、(1.54) の結果と一致する。

回路を解くときのテクニック

ブリッジの例題では I_2 が流れる枝はあってもなかっても回路中の電流電圧には影響しなかった。以下の 2 つの重要なテクニックが得られる。

1. 同じ電位[34] の場所は接続してもよい。
2. 電流が流れていない場所は切断してもよい。

上記の 2. を用いると、図 1.67(a) のように電流が流れているとき、同図 (c) のように変形することができ、回路が解きやすくなることがある。

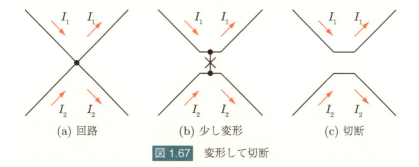

(a) 回路　　(b) 少し変形　　(c) 切断

図 1.67　変形して切断

---

[34] 電位についてはアースの節 (p.57) で説明した。「電圧」と「電位」は、ほぼ同義語であるが、ここでは「電位」という用語がピッタリである。

1.21 テブナンの定理 (Thévenin's theorem)

電気回路の学習者にとって、テブナンの定理[35] は、魔法のように見えるかも知れない。この定理を使うと、「複雑な回路」を「極めて単純な回路」に変換することができる。1.17 節の重ね合わせの理と本節のテブナンの定理は、回路解析における最も重要な 2 つの理論である。

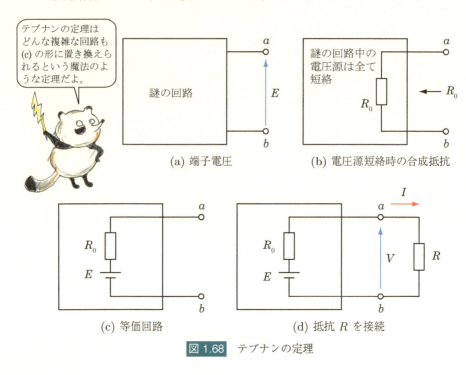

図 1.68 テブナンの定理

前提条件

1. 図 1.68(a) のように謎の回路がある。2 個の端子 a, b が出ており、端子間の電圧は E である。

---

[35] Léon Charles Thévenin （レオン・シャルル・テブナン）(1857–1926): フランスの電気技術者。
日本では「鳳-テブナンの定理」と表記されることも多い。これはテブナンとは独立にこの定理を発見した鳳秀太郎（ほう ひでたろう）博士（与謝野晶子の実兄）の名前も含めた名称である。

2. 図 1.68(b) のように、謎の回路の中に含まれている電圧源を全て短
絡し（= 電圧を 0 に設定する）、端子 $a-b$ 間の抵抗を測定すると、
抵抗値は R_0 である。

定理

1. 謎の回路の内部が如何なる構成であろうと、図 1.68(c) と等価であ
る（置き換えることができる）。
2. 図 1.68(d) のように、端子 $a-b$ 間に抵抗 R を接続したときに流
れる電流 I は次式で得られる。

$$I = \frac{E}{R_0 + R} \tag{1.55}$$

上記の定理の 1. と 2. は等価である [36]。

証明

上記の「定理」の 1. と 2. は等価なので、どちらかを証明すればよい。重
ね合わせの理を用いて 2. が成立することを証明する。

図 1.68(d) のように謎の回路に抵抗 R を接続した状態は図 1.69(a) と等
価である。図中の $*$ 記号は謎の回路中の電圧源が全て働いていることを意味
する。図 1.69(a) は同図 (b) と (c) の重ね合わせであると解釈できる。同図
(c) 中の「0」は謎の回路中の電圧源は全て短絡する（= 電圧を 0 とする）こ
とを意味する。

図 1.69(b) の電流 I_1 は同図 (d) のように考えて求める。同図 (d) におい
ては謎の回路中の電圧源が働いているので、$a-b$ 間の電圧は、前提条件よ
り E である。一方、抵抗 R に電流は流れないので、R の両端に生じる電
圧は 0 であり、端子 $a'-b$ 間の電圧もまた E である。1.20 節 (p.62) のブ
リッジの節で学習したように、同じ電圧の場所を接続しても電流は流れない
ので、図 1.69(b) において $I_1 = 0$ である [37]。

図 1.69(c) は謎の回路中の電圧源を全て短絡（= 電圧を 0 とする）してい
る。端子 $a-b$ から左側を見たときの合成抵抗が R_0 だから、

---

[36] 通常の電気回路の教科書では、前提条件の 1. と 2. が示された後に、定理 2. の (1.55)
をテブナンの定理として提示し、その後で定理 1. をテブナンの等価回路として紹介す
る。定理 1. と 2. は等価なので、本書ではより本質的である定理 1. を最初に提示した。
[37] このケースの場合、$a-b$ の左側の起電力と $a'-b$ の右側の起電力が同じなので、平衡
して（打ち消しあって）電流は流れないと考えてもよい。

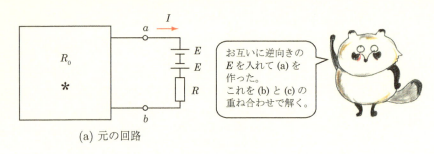

(a) 元の回路

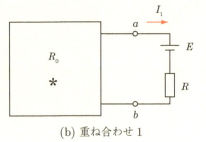

(b) 重ね合わせ 1

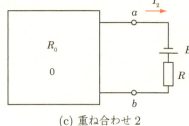

(c) 重ね合わせ 2

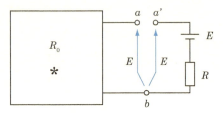

(d) 重ね合わせ 1 の考え方

図 1.69　テブナンの定理の証明

$$I_2 = \frac{E}{R_0 + R}$$

である。重ね合わせの理より $I = I_1 + I_2$ であり、$I_1 = 0$ であるから、

$$I = \frac{E}{R_0 + R} \tag{1.56}$$

である。端子 $a-b$ に抵抗 R を接続したときに流れる電流が (1.56) で表せることは、謎の回路が図 1.68(c) と等価であることを表している。図 1.68(c) をテブナンの等価回路と言う。

図 1.70(a) の端子 $a-b$ から左側を見たときの等価回路を図 1.70(b) の左

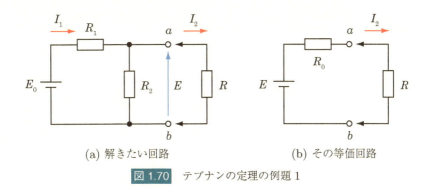

(a) 解きたい回路　　　(b) その等価回路

図 1.70　テブナンの定理の例題 1

側で表すとき、E と R_0 を求めなさい。このことを利用して端子 $a-b$ に抵抗 R を接続したときに流れる電流 I_2 を求めなさい。

[解答]

E と R_0 は以下のように求められる。

$$E = \frac{R_2}{R_1 + R_2} E_0 \qquad \text{分圧の式を利用} \tag{1.57}$$

$$R_0 = \frac{R_1 R_2}{R_1 + R_2} \qquad R_1 \text{ と } R_2 \text{ の並列接続} \tag{1.58}$$

R を接続したときの電流 I_2 は

$$\begin{aligned}
I_2 &= \frac{E}{R_0 + R} \qquad \text{オームの法則} \\
&= \frac{\dfrac{R_2}{R_1 + R_2} E_0}{\dfrac{R_1 R_2}{R_1 + R_2} + R} \qquad \text{(1.57)(1.58) を用いて } E, R_0 \text{ を置換} \\
&= \frac{R_2 E_0}{R_1 R_2 + R_1 R + R_2 R} \qquad \text{分子分母に } R_1 + R_2 \text{ をかける}
\end{aligned} \tag{1.59}$$

となる。(1.59) を確認するため、この例題を分流の式を用いて解く。図 1.70(a) の端子 $a-b$ に R を接続したとき、回路全体の合成抵抗 R_{all} は以下のようになる。

$$R_{all} = R_1 + \frac{R_2 R}{R_2 + R} = \frac{R_1 R_1 + R_1 R + R_2 R}{R_2 + R} \tag{1.60}$$

I_1 をオームの法則より求め、分流の式を用いて I_2 を求めると、

$$I_1 = \frac{E_0}{R_{all}} = \frac{R_2+R}{R_1R_2+R_1R+R_2R}E_0 \quad \text{(1.60) を代入 (1.61)}$$

$$I_2 = \frac{R_2}{R_2+R}I_1 \quad \text{分流の式}$$

$$= \frac{R_2}{\cancel{R_2+R}}\frac{\cancel{R_2+R}}{R_1R_2+R_1R+R_2R}E_0 \quad \text{(1.61) を代入}$$

$$= \frac{R_2}{R_1R_2+R_1R+R_2R}E_0 \quad (1.62)$$

となり、(1.59) と一致した。

◀▮▮▮▮ 例題 1.13 ▮▮▮▮▶

図 1.71(a) 中の電流 I を求めなさい。この例題は、重ね合わせの理の学習のときに解いた図 1.54(a) (p.53) の回路と同一である。

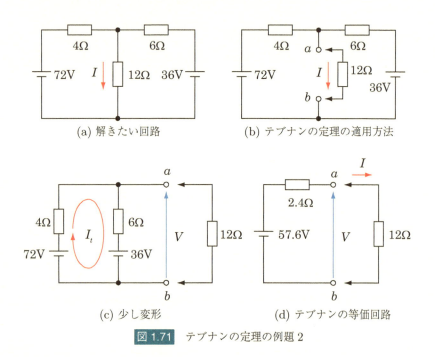

図 1.71　テブナンの定理の例題 2

◀▮▮▮ [解答] ▶

図 1.71(b) のように考え、端子 $a-b$ 間をテブナンの等価回路で表す。図 1.71(b) を少し変形すると、図 1.71(c) のようになる。電流 I_t は

$$I_t = \frac{72\,\text{V} - 36\,\text{V}}{4\,\Omega + 6\,\Omega} = 3.6\,\text{A}$$

である。電圧 V は

$$V = 36\,\text{V} + 6\,\Omega \times 3.6\,\text{A} = 57.6\,\text{V}$$

である。端子 $a-b$ から左側を見たときの合成抵抗は、$4\,\Omega$ と $6\,\Omega$ の並列接続だから

$$\frac{4\,\Omega \times 6\,\Omega}{4\,\Omega + 6\,\Omega} = 2.4\,\Omega$$

である。従って、図 1.71(c) は同図 (d) と等価である。$12\,\Omega$ の抵抗を接続したときの電流 I は

$$I = \frac{57.6\,\text{V}}{2.4\,\Omega + 12\,\Omega} = 4\,\text{A} \tag{1.63}$$

となり、重ね合わせの理で求めた結果と一致する。

短絡電流から R_0 を求める

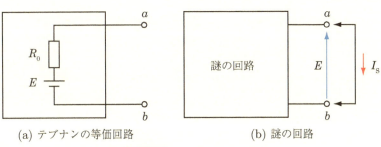

(a) テブナンの等価回路　　　　(b) 謎の回路

図 1.72　R_0 の別の求め方

テブナンの定理を利用すると、どんな複雑な回路でも図 1.72(a) の回路と等価である（置換できる）ことを学習した。この回路の端子 $a-b$ 間を短絡した場合、そのときに流れる電流 I_s は次式で与えられる。

$$I_s = \frac{E}{R_0} \tag{1.64}$$

このことを利用すると、R_0 は以下のように求めることもできる。

図 1.72(b) に示す謎の回路において、端子 $a-b$ 間を開放したときの電圧を E、短絡したときに $a-b$ 間を流れる電流を I_s とする。このとき、謎の回路は同図 (a) と等価であり、R_0 は次式で得られる。

$$R_0 = \frac{E}{I_s} \tag{1.65}$$

回路に抵抗 R を接続したときの電圧電流特性

謎の回路から端子 $a-b$ が出ており、開放電圧が E、短絡電流が I_s であると仮定する。その回路に図 1.73(a) に示すように、抵抗 R を接続して R の値を変化させたとき、電圧 V と電流 I は同図 (b) のようになる。

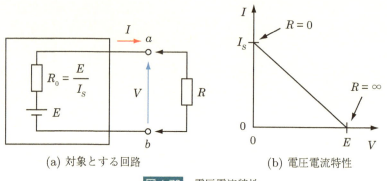

(a) 対象とする回路　　　　(b) 電圧電流特性

図 1.73　電圧電流特性

図 1.73(b) は以下のように導出できる。テブナンの定理を使って謎の回路を同図 (a) で表す。I と V は以下のように得られる。

$$I = \frac{E}{R_0 + R} \tag{1.66}$$

$$V = IR = \frac{E}{R_0 + R} \cdot R \tag{1.67}$$

(1.67) を R について解くと

$$R = \frac{R_0 V}{E - V} \tag{1.68}$$

が得られる。(1.68) を (1.66) に代入して、R_0 を $\dfrac{E}{I_s}$ で置換すると、

$$I = I_s - \frac{I_s}{E}V \tag{1.69}$$

が得られる。$V = 0$ のとき $I = I_s$ であり、$I = 0$ のとき $V = E$ であるから、この式は図 1.73(b) のグラフを表す。

1.22 電流源

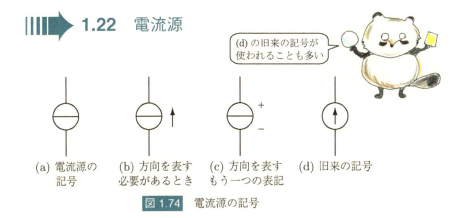

図 1.74　電流源の記号

　これまでに取り扱ってきた電源は ━┳━ で表され、両端での電圧が決まっていた。電圧が与えられるので、**電圧源**という。流れ出す電流は、接続する回路（= 抵抗の値）によって変化する。

　これに対して、図 1.74(a) で表される電源を電流源という。**流れ出す電流が決まっており、両端の電圧は接続する回路によって自動的に変化する**。電流を流す方向を明示する必要があるときは、図 1.74(b)(c) を用いる。図 1.74(d) は旧来の記号であるが、この記号が用いられることも多い。

　図 1.75(a) は 1 A の電流源である。何が何でも 1 A を流そうとする。1 Ω の抵抗を接続すると、オームの法則により、抵抗の両端にかかる電圧は 1 V であるから、電流源の両端電圧は 1 V になる。図 1.75(b) のように 10 Ω の抵抗を接続すると、電流源の両端電圧は 10 V になる。

　我々の身近にある電池、コンセントはどちらも電圧源であり、電流源は身近にはない。電流源はトランジスタを含む回路の等価回路などで登場する。

　図 1.76 はトランジスタ回路[38] の等価回路の一部を取り出したものである。

---

[38] 第 7 章で学習する

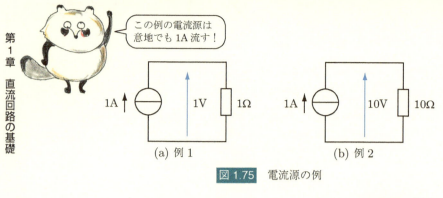

図 1.75 電流源の例

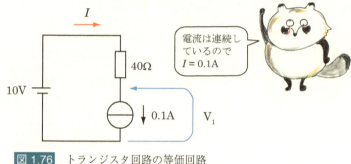

図 1.76 トランジスタ回路の等価回路

電流源がトランジスタを表している。電流は連続しているので、$I = 0.1\,\mathrm{A}$ である。$40\,\Omega$ の抵抗にかかる電圧は $40\,\Omega \times 0.1\,\mathrm{A} = 4\,\mathrm{V}$ であるから、$V_1 = 10\,\mathrm{V} - 4\,\mathrm{V} = 6\,\mathrm{V}$ となる。

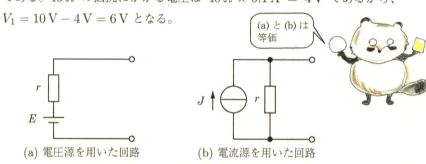

図 1.77 電圧源と電流源の等価変換

等価変換

電圧源と電流源は相互に変換が可能である。これまで電圧源として理想的な場合を考えてきたが、実際の電圧源は内部抵抗 r を持ち、図 1.77(a) のように表される。図 1.77(b) の回路において

$$J = \frac{E}{r} \tag{1.70}$$

であるとき、この 2 つの回路は等価[39] である。

証明

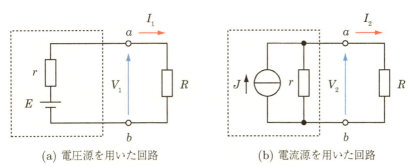

(a) 電圧源を用いた回路　　(b) 電流源を用いた回路

図 1.78　電圧源と電流源の等価変換の証明

図 1.78(a)(b) のように各々の端子 $a-b$ に抵抗 R を接続したときの電流 I_1 と I_2 を考える。I_1 は

$$I_1 = \frac{E}{r+R} \tag{1.71}$$

であり、I_2 は分流の式を用いて

$$I_2 = \frac{r}{r+R} J = \frac{\not{r}}{r+R} \frac{E}{\not{r}} = \frac{E}{r+R} \tag{1.72}$$

である。$I_1 = I_2$ であるから、図 1.78(a) と (b) の点線で囲んだ部分は等価である。$V_1 = I_1 R$, $V_2 = I_2 R$ であるから、$V_1 = V_2$ も成立する。

▶ 1.23　電流源を含む場合の重ね合わせの理とテブナンの定理

電流源を含む回路の場合、

　　電圧源は短絡、電流源は開放

というルールに従えばよい。

---

[39] 端子の右側に何かを接続したとき、流れ出す電流が等しい。

重ね合わせの理

図 1.79(a) の回路について考える。電圧源と電流源が 1 個ずつある。ある電源について考えるとき、他の電源に関しては**電圧源は短絡、電流源は開放**する。図 1.79(a) の回路を解きたい場合、同図 (b) と同図 (c) の結果を重ね合わせればよい。

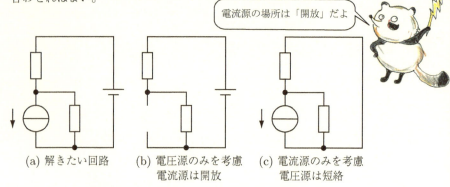

図 1.79　重ね合わせの理における電流源の扱い方

なぜ電流源は開放なのか？　については、次のように考えればよい。

回路を解くために「ループ方程式」あるいは「節点方程式」をたて、その連立 1 次方程式を逆行列を用いて解くと、解は (1.46) (p.51) のような形になる。左辺には、未知数である電圧や電流が配置され、右辺には、既知数である「電圧源の電圧値」や「電流源の電流値」が配置される。(1.46) の形は、個々の電圧源や電流源の足し合わせ（重ね合わせ）で解が得られることを示している。「電流源の電流値を 0 とおく」ことは、「電流が流れない」ことだから、「その場所を開放（切断）する」ことを意味する。

テブナンの定理

図 1.80(a) のテブナンの等価回路は以下のように求める。

端子 $a-b$ から左側を見たときの合成抵抗 R_0 は回路内の**電圧源を短絡**し、**電流源を開放**して求める。同図 (b) となる。

図 1.80(a) 中の電圧 V は重ね合わせの理を使って以下のように求める。

1. 電圧源のみを考えた回路である図 1.80(c) の電圧 V_1 を求める。R_4 には電流が流れないので R_4 にかかる電圧は 0 である。
2. 電流源のみを考えた回路である図 1.80(d) の電圧 V_2 を求める。同

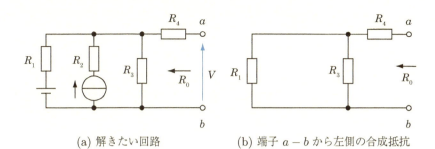

(a) 解きたい回路　　(b) 端子 $a-b$ から左側の合成抵抗

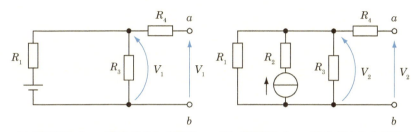

(c) 電圧源によって作り出される電圧　　(d) 電流源によって作り出される電圧

図 1.80　テブナンの定理における電流源の扱い方

じく R_4 にかかる電圧は 0 である。

3. $V = V_1 + V_2$ である。

1.24　電力

図 1.81　電力の定義

抵抗に電流が流れるとエネルギーが消費される。**素子が 1 秒間に消費するエネルギーを電力という**。図 1.81 のように、抵抗に流れる電流を I, 抵抗にかかる電圧を V とするとき、抵抗が消費する電力 P は

$$P = VI \tag{1.73}$$

で与えられる。電力の単位は W（ワット）[40] であり、J/s（ジュール/秒）を意味する。ある電気機器の消費電力が 1W のとき、その電気機器は 1 秒間に 1J 消費する。

このことは電圧と電流の定義から導かれる。1C（クーロン）の電荷を 1V の電位差に逆らって移動させるのに必要なエネルギーが 1J であり、1 秒間に 1C の電荷が導線の断面を通過するとき 1A であった。

オームの法則を用いると $I = \dfrac{V}{R}$ あるいは $V = IR$ だから (1.73) は次のようにも書ける。

$$P = VI$$

$$= \frac{V^2}{R} \tag{1.74}$$

$$= I^2 R \tag{1.75}$$

(1.74) は電力は電圧の二乗に比例することを表し、(1.75) は電力は電流の二乗に比例することを表している。

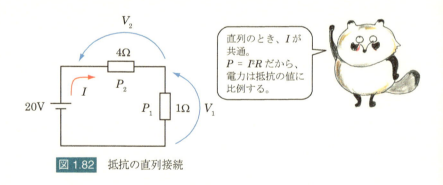

図 1.82　抵抗の直列接続

例題 1.14

図 1.82 の回路を流れる電流 I、電圧 V_1, V_2、各々の抵抗において消費される電力 P_1, P_2 を求めなさい。

[解答]

---

[40] James Watt（ジェームズ・ワット）(1736-1819): イギリスの技術者。

電流は
$$I = \frac{20\,\text{V}}{1\,\Omega + 4\,\Omega} = 4\,\text{A}$$

電圧はそれぞれ
$$V_1 = 1\,\Omega \times 4\,\text{A} = 4\,\text{V}$$
$$V_2 = 4\,\Omega \times 4\,\text{A} = 16\,\text{V}$$

電力はそれぞれ
$$P_1 = 4\,\text{V} \times 4\,\text{A} = 16\,\text{W} \tag{1.76}$$
$$P_2 = 16\,\text{V} \times 4\,\text{A} = 64\,\text{W} \tag{1.77}$$

となる。2つの抵抗を流れる電流が同じであるから、$P = I^2 R$ (1.75) より、各々の抵抗が消費する電力は抵抗の大きさに比例する。$P_1 : P_2 = 16\,\text{W} : 64\,\text{W} = 1 : 4$ であり、抵抗の比率 $1\,\Omega : 4\,\Omega = 1 : 4$ と一致する。

例題 1.15

図 1.83 の回路を流れる電流 I_1, I_2, 各々の抵抗において消費される電力 P_1, P_2 を求めなさい。

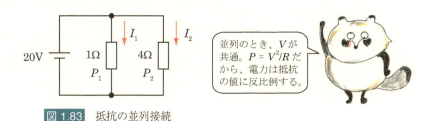

図 1.83　抵抗の並列接続

[解答]

電流はそれぞれ
$$I_1 = 20\,\text{V} \div 1\,\Omega = 20\,\text{A}$$
$$I_2 = 20\,\text{V} \div 4\,\Omega = 5\,\text{A}$$

電圧はどちらの抵抗にも 20 V かかるので、電力はそれぞれ

$$P_1 = 20\,\text{V} \times 20\,\text{A} = 400\,\text{W} \tag{1.78}$$

$$P_2 = 20\,\text{V} \times 5\,\text{A} = 100\,\text{W} \tag{1.79}$$

となる。電圧が一定であるから、$P = \dfrac{V^2}{R}$ (1.74) により、電力は抵抗の大きさに反比例する。(1.78)(1.79) の結果はその事実と一致する。

例題 1.16

図 1.84 の回路を流れる電流 I, 抵抗値 R を求めなさい。

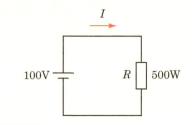

図 1.84　電圧と電力が分かっている場合

[解答]

電流 I は

$$I = 500\,\text{W} \div 100\,\text{V} = 5\,\text{A}$$

抵抗 R は

$$R = 100\,\text{V} \div 5\,\text{A} = 20\,\Omega$$

である。

1.25　電力最大と整合

図 1.85 の回路において、E と r が与えられているとき、R で消費する電力を最大にするには、R をどのような値にすればよいかを考える。

消費電力を求めるために、V, I を求めると、それぞれ

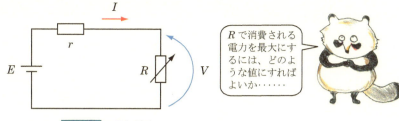

図 1.85　電力最大

$$I = \frac{E}{R+r} \tag{1.80}$$

$$V = IR = \frac{R}{R+r}E \tag{1.81}$$

であり、$P = VI$ より

$$P = \frac{R}{R+r}E\frac{E}{R+r}$$

$$= E^2\frac{R}{(R+r)^2} \tag{1.82}$$

である。(1.82) を R の関数と考えて、縦軸を P, 横軸を $\dfrac{R}{r}$ として描くと、図 1.86 のような形になる。電力が最大になる点は $R = r$ である。

このことを数式から求めるには、(1.82) を R で微分し、傾きがゼロになる点（極値）を求めればよい。すなわち

$$\frac{dP}{dR} = 0$$

を満たす R を求めればよい。

E と r は定数なので、(1.82) の $\dfrac{R}{(R+r)^2}$ の部分に合成関数の微分の公式

$$\left(\frac{u}{v}\right)' = \frac{u'v - uv'}{v^2}$$

を適用すると、

$$\frac{dP}{dR} = E^2\frac{1\cdot(R+r)^2 - R\cdot 2(R+r)\cdot 1}{(R+r)^4}$$

$$= E^2\frac{R+r-2R}{(R+r)^3}$$

$$= E^2\frac{-R+r}{(R+r)^3} \tag{1.83}$$

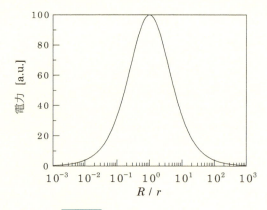

図 1.86 R/r と P のグラフ

が得られる。(1.83) を 0 にするための R の値は

$$R = r \tag{1.84}$$

である。$R = r$ のとき R が消費する電力は最大になる。このとき**負荷**[41] **が整合している**と言う。

r を電源の内部抵抗と考えると、電気回路における以下の重要な定理が導出される。

負荷が電源の内部抵抗に等しいとき、負荷での消費電力は最大になる

この定理は消費電力が大きな場合には使わない。電源の内部抵抗 r においても負荷と同じだけの電力を消費するので、もし電池に対してこの定理を満たす負荷を接続すると、電池の内部抵抗においても大電力が消費され、電池が発熱して危険である。

この定理は「スピーカーを駆動する回路」のように消費電力が少ない負荷を駆動する場合に用いられる。また、本書では扱わないが分布定数回路（高い周波数を扱う回路）においても整合の考え方が使われる。ここで挙げた 2 つのケースは交流（次章以降で説明する）で駆動する回路なので**インピーダンス**[42] **を整合させる**という。

---

[41] 電気回路においてエネルギーを消費する素子（抵抗）を負荷 (load) という。「負荷」＝「エネルギーを消費する目的を持った抵抗」である。
[42] インピーダンスは「交流において抵抗に相当するもの」である。

1.26 電力量

エネルギーの単位は J（ジュール）である。電力の単位 W（ワット）は J/s（ジュール/秒）だから、1 W の電気機器が 1 時間で消費するエネルギーは 3600 J（1J×60 秒 ×60 分）である。これを 1 Wh（ワットアワー）と呼ぶ。電気工学ではエネルギーの単位として J ではなく Wh を用いることが多い。

$$1\,\mathrm{Wh} = 3600\,\mathrm{J} = 3.6\,\mathrm{kJ} \tag{1.85}$$

である。一方でエネルギーを表す単位として cal（カロリー）も使われる。1 cal は水 1 g を 1℃ 上昇させるのに必要なエネルギーである[43]。cal と J の換算式は

$$1\,\mathrm{cal} = 4.184\,\mathrm{J} \simeq 4.2\,\mathrm{J} \tag{1.86}$$

である。(1.86) より次の関係が得られる。

$$1\,\mathrm{Wh} = 3600\,\mathrm{J} \simeq 857\,\mathrm{cal}$$

約 15% の誤差を許容するなら、大まかな目安として

$$1\,\mathrm{Wh} \simeq 1\,\mathrm{kcal}$$

と考えてよい。

◀◀◀ **例題 1.17** ▶▶▶

3 L（= 3 kg）の水を 1000 W の電気ポット[44]で沸かす。水の温度は 20℃ から 100℃ まで上昇するものとする。消費した電力は全て水を温めるのに使われると仮定すると、何分で沸騰するか？

[解答]

必要なエネルギーは

---

[43] 1 気圧の大気中で水 1 g の温度を 1℃ 上昇させるためのエネルギーは、厳密には、水の温度によって異なる。0℃ のとき 4.218 J/g、34.5℃ のとき 4.178 J/g（最小値）、100℃ のとき 4.216 J/g である。計量法では 1 cal = 4.184 J と定められている（出典: Wikipedia）。

[44] 電気ポットの電源は交流であるが、実効値（3.3 節, p.151）という考え方を使うと直流と同様に考えることができる。ここでは直流と交流の違いは考えなくてよい。

$$3\,\mathrm{kg} \times 80\,℃ = 240\,\mathrm{kcal}$$

である。ジュールに直すと

$$240\,\mathrm{kcal} \times 4.2\,\mathrm{J/cal} = 1008\,\mathrm{kJ}$$

である。電気ポットが 1 秒間に消費するエネルギーは $1000\,\mathrm{J} = 1\,\mathrm{kJ}$ であるから

$$1008\,\mathrm{kJ} \div 1\,\mathrm{kJ/s} = 1008\,\mathrm{s} \quad (16\,分\,48\,秒)$$

すなわち約 17 分でお湯が沸くことになる。実際は電気ポットの水を入れる金属容器部分なども温める必要があり、ポットの外へ逃げる熱もあるので、この計算より 10% 程度長い時間が必要である。

◀▦▦▦ **例題1.18** ▦▦▦▶

　天井までの高さが 2.5 m、広さ 8 畳 [45]（$3.3 \times 4 = 13.2\mathrm{m}^2$）の部屋を 1000 W の電気ストーブで温める。空気の比重は $1.23\,\mathrm{kg/m}^3$, 空気の比熱は $1.0\,\mathrm{kJ/kg℃}$ とする。電気ストーブが発生する熱の 100% が空気を温めるのに使われると仮定すると、室温を 20℃ 上昇させるのに何分かかるか？

▦▦▦ **[解答]** ▶

　空気の体積は

$$13.2\,\mathrm{m}^2 \times 2.5\,\mathrm{m} = 33\,\mathrm{m}^3$$

である。比重が $1.23\,\mathrm{kg/m}^3$ であるから、空気の重さは

$$33\,\mathrm{m}^3 \times 1.23\,\mathrm{kg/m}^3 \simeq 40.6\,\mathrm{kg}$$

である。比熱が $1.0\,\mathrm{kJ/kg℃}$ であるから、1℃ 上昇させるのに必要なエネルギーは

$$40.6\,\mathrm{kg} \times 1.0\,\mathrm{kJ/kg℃} = 40.6\,\mathrm{kJ/℃}$$

である。20℃ 上昇させるには

$$40.6\,\mathrm{kJ/℃} \times 20\,℃ = 812\,\mathrm{kJ}$$

---

[45] 地域によって 1 畳の広さは少し異なるが、目安は「1 坪＝2 畳」である。1 坪は $3.3\,\mathrm{m}^2$ なので 8 畳 ＝ $4 \times 3.3\,\mathrm{m}^2$ とした。余談であるが、元々は 1 坪は 1 人の人間が 1 日に食べる米を生産するために必要な水田の面積であった。

必要である。1000 W の電気ストーブは 1 秒間に 1000 J ＝ 1 kJ の熱を発
生させるので、

$$812\,\mathrm{kJ} \div 1\,\mathrm{kJ/s} = 812\,\mathrm{s}\ \ (13\,分\,32\,秒)$$

の時間が必要である。

　この値は実感とはかけ離れている。冷えた部屋を温めるとき、ストーブが
消費するエネルギーのうち、室内の空気を温めるのに使われるエネルギーは
ごく一部[46] であり、残りは壁や室内の家具などを温めるのに使われるか、室
外へ逃げるからである。

◀◀◀║║║║ **例題 1.19** ║║║▶▶▶

　小さな水力発電所がある。水量は毎秒 200 L（家庭用の風呂 1 杯分）、落差
は 2 m である。発電効率を 80 % とすると、発電量は何 W か？

║║║ **[解答]** ▶

　水が持つ位置エネルギーは mgh [J] である。m は重さ [kg], g は重力加
速度（$9.8\,\mathrm{m/s^2}$），h は高さ [m] である[47]。
　1 秒間に水から得られるエネルギーは

$$200\,\mathrm{kg} \times 9.8\,\mathrm{m/s^2} \times 2\,\mathrm{m} = 3920\,\mathrm{J}$$

である。発電効率を 80 % とするので、0.8 をかけて、1 秒あたりの発電量は

$$3920\,\mathrm{J} \times 0.8 = 3136\,\mathrm{J}$$

だから、3136 W である。

---

[46] 筆者の自宅で、真冬に冷え切った部屋で 1200W の電気ストーブをつけて室温の上昇を
測定したところ、ストーブが消費したエネルギーのうち、室内の空気を温めるのに使わ
れたエネルギーは 10% 程度であった。

[47] 広く用いられている国際単位系 (International System of Units: SI 単位系) では、7
つの基本単位を定義し、その他の単位は基本単位の組み合わせで表す。7 つの基本単位
は以下の通り。長さの単位は m（メートル），質量の単位は kg（キログラム），時間の
単位は s（秒），電流の単位は A（アンペア），温度の単位は K（ケルビン），物質量の
単位は mol（モル），光度の単位は cd（カンデラ）である。

第2章 交流回路の基礎

2.1 はじめに

1章で学んだ直流回路においては、回路中の電圧や電流は一定であり、取り扱う素子は「抵抗」のみであった。本章で学ぶ交流回路では、電圧や電流は大きさや方向が変化する。電気回路学では時間変化しない電圧や電流は V, I などの大文字で表し、時間変化する電圧や電流は $v(t)$, $i(t)$ などの小文字で表す。(t) の部分を省略して単に v, i と表記することも多い。**小文字で表された電圧や電流は時間変化することを意味している。**交流回路で取り扱う素子は「抵抗」に加えて「コイル[1]」と「コンデンサ[2]」が加わる。

2.2 回路素子

交流回路で取り扱う3つの素子について説明する。

2.2.1 抵抗

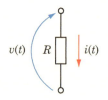

図 2.1 抵抗における v と i の関係

---

[1] インダクタ (inductor) と呼ぶこともある。電力工学の分野ではリアクトル (reactor) と呼ばれる。
[2] 英語ではキャパシタ (capacitor) と呼ぶ。ドイツ語では Kondensator, フランス語では condensateur, イタリア語では condensatore である。

抵抗においては、電圧や電流が時間変化しても、直流の場合と同様に、以下のオームの法則が成立する。

$$v(t) = R i(t) \tag{2.1}$$

2.2.2 コイル

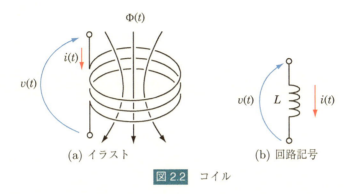

図 2.2　コイル

図 2.2(a) のように導線を何重にも巻いた素子をコイル[3]とよぶ。アンペアの法則によると、電流が流れると、その回りに磁界が発生する。コイルと鎖交[4]する磁束[5]を $\Phi(t)$ とする。

なお、本項では「磁界」「磁束」「鎖交」という用語が出てくるが、最終的な式である (2.3) が使えればよいので、磁界や磁束に関する記述は完全に理解できなくてもよい。

電流が変化して磁束 $\Phi(t)$ が変化すると、コイルの両端に電圧 $v(t)$ が発生して、電流の変化を妨げようとする（レンツ[6]の法則）。コイルの巻数を N とすると、電圧 $v(t)$ は次式で与えられる。

$$v(t) = N \frac{d\Phi(t)}{dt} \tag{2.2}$$

$v(t)$ は、コイルの巻数に比例し、磁束 $\Phi(t)$ の変化の速さにも比例する。

---

[3] 図では 3 回しか巻いてないが実際のコイルでは多数回巻いてある。
[4] 導線で囲まれた面を突き抜けること
[5] 大まかな理解として、「磁束 = 磁力線の個数」「磁界の強さ = 磁力線の密度」と考えればよい。
[6] Heinrich Friedrich Emil Lenz （ハインリヒ・フリードリヒ・エミール・レンツ）(1804–1865): エストニア（当時はロシア帝国の一部）で生まれ、ロシアで活躍した物理学者。

磁束 $\Phi(t)$ は電流 $i(t)$ に比例するので、インダクタンス (inductance) L という量を導入すると、次式が成立する。

$$v(t) = L\frac{di(t)}{dt} \tag{2.3}$$

コイルにおいては電圧は電流の微分値に比例する。係数 L をインダクタンスと呼び、単位は H（ヘンリー）[7] である。コイルの回路記号を図 2.2(b) に示す。

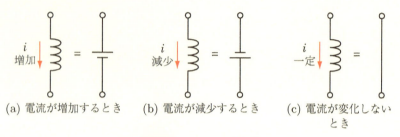

(a) 電流が増加するとき　(b) 電流が減少するとき　(c) 電流が変化しないとき

図 2.3　コイルの考え方

電流が増加しようとすると、それを妨げようとする電圧（電流を減らそうとする電圧）がコイルの両端に発生するため、コイルは抵抗のように働く。電流がコイルを通過するとき電圧降下が発生するので、図 2.2(b) の v は正の値となる。この状況を図で表したのが図 2.3(a) である。電池の電圧は電流が増える速度に比例する。

電流が減少しようとするとき、それを妨げようとする電圧（電流を増やそうとする電圧）がコイルの両端に発生するため、コイルは電池のように振る舞う。電流がコイルを通過するとき電圧上昇が発生するので、v は負の値となる。この状況を図で表したのが図 2.3(b) である。電池の電圧は電流が減る速度に比例する。

電流が変化しないとき $v = 0$ であり、導線と同じになる。すなわち、**直流に対してはコイルは導線と同じである**。この状況を図で表したのが図 2.3(c) である。

2.2.3　コンデンサ

図 2.4(a) のように導体板を平行に配置した素子をコンデンサと呼ぶ。コン

---

[7] Joseph Henry（ジョセフ・ヘンリー）(1797–1878): アメリカの物理学者。

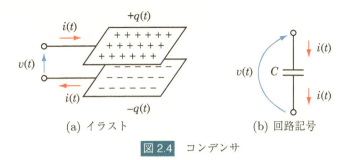

図 2.4　コンデンサ

デンサに電圧を加えると、等量の電荷 $+q(t)$ と $-q(t)$ が各電極に蓄えられる。電荷量 $q(t)$ はコンデンサにかかる電圧 $v(t)$ に比例し、以下の式で与えられる。

$$q(t) = Cv(t) \tag{2.4}$$

係数 C を静電容量 (capacitance) と呼び、単位は F（ファラッド）[8] である。コンデンサの回路記号を図 2.4(b) に示す。

コンデンサの極板において、期間 Δt に電荷が Δq 増える（減る）なら、その変化分は極板へ流入する（極板から流出する）電流となる。電流の大きさの定義は「1 秒間に 1 C（クーロン）の電荷が電線の断面を横切って流れたとき 1 A」であった。電流が時間変化するときは、1 秒あたりの値に換算した値をその瞬間の電流 $i(t)$ とする。

ある短い期間 Δt にコンデンサの電荷が Δq 増えたとする。1 秒あたりに電線の断面を通過する電荷量（すなわち電流）に換算すると、

$$i(t) = \frac{\Delta q}{\Delta t} \tag{2.5}$$

である。期間 Δt を極限まで小さくすると微分となる。電圧と電流の方向を図 2.4(a)(b) のようにとると、電流 $i(t)$ と電荷量 $q(t)$ は次の微分の関係になる。

$$i(t) = \frac{dq(t)}{dt} \tag{2.6}$$

(2.4) を (2.6) に代入して以下の関係が得られる。

$$i(t) = C\frac{dv(t)}{dt} \tag{2.7}$$

---

[8] Michael Faraday（マイケル・ファラデー）(1791–1867): イギリスの化学者、物理学者。

(2.7) は、電圧を微分して係数 C をかけたものが、電流となることを表している。$v(t) = \boxed{}$ の形の式が必要な場合は、(2.7) の両辺を積分して

$$v(t) = \frac{1}{C} \int i(t)\, dt \tag{2.8}$$

を用いる。

直流回路においては回路中の電圧や電流は時間変化をしない。従って (2.7) において $\frac{dv(t)}{dt} = 0$ であり、電流は流れない。すなわち、**コンデンサは直流を通さない**[9]。

コンデンサの内部で導体は途切れている。「電流はループを作らないと流れない」という原則に反しているにもかかわらず、「コンデンサに電流が流れる」ことに違和感を持つ読者がいるかもしれない。確かに、コンデンサにおいて電子の流れは連続していない。

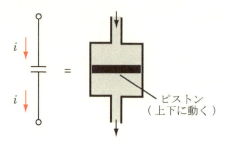

図 2.5　コンデンサをピストンに例える

この違和感を解消するために、筆者は図 2.5 を用意した。電流を水流に例えるなら、コンデンサは「ピストンとシリンダ」に例えることができる。交流は電流の向きが時間変化するので、水流の向きは時間によって変わる。ピストンが下がるとき、シリンダ上部には水が流れ込み、下部からは水が流れ出す。ピストンが上がるときは矢印と逆方向に水が流れる。水路はピストンによって遮断されているが、水流は連続しているように見える。コンデンサの容量がシリンダの容積に対応する。

---

[9]「コンデンサは直流を通さない」は、直流回路が定常状態にあるときに成立する。電源を on にした直後、あるいは off にした直後の数 μs〜数 10 秒（期間は回路中の R, C の値によって決まる）は回路は過渡的な状態になる。その状態にあるときは、直流回路であってもコンデンサに電流が流れる。この現象を過渡現象と呼び、第 4.4 節（p.184）で説明する。

2.3 交流回路を解くのに必要な知識のまとめ

交流回路で扱う素子は「抵抗」「コイル」「コンデンサ」の 3 つであり、電圧と電流の関係は以下の通りである。

$$抵抗： \quad v = Ri \tag{2.9}$$

$$コイル： \quad v = L\frac{di}{dt} \tag{2.10}$$

$$コンデンサ： \quad i = C\frac{dv}{dt} \tag{2.11}$$

コイルとコンデンサは、電圧と電流に関する微分・積分の関係が逆になるという美しい関係を持っている。

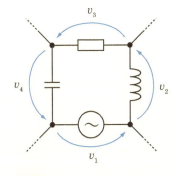

図 2.6 キルヒホッフの電圧則

図 2.7 キルヒホッフの電流則

キルヒホッフの 2 つの法則は交流においても成立する。すなわち、**どの瞬間においても**

- 閉ループを一周すると電圧の和は 0 になる
- 節点に流れ込む電流の和は 0 になる

が成立する。すなわち、図 2.6 において

$$v_1(t) + v_2(t) + v_3(t) + v_4(t) = 0 \tag{2.12}$$

図 2.7 において

$$i_1(t) + i_2(t) + i_3(t) + i_4(t) = 0 \qquad (2.13)$$

が成立する。回路記号 $\bigsim$ は交流電源あるいは交流信号源を表す記号である。

　以上で交流回路を解くために必要な基本式は全て揃った。交流回路の場合、(2.9)～(2.13) に基づいて式をたてると微分を含む方程式が導出される。原理的には、その方程式を解くことにより、回路の各場所における電圧、電流が求まる。

▐▐▐▶ 2.4　交流回路に加える電圧

　交流回路に電圧を加えたときに起こる現象を解析するには、原理的には前節の (2.9)～(2.13) に基づいた式をたて、それを解く必要がある。微分を含む方程式となるので、これを解くのは容易ではない。しかし、

**　　回路に加える電圧は単一周波数の正弦波電圧である**

という仮定をおくなら、

**　　回路に角周波数 ω の正弦波電圧を加えたなら、その回路内に現れる**
**　　全ての電圧や電流は、同じ角周波数 ω の正弦波である**

という定理を用いることができる。この場合、**複素記号法**と呼ばれる魔法のような方法があり、容易に解ける。

　本書では正弦波 (sin wave あるいは sinusoidal wave) は sin, cos で表される波形を指す。$\sin(x + \frac{\pi}{2}) = \cos(x)$ なので、sin と cos は同一の形状を持つ。

　単一周波数の正弦波は図 2.8(a) のような波形である。交流回路に加える電圧が図 2.8(b) のように正弦波でない場合でも、「フーリエ級数展開」の理論によると、任意の周期波形は正弦波の和に分解できる。図 2.8(c) のように周期波形でない場合は、周期を無限大として考える「フーリエ変換」の理論を用いると、やはり正弦波の和に分解して考えることができる。

　個々の正弦波について解き、その解を重ね合わせることで、図 2.8(b)(c) の場合にも対応できる。

　本章では回路に加える電圧が単一周波数の正弦波のときに使える**複素記号法**について詳しく説明する。複素記号法は電気回路学の根幹をなす理論であ

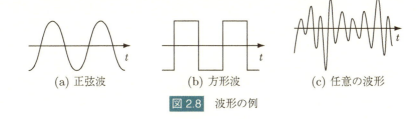

図2.8 波形の例

り、「電気回路を理解することは複素記号法を理解すること」と言っても過言ではない。読者は複素記号法の意味を理解し、使いこなせるようになってほしい。

2.5 正弦波の表し方

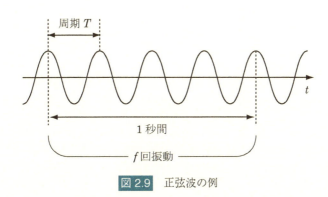

図2.9 正弦波の例

正弦波の例を図 2.9 に示す。1 秒間の振動回数を**周波数**と呼び、f (frequency) で表す。単位は Hz (hertz: ヘルツ) [10] である。周期 T と周波数 f は以下の関係がある。

$$T = \frac{1}{f} \tag{2.14}$$

正弦波を表す関数は以下の 2 つである。

$$\sin \omega t, \quad \cos \omega t$$

---

[10] Heinrich Rudolf Hertz （ハインリヒ・ルドルフ・ヘルツ）(1857–1894): ドイツの物理学者。

t は時刻を表す変数で単位は秒である。t が 0 から 1 まで増加すると、正弦関数の引数（ωt の部分）は角度 ω だけ増加する[11]。

コラム　sin, cos は役に立つ？

sin, cos は交流回路を勉強するときに、必ず出てくる関数であり、避けて通ることはできない。sin, cos と言えば、「高校のときに、正弦定理、余弦定理、加法定理、倍角公式などでさんざん苦しめられた。もう見たくない」と思う人も多いかもしれない。

世の中の現象を記述するための最もポピュラーな関数は指数関数 (e^x) と正弦関数 ($\sin x, \cos x$) である。ものが冷めるとか、ギターの弦を弾いたときに音が減衰するとか、減衰する現象は e^{-at} というパターンで表される。電波、音波、などの波動現象は $A \sin at + B \cos at$ で表される。指数関数と正弦関数は、物理現象を表す最重要関数である。

その理由は、指数関数と正弦関数だけが「微分しても形が変わらない」という特別な性質を持つからであると思われる。世の中の現象は $y' = -ay$ あるいは $y'' = -a^2 y$ というパターンの微分方程式に帰着するものが多い。解はそれぞれ $y = Ae^{-ax}$, $y = A \sin ax + B \cos ax$ である。

だから、sin, cos は敬遠するのではなく、最も仲良しのお友達にならなくてはならない。

コラム　なぜラジアン角を使う？

高校で sin, cos を習うとラジアン角が出てくる。「なぜ、こんな分かりにくい表記法を使うのだろう？」と思った人も多いと思う。

ラジアン角を用いると、微分・積分の公式が簡単になるという絶大なメリットがある。$(\sin x)' = \cos x, (\cos x)' = -\sin x$ という公式が成り立つのは角度としてラジアン角を使うからである。もし、sin や cos の引数を、一周 360° とする方法で表すと、微分や積分のたびに $\frac{\pi}{180}$ や $\frac{180}{\pi}$ といった係数が出現することになり、数式が醜悪になる。

もちろん、ラジアン角にはデメリットもある。私たちは一周 360° の表現に慣れているので、角度を表すとき「45°」のような表記の方が分かりやすい。筆者はかつて光回路の設計の研究をしていたが、分岐角度は「3°」のように一周を 360° とする表記を使っていた。

また、ラジアン角を使うと、「90°」のような、きりのよい角度が $\frac{\pi}{2}$ = 1.570796327…… のように、きりのよい数値ではなくなる。コンピューターのプログラムで「角度 θ が直角か否か」を判定するケースを考える。度数を使うと

---

[11] 角度の単位はラジアン (radian, 単位記号 [rad]) を用いる。ラジアン角とは、「角度 = 半径 1 の円周上の長さ」として角度を表す方法である。

「θ = 90」と書けるが、ラジアン角を使うと「θ > 1.570795 かつ θ < 1.570797」のように書く必要がある。

　角度の表記は適材適所で使い分ける必要がある。

　なお、ラジアン角の定義は教科書では「円弧の長さ ÷ 半径」と紹介されているが、「半径 1 の円周上の長さ = 角度」とした方が分かりやすいと思う。この方法を用いると、立体角の定義も分かりやすく説明できる。

ω は 1 秒間に回転する角度を表し、**角周波数**と呼ばれる。1 周期で角度は 2π 増加するので、

$$\omega = 2\pi f \tag{2.15}$$

の関係がある。

正弦波の角周波数 ω が与えられていることを仮定する。角周波数 ω の任意の正弦波を表す方法として以下の 2 つの表記法がある。

(a) 　$r \cos(\omega t - \phi)$ \hfill (2.16)

(b) 　$A \cos \omega t + B \sin \omega t$ \hfill (2.17)

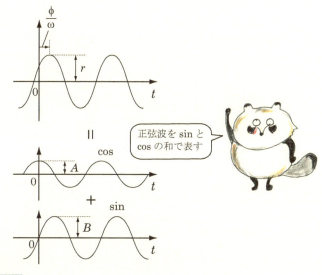

図 2.10　正弦波を cos と sin の和で表す

(a) は「振幅 r」と「位相 ϕ」[12] という 2 つの要素を持ち、波形と直接対応する量である[13]。この様子を図 2.10 の一番上の図に示す。角度 ϕ は、時間に換算すると $\dfrac{\phi}{\omega}$ 秒となる[14]。(2.16) の形式は、波形と対応させるには便利であるが、回路を表す微分方程式に代入して計算するには不向きな形である。

(b) は図 2.10 の中段と下段の図のように、波形を cos と sin の和で表し、「**cos の係数 A**」と「**sin の係数 B**」の 2 つの要素で表す方法である。微分方程式に代入したときに計算しやすい形である。

(2.16) を加法定理によって展開すると、

$$r\cos(\omega t - \phi) = r(\cos\omega t \cos\phi + \sin\omega t \sin\phi)$$
$$= \underbrace{r\cos\phi}_{A} \cos\omega t + \underbrace{r\sin\phi}_{B} \sin\omega t \quad (2.18)$$

となるので、係数 A, B は r, ϕ を用いて以下のように表せる。

$$A = r\cos\phi \quad (2.19)$$
$$B = r\sin\phi \quad (2.20)$$

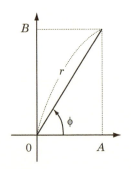

図 2.11　A, B, r, ϕ の関係

この関係を図示すると図 2.11 のようになる。図から以下の関係が得られる。

---

[12] 「位相角」あるいは「角度」と呼ばれることもある。
[13] この形式のバリエーションとして $r\sin(\omega t - \phi)$ という形式もある。また、ϕ の符号を + にした形式もある。これらの場合、それと等価な表記法 (b) の係数 A, B が入れ代わったり、符号が逆になったりする。
[14] (2.79) (p.113) で導出する。

$$r = \sqrt{A^2 + B^2} \qquad (2.21)$$

$$\phi = \tan^{-1}\frac{B}{A} \qquad (2.22)$$

2.6 交流回路における素子

抵抗

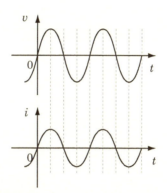

図 2.12 抵抗における電圧と電流

抵抗においては $v(t) = Ri(t)$ だから電圧と電流の位相は一致する。v と i のグラフを図 2.12 に示す。電圧と電流の振幅は「電圧の振幅 ÷ 電流の振幅 $= R$」の関係がある。

コイル

コイルを流れる電流が

$$i(t) = \sin\omega t \qquad (2.23)$$

のとき、電圧は

$$v(t) = L\frac{di(t)}{dt} = L\frac{d}{dt}\sin\omega t = \omega L\cos\omega t \qquad (2.24)$$

となる[15]。v と i のグラフを図 2.13 に示す。次のことが言える。

---
[15] 合成関数の微分の公式より $(\sin\omega t)' = \omega\cos\omega t$ となる

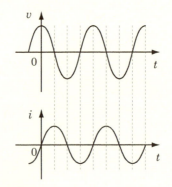

図 2.13 コイルにおける電圧と電流

- ピークの位置に着目すると、電流の位相は電圧より 90° 遅れている[16]。
- 振幅に着目すると、「電圧の振幅 ÷ 電流の振幅 $= \omega L$」である。ωL は抵抗に相当する量であり、周波数に比例する。電圧を一定と仮定すると、周波数が高くなると電流は流れにくくなる。

以上のように、交流回路の素子における電圧と電流の関係は「振幅」と「位相」の 2 つの要素で表される。

コンデンサ

コンデンサにおいて電圧が

$$v(t) = \sin \omega t \tag{2.25}$$

のとき、電流は

$$i(t) = C\frac{dv(t)}{dt} = C\frac{d}{dt}\sin \omega t = \omega C \cos \omega t \tag{2.26}$$

となる。v と i のグラフを図 2.14 に示す。次のことが言える。

- ピークの位置に着目すると、電流の位相は電圧より 90° 進んでいる。

---

[16] 電流は、電圧より遅い時刻にピークに到達する。このことを「位相が遅れている」と表現する。位相が「遅れる」「進む」という表現に関しては、図 2.23 (p.116) のところで詳しく説明する。

電圧をコイルに加えることにより、電流が流れ出すと考えるなら、コイルにおいては、電圧が加わってもすぐには電流は流れ出さず、90° 遅れて流れる。力学で例えると慣性を表す。電気回路においては、コイルは慣性であり、「電圧を加えても電流はなかなか流れ出さないが、一旦流れ出すと止まらない」という性質を持っている。

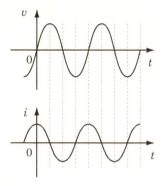

図 2.14 コンデンサにおける電圧と電流

- 振幅に着目すると、「電圧の振幅 ÷ 電流の振幅 $= \dfrac{1}{\omega C}$」である。$\dfrac{1}{\omega C}$ は抵抗に相当する量であり、周波数に反比例する。電圧を一定と仮定すると、周波数が高くなると電流は流れやすくなる。

まとめ

交流回路においては素子の電圧と電流の関係は「振幅」と「位相」の 2 つの要素があり、以下の性質を持つ。

- 抵抗では電圧と電流の位相は一致する。電圧の振幅÷電流の振幅 $= R$
- コイルでは電流の位相は電圧より 90° 遅れる。電圧の振幅 ÷ 電流の振幅 $= \omega L$
- コンデンサでは電流の位相は電圧より 90° 進む。電圧の振幅 ÷ 電流の振幅 $= \dfrac{1}{\omega C}$

2.7　交流回路を正攻法で解く

図 2.15 に示す抵抗とコイルを直列接続した RL 直列回路に電圧

$$E \cos \omega t$$

を加えた場合の回路中の電圧・電流を求める。回路記号 ⟨∼⟩ は**交流電源**あるいは**交流信号源**を表し、正弦波電圧を発生させる。E は正の実数である。本節の目的は「正攻法で解くと難解であることを示す」ことなので、完

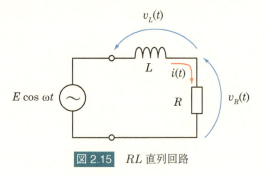

図 2.15　RL 直列回路

壁に理解できなくてもよい。

電流を $i(t)$ で表すと、抵抗においては

$$v_R(t) = R\,i(t) \tag{2.27}$$

が成立し、コイルにおいては

$$v_L(t) = L\frac{di(t)}{dt} \tag{2.28}$$

が成立する。抵抗にかかる電圧とコイルにかかる電圧の和が電源の電圧に等しいので、次式が成立する。

$$v_R(t) + v_L(t) = E\cos\omega t \tag{2.29}$$

(2.27)(2.28) を (2.29) に代入すると、i に関する次の微分方程式が得られる。

$$R\,i(t) + L\frac{di(t)}{dt} = E\cos\omega t \tag{2.30}$$

この微分方程式を解いて i が求まったなら、v_R, v_L はそれぞれ (2.27)(2.28) を用いて求まる。

解く手がかりとして、2.4 節 (p.92) で述べた以下の定理を用いる。

回路に角周波数 ω の正弦波電圧を加えたなら、その回路内に現れる全ての電圧や電流は、同じ角周波数 ω の正弦波である

この定理が成立する理由は以下の 2 つの性質による。

- 正弦波を微分したもの（あるいは積分したもの）は正弦波である。
- 位相が異なる複数の正弦波を足し合わせたものは正弦波になる。

(2.30) を解くために、電流 $i(t)$ を

$$i(t) = A \cos \omega t + B \sin \omega t \tag{2.31}$$

とおく。A, B は未知数である。

$$\frac{di(t)}{dt} = -\omega A \sin \omega t + \omega B \cos \omega t \tag{2.32}$$

であるから、(2.31)(2.32) を (2.30) に代入すると、次式が得られる。

$$R \times \begin{pmatrix} A \cos \omega t \\ +B \sin \omega t \end{pmatrix} + L \times \begin{pmatrix} \omega B \cos \omega t \\ -\omega A \sin \omega t \end{pmatrix} = \begin{pmatrix} E \cos \omega t \end{pmatrix}$$

$\cos \omega t$ の項と $\sin \omega t$ の項に分ける

$$\Big(RA + \omega LB - E\Big) \cos \omega t + \Big(RB - \omega LA\Big) \sin \omega t = 0 \tag{2.33}$$

任意の t に対して (2.33) が成立するには ～～ の部分がいずれも 0 でなくてはならない。A, B を未知数とする以下の連立 1 次方程式が得られる。

$$RA \;+\; \omega LB \;=\; E$$

$$-\omega LA \;+\; RB \;=\; 0$$

この連立 1 次方程式を解くと以下の解が得られる。

$$A = \frac{R}{R^2 + \omega^2 L^2} E \tag{2.35}$$

$$B = \frac{\omega L}{R^2 + \omega^2 L^2} E \tag{2.36}$$

(2.35)(2.36) を (2.31) に代入すると、電流は

$$i(t) = \left(\frac{R}{R^2 + \omega^2 L^2} \cos \omega t + \frac{\omega L}{R^2 + \omega^2 L^2} \sin \omega t \right) E \tag{2.37}$$

となる。

電圧 v_R, v_L は (2.37) をそれぞれ (2.27)(2.28) に代入して、以下のように求まる。

$$v_R(t) = \left(\frac{R^2}{R^2 + \omega^2 L^2} \cos \omega t + \frac{\omega L R}{R^2 + \omega^2 L^2} \sin \omega t \right) E \quad (2.38)$$

$$v_L(t) = \left(\frac{\omega^2 L^2}{R^2 + \omega^2 L^2} \cos \omega t - \frac{\omega L R}{R^2 + \omega^2 L^2} \sin \omega t \right) E \quad (2.39)$$

▐▐▐▶ 2.8 複素記号法による解法

前節で RL 直列回路について解いてみたが、かなり煩雑であった。これを魔法のように簡単に解く方法が**複素記号法**である。複素記号法を使うと、微分や積分を扱わずに、複素数の四則演算のみで回路中の電圧や電流を求めることができる。本節では複素記号法の使用法のみを説明し、その原理については次節で説明する。

複素数についての基本的な知識を付録 A で説明してあるので、付録 A の内容をマスターしていない読者は本節を読む前に付録 A の「複素数の基礎知識」に目を通してほしい。

2.8.1 電圧と電流の表し方

複素記号法においては、電圧や電流を複素数で表す。例えば電圧や電流が

$$v(t) = A \cos \omega t + B \sin \omega t \quad (2.40)$$

$$i(t) = C \cos \omega t + D \sin \omega t \quad (2.41)$$

で表されるとき、これを複素数

$$V = A - jB \quad (2.42)$$

$$I = C - jD \quad (2.43)$$

で表す。j は虚数単位を表し、$j^2 = -1$ である。数学では虚数単位として i を用いるが、電気工学の分野では i は電流を表すので、混同を避けるために j を用いる。V を**複素電圧**、I を**複素電流**とよぶ。複素電圧（電流）の実部は **cos** の係数、虚部は **sin** の係数の符号を反転させたものを表す。また、複素電圧や複素電流は大文字で表す。書籍によっては $\dot{V}, \dot{I}$ のようにドットつきの大文字で表す流儀もある。対応を表 2.1 にまとめる。

表 2.1　時間表現と複素表現の対応

時間表現	複素表現
$A\cos\omega t + B\sin\omega t$	$A - jB$

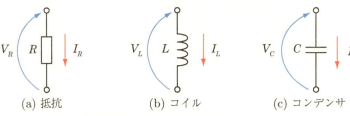

図 2.16　複素電圧と複素電流の方向

2.8.2　素子の表し方

複素記号法の世界では、「抵抗」「コイル」「コンデンサ」における電圧と電流を図 2.16 のようにとると、各素子における電圧と電流の関係はオームの法則に類似した次式で表される。

$$V_R = R \cdot I_R \tag{2.44}$$

$$V_L = j\omega L \cdot I_L \tag{2.45}$$

$$V_C = \frac{1}{j\omega C} \cdot I_C \tag{2.46}$$

(2.44)〜(2.46) を見ると、コイルにおいては「$j\omega L$」、コンデンサにおいては「$\frac{1}{j\omega C}$」が抵抗値 R に類似した量として扱われることが分かる。これをインピーダンス (impedance) と呼ぶ[17]。「インピーダンス = 交流抵抗」と考えてよい。これを表 2.2 にまとめる。

表 2.2　素子とインピーダンス

素子名	インピーダンス
抵抗	R
コイル	$j\omega L$
コンデンサ	$\dfrac{1}{j\omega C}$

インピーダンスを用いると、**直流回路と同じ手順で交流回路を解くことができる**。直流回路におけるオームの法則は

$$電圧 = 電流 \times 抵抗$$

であった。交流回路においては

$$複素電圧 = 複素電流 \times インピーダンス \tag{2.47}$$

となる。

2.8.3　方程式のたて方

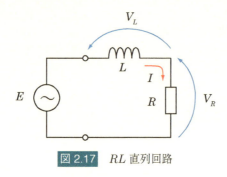

図 2.17　RL 直列回路

2.7 節 (p.99) で取り扱った回路である図 2.17 の RL 直列回路を複素記号法を使って解いてみる。(2.47) を用いると、

$$V_R = RI \tag{2.48}$$

$$V_L = j\omega L I \tag{2.49}$$

である。回路に加える電圧は $E\cos\omega t$（E は正の実数）なので、表 2.1 (p.103) より複素表現は E である。

$$V_R + V_L = E \tag{2.50}$$

---

[17] 抵抗のインピーダンスは実数であり、コイルやコンデンサのインピーダンスは純虚数である。純虚数で表されるインピーダンスのことを**リアクタンス**と呼ぶ。コイルは誘導性リアクタンス、コンデンサは容量性リアクタンスと呼ばれる。

に (2.48)(2.49) を代入して

$$(R + j\omega L)\, I = E$$

$$\therefore I = \frac{E}{R + j\omega L} \tag{2.51}$$

である。

(2.51) を見ると、抵抗とコイルを直列に接続したときの合成インピーダンスは

$$R + j\omega L \tag{2.52}$$

である。素子を直列接続したときは、インピーダンスの足し算をすればよい。これは、抵抗の直列接続の場合と同様である。

複素電流 I が求まったので、複素電圧 V_R, V_L はそれぞれ

$$V_R = IR = \frac{R}{R + j\omega L}E \tag{2.53}$$

$$V_L = j\omega L I = \frac{j\omega L}{R + j\omega L}E \tag{2.54}$$

となる。電気回路において「電圧、電流を求めよ」という問題が出題されたときは (2.51)(2.53)(2.54) の形を最終的な解として良い。分子と分母に $(R - j\omega L)$ をかけて実部と虚部に分離する必要はない。

ここでは (2.51) で得られた I が (2.37) (p.101) の $i(t)$ と一致することを確認するために、以下のように実部と虚部に分離する。

$$\begin{aligned}
I &= \frac{1}{R + j\omega L}E \\
&= \frac{R - j\omega L}{(R + j\omega L)(R - j\omega L)}E \\
&= \frac{RE}{R^2 + \omega^2 L^2} - j\frac{\omega L E}{R^2 + \omega^2 L^2}
\end{aligned} \tag{2.55}$$

複素記号法では表 2.1 (p.103) に示すように、実部は cos の係数、虚部は sin の係数の符号を反転させたものに対応する。(2.55) を時間表現に直すと、

$$i(t) = \frac{RE}{R^2 + \omega^2 L^2}\cos\omega t + \frac{\omega L E}{R^2 + \omega^2 L^2}\sin\omega t \tag{2.56}$$

となる。この結果は交流回路を正攻法で解いて得られた結果である (2.37)

(p.101) と一致する。すなわち、複素記号法を用いると、複素数の代数方程式を解くことで、電圧や電流が簡単に求まる。

2.9 複素記号法の原理

本節では複素記号法が成立する理由を数学的に説明する。複素記号法が使えればよいと考える読者は本節をスキップしても構わないが、電気回路学の根幹にかかわる部分なので、できるだけ理解するように努力してほしい。

2.9.1 複素数の導入

交流回路に印加する電圧の角周波数が ω のとき、回路中のあらゆる場所の電圧や電流は

$$A \cos \omega t + B \sin \omega t \tag{2.57}$$

という形になる。(2.57) の代わりに複素数 C を含む

$$\mathrm{Re}\left\{Ce^{j\omega t}\right\} \tag{2.58}$$

という形で表すことにする[18]。Re{ } は括弧の中の実部をとることを表す。複素数 C を実部と虚部に分けて

$$C = a + jb \qquad (a, b \text{ は実数})$$

と表し、$e^{j\omega t}$ の項をオイラーの公式（付録 A 参照）

$$e^{j\omega t} = \cos \omega t + j \sin \omega t$$

で置換すると、(2.58) は以下のようになる。

$$
\begin{aligned}
\mathrm{Re}\left\{Ce^{j\omega t}\right\} &= \mathrm{Re}\left\{(a + jb)(\cos \omega t + j \sin \omega t)\right\} \\
&= \mathrm{Re}\left\{(a \cos \omega t - b \sin \omega t) + j(b \cos \omega t + a \sin \omega t)\right\} \\
&= a \cos \omega t - b \sin \omega t \tag{2.59}
\end{aligned}
$$

---

[18] $\mathrm{Im}\left\{Ce^{j\omega t}\right\}$ とする流儀もある。この場合は実部が sin の係数、虚部が cos の係数に対応する。$\mathrm{Im}\left\{Ce^{j\omega t}\right\}$ として得た時間波形は、$\mathrm{Re}\left\{Ce^{j\omega t}\right\}$ として得た時間波形を 90° 右方向へ（正方向へ）シフトさせたものになる。電気回路の教科書としては $\mathrm{Im}\left\{Ce^{j\omega t}\right\}$ を採用する本が多い。電磁波工学や光工学の分野では本書と同じ $\mathrm{Re}\left\{Ce^{j\omega t}\right\}$ が使われることが多い。理学系の教科書では時間因子として $e^{-j\omega t}$ が使われることもある。

$\mathrm{Re}\{Ce^{j\omega t}\}$ は正弦関数[19]を表しており、複素数 C の実部 a は $\cos\omega t$ の係数、虚部 b は $\sin\omega t$ の係数の符号を反転させたものに対応する。$\mathrm{Re}\{Ce^{j\omega t}\}$ という表現を導入することにより、1個の複素数で sin と cos の係数をまとめて表すことができた。

2.9.2 微分の扱い

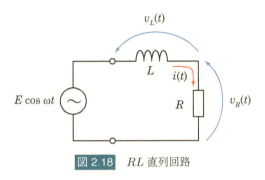

図 2.18　RL 直列回路

図 2.18 の回路について、もう一度考える。この回路で成立する式は

$$R\,i(t) + L\frac{d}{dt}i(t) = E\cos\omega t \tag{2.60}$$

であった。

回路に加える電圧 $E\cos\omega t$ は

$$E\cos\omega t = \mathrm{Re}\{Ee^{j\omega t}\} \tag{2.61}$$

と書ける。

電流 $i(t)$ は電圧と同じ周波数の正弦関数になるので、複素電流 I を用いて以下のように表せる。

$$i(t) = \mathrm{Re}\{Ie^{j\omega t}\} \tag{2.62}$$

(2.61)(2.62) を (2.60) に代入するにあたって、

$$\frac{d}{dt}i(t) \;\Rightarrow\; \frac{d}{dt}\left[\mathrm{Re}\{Ie^{j\omega t}\}\right]$$

---

[19] 数学用語としては sin は正弦、cos は余弦と訳されるので、一般的には正弦関数は sin 関数を指す。しかしながら、sin と cos は 90° ずらすと重なるので、形状としては同一である。本書では「正弦関数」は sin 関数と cos 関数の両方を指す。英語では「sinusoidal function」という用語で「sin 関数をシフト・圧縮（伸長）したもの」を指す。

の部分について考える。「複素関数を微分する」ことは「実部と虚部をそれぞれ微分する」ことに等しい。ゆえに「実部を取ってから微分する」ことと「微分してから実部を取る」ことは等しい。以下のように変形できる。

$$
\frac{d}{dt}\left[\mathrm{Re}\left\{Ie^{j\omega t}\right\}\right] = \mathrm{Re}\left[\frac{d}{dt}\left\{Ie^{j\omega t}\right\}\right] \quad \begin{array}{l}\text{「実部をとる操作」と}\\ \text{「微分」の順序を交換}\end{array}
$$

$$
= \mathrm{Re}\left[I\frac{d}{dt}\left\{e^{j\omega t}\right\}\right] \quad \begin{array}{l} I \text{ は定数だから}\\ \text{外に出す}\end{array} \tag{2.63}
$$

$$
= \mathrm{Re}\left[j\omega Ie^{j\omega t}\right] \quad \begin{array}{l}\text{微分の公式}\\ \frac{d}{dt}\{e^{j\omega t}\}=j\omega e^{j\omega t}\\ \text{を適用}\end{array} \tag{2.64}
$$

(2.63) から (2.64) へ変形するときに、微分の公式

$$
\frac{d}{dt}\left\{e^{j\omega t}\right\} = j\omega e^{j\omega t} \tag{2.65}
$$

を適用した。この公式が実部と虚部をそれぞれ微分していることを確認する。

[**(2.65)** の確認]

● 微分の公式を適用してから実部と虚部に分解する

$$
\begin{aligned}
\frac{d}{dt}\left\{e^{j\omega t}\right\} &= j\omega e^{j\omega t}\\
&= j\omega(\cos\omega t + j\sin\omega t)\\
&= -\omega\sin\omega t + j\omega\cos\omega t \tag{2.66}
\end{aligned}
$$

● 実部と虚部に分解してから微分の公式を適用する

$$
\begin{aligned}
\frac{d}{dt}\left\{e^{j\omega t}\right\} &= \frac{d}{dt}\left[\cos\omega t + j\sin\omega t\right]\\
&= -\omega\sin\omega t + j\omega\cos\omega t \tag{2.67}
\end{aligned}
$$

(2.66) と (2.67) が等しいので (2.65) は成立する。$e^{j\omega t}$ を「**微分すること**」は「**$j\omega$ をかけること**」に置換される。

結局 (2.60) は次のように書ける。

$$R \cdot \mathrm{Re}\left\{Ie^{j\omega t}\right\} + L \cdot \mathrm{Re}\left\{j\omega Ie^{j\omega t}\right\} = \mathrm{Re}\left\{Ee^{j\omega t}\right\} \quad (2.68)$$

右辺を左辺に移し、実数 R, L を $\mathrm{Re}\{\ \ \}$ の中に入れる

$$\mathrm{Re}\left\{R \cdot Ie^{j\omega t}\right\} + \mathrm{Re}\left\{L \cdot j\omega Ie^{j\omega t}\right\}$$
$$-\mathrm{Re}\left\{Ee^{j\omega t}\right\} = 0$$

$$\mathrm{Re}\left\{R \cdot Ie^{j\omega t} + L \cdot j\omega Ie^{j\omega t} - Ee^{j\omega t}\right\} = 0$$

$e^{j\omega t}$ でくくる

$$\mathrm{Re}\left\{\left(RI + j\omega LI - E\right)e^{j\omega t}\right\} = 0 \quad (2.69)$$

(2.69) が任意の t について成立するには $\underset{\sim}{\qquad}$ の部分が 0 でないといけない。すなわち、

$$(R + j\omega L)I - E = 0$$

移項して

$$RI + j\omega LI = E \quad (2.70)$$

を満たす必要がある。この式は **(2.68)** において「$e^{j\omega t}$」と「$\mathbf{Re}\left\{\quad\right\}$」を無視した結果と等しい。$(2.60)$ と (2.70) を見比べると、

- $i(t)$ は I に置換
- $E\cos\omega t$ は E に置換
- 微分は $j\omega$ をかけることに置換

されたことが分かる。I について解くと

$$I = \frac{E}{R + j\omega L} \quad (2.71)$$

が得られ、前節での結果と一致した。

2.9.3 積分の扱い

図 2.19 の回路において、$i(t)$ を求めたい。以下のように式をたてる。

$$v_R(t) \quad + \quad v_C(t) \quad = \quad E\cos\omega t$$

$$\downarrow (2.1) \qquad\qquad \downarrow (2.8)$$

$$Ri(t) \quad + \quad \frac{1}{C}\int i(t)\,dt \quad = \quad E\cos\omega t \quad (2.72)$$

109

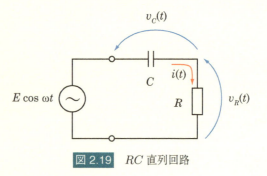

図 2.19　RC 直列回路

$i(t) = \mathrm{Re}\{Ie^{j\omega t}\}$, $E\cos\omega t = \mathrm{Re}\{Ee^{j\omega t}\}$ と表すと、次式が得られる。

$$R\cdot\mathrm{Re}\{Ie^{j\omega t}\} + \frac{1}{C}\int\mathrm{Re}\{Ie^{j\omega t}\} = \mathrm{Re}\{Ee^{j\omega t}\} \quad (2.73)$$

(2.73) の左辺第 2 項の積分を実行すると、

$$\frac{1}{C}\int\mathrm{Re}\{Ie^{j\omega t}\}\,dt = \frac{1}{C}\mathrm{Re}\left\{\int Ie^{j\omega t}\,dt\right\}$$

「実部をとる操作」と「積分」の順序を入れ換える。

実数 $\frac{1}{C}$ を $\mathrm{Re}\{\ \}$ の中に入れ、I は定数なので積分記号の外に出す。

$$= \mathrm{Re}\left\{\frac{1}{C}I\int e^{j\omega t}\,dt\right\}$$

積分を実行する。定常状態の交流回路においては電圧や電流の時間平均は 0 なので、不定積分の積分定数は 0 である。

$$= \mathrm{Re}\left\{\frac{1}{j\omega C}Ie^{j\omega t}\right\} \quad (2.74)$$

となり、(2.74) を (2.73) に代入すると、以下の式が得られる。

$$\mathrm{Re}\{RIe^{j\omega t}\} + \mathrm{Re}\left\{\frac{1}{j\omega C}Ie^{j\omega t}\right\} - \mathrm{Re}\{Ee^{j\omega t}\} = 0$$

$$\mathrm{Re}\left\{\left(RI + \frac{1}{j\omega C}I - E\right)e^{j\omega t}\right\} = 0$$

$$RI + \frac{1}{j\omega C}I - E = 0$$

$$RI + \frac{1}{j\omega C}I = E \quad (2.75)$$

(2.72) と (2.75) を見比べると、

- $i(t)$ は I に置換
- $E\cos\omega t$ は E に置換
- 積分は $\dfrac{1}{j\omega}$ をかけることに置換

されたことが分かる。この回路のより詳しい解析は 2.11.4 項 (p.123) で行う。

2.9.4　まとめ

交流回路を解くにあたって、直流のときと同じ手順で方程式をたてると、直流のときは電流を未知数とする代数方程式が得られたのに対して、交流のときは微分や積分を含む方程式になる。しかし、正弦関数を表現するために

$$\mathrm{Re}\left\{\boxed{複素数}\,e^{j\omega t}\right\}$$

という形式を導入すると、以下の性質を使うことで、微分方程式を代数方程式に変換することができ、簡単に解ける。

1. 微分は「$j\omega$ をかけること」に置換される。
2. 積分は「$\dfrac{1}{j\omega}$ をかけること」に置換される。
3. 全ての項に $\mathrm{Re}\left\{\boxed{}\,e^{j\omega t}\right\}$ が付く。(2.75) を見ると分かるように、$\boxed{}$ の部分以外は無視できる。

以上の手順を今一度、表 2.3 にまとめる。

表 2.3　微分表現（積分表現）と複素表現の関係

素子	抵抗	コイル	コンデンサ
本来の式	$v(t) = Ri(t)$	$v(t) = L\dfrac{di(t)}{dt}$	$v(t) = \dfrac{1}{C}\displaystyle\int i(t)\,dt$
	$\downarrow$	$\downarrow$	$\downarrow$
複素表現	$V = \boxed{R}\,I$	$V = \boxed{j\omega L}\,I$	$V = \boxed{\dfrac{1}{j\omega C}}\,I$

表中の $\boxed{}$ の部分を**インピーダンス**と呼ぶ。インピーダンスを用いると、直流回路と同一の手順で方程式をたてることができる。

2.10 複素表現と時間表現の関係

複素記号法を使うと電圧や電流は複素数として得られる。一方で、オシロスコープで観測できる波形は、横軸が時間で縦軸が電圧である。本節では複素表現と時間表現の関係について学ぶ。

2.10.1 複素表現を時間表現に直す方法

複素数 C で表された電圧（電流）を時間の関数で表すには

$$\mathrm{Re}\left\{Ce^{j\omega t}\right\} \tag{2.76}$$

を計算すればよい。

$A\cos\omega t - B\sin\omega t$ の形にする

複素数を $C = a + jb$ と表して (2.76) に代入すると、

$$
\begin{aligned}
\mathrm{Re}\left\{(a+jb)e^{j\omega t}\right\} &= \mathrm{Re}\left\{(a+jb)(\cos\omega t + j\sin\omega t)\right\} \\
&= \mathrm{Re}\left\{(a\cos\omega t - b\sin\omega t) + j(b\cos\omega t + a\sin\omega t)\right\} \\
&= a\cos\omega t - b\sin\omega t \tag{2.77}
\end{aligned}
$$

であるから、複素数の実部が $\cos\omega t$ の係数、虚部の符号を反転させたものが $\sin\omega t$ の係数である。ゆえに、次の手順に従えばよい。

1. 複素電圧（電流）を実部と虚部に分ける。
2. $A + jB$ で表されるとき、$A\cos\omega t - B\sin\omega t$ になる。

適用例は既に (2.55)(2.56) (p.105) で示した。この形は、微分や加減などの計算をするには便利であるが、波形を描くには不便である。波形を描くには次の形式が便利である。

$r\cos(\omega t + \theta)$ の形にする

複素数を極座標形式 $C = re^{j\theta}$ で表して (2.76) に代入すると

$$\begin{aligned}
\text{Re}\left\{re^{j\theta}e^{j\omega t}\right\} &= \text{Re}\left\{re^{j(\omega t+\theta)}\right\} \\
&= \text{Re}\left[r\left\{\cos(\omega t+\theta)+j\sin(\omega t+\theta)\right\}\right] \\
&= r\cos(\omega t+\theta) \quad (2.78)
\end{aligned}$$

であるから、複素数 C の絶対値が振幅、偏角が位相を表す。次の手順に従えばよい。

1. 複素電圧（電流）の絶対値と偏角を求める。
2. $C = re^{j\theta}$ で表されるとき $r\cos(\omega t+\theta)$ になる。

$r\cos(\omega t+\theta)$ の形を図 2.20 に示す。θ が正のとき、波形は $\cos\omega t$ に対して、左方向にシフトする。

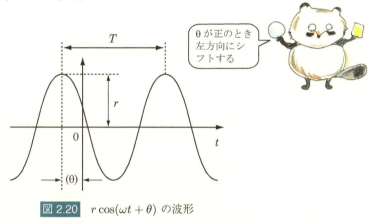

図 2.20　$r\cos(\omega t+\theta)$ の波形

図 2.20 においては、時間を記入する代わりに、括弧をつけてその時間に対応する角度を記入している。**本書では時間波形の図において、括弧をつけた値は、その時間に対応する角度**[20] **を意味する**[21]。

角度 θ を時間に換算する。時間 T（一周期）で正弦関数の角度は 2π 変化するから、

$$T\cdot\frac{\theta}{2\pi} = \frac{1}{f}\cdot\frac{\theta}{2\pi} = \frac{\theta}{\omega} \quad [秒] \quad (2.79)$$

である。

---
[20] 位相、位相角と呼ぶこともある。
[21] 図 2.20 のグラフの横軸を ωt にすると、時間方向のシフト量は θ になる。

例として (2.51)(p.105) で得た RL 直列回路の電流

$$I = \frac{E}{R + j\omega L}$$

の時間波形を描く。まず、絶対値と偏角を求める。

複素数 $\dfrac{C_1}{C_2}$ の絶対値と偏角は、$C_1 = r_1 e^{j\theta_1}$, $C_2 = r_2 e^{j\theta_2}$ とおくと、

$$\frac{C_1}{C_2} = \frac{r_1 e^{j\theta_1}}{r_2 e^{j\theta_2}} = \frac{r_1}{r_2} e^{j(\theta_1 - \theta_2)} \tag{2.80}$$

と表せる。絶対値は $\dfrac{r_1}{r_2}$ であり、偏角は $\theta_1 - \theta_2$ である。このことを $\dfrac{E}{R + j\omega L}$ にあてはめると、絶対値は

$$\frac{r_1}{r_2} = \frac{|E|}{|R + j\omega L|} = \frac{E}{\sqrt{R^2 + \omega^2 L^2}} \tag{2.81}$$

であり、偏角はそれぞれ

$$\theta_1 = 0 \tag{2.82}$$

$$\theta_2 = \tan^{-1} \frac{\omega L}{R} \tag{2.83}$$

であるから、

$$I = \frac{E}{R + j\omega L} = \frac{E}{\sqrt{R^2 + \omega^2 L^2}}\, e^{-j\theta_2} \tag{2.84}$$

である。この結果を図で確認する。$R + j\omega L$ と $\frac{E}{R+j\omega L}$ をそれぞれ図 2.21(a)(b) に示す。

時間波形は

$$i(t) = \frac{E}{\sqrt{R^2 + \omega^2 L^2}} \cos\left(\omega t - \theta_2\right) \tag{2.85}$$

となる。これを図 2.21(c) に示す。

2.10.2 複素数の偏角と $e^{j\omega t}$ をかけることの意味

複素表現を時間表現に直すには $e^{j\omega t}$ をかけて実部をとればよいことは、本節の冒頭で示した。複素数 $re^{j\theta}$ に $e^{j\omega t}$ をかけることは、$re^{j\theta}e^{j\omega t} = re^{j(\theta + \omega t)}$ であるから、複素数 $re^{j\theta}$ の偏角をラジアン角で ωt だけ反時計回りに回転させることを意味する。複素数 $re^{j(\theta + \omega t)}$ は図 2.22 に示すように t が増加

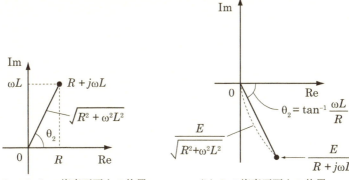

(a) $R+j\omega L$ の複素平面上の位置   (b) I の複素平面上の位置

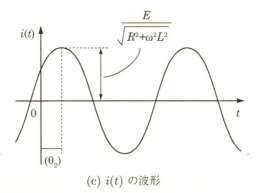

(c) $i(t)$ の波形

図 2.21　RL 直列回路の電流の複素平面上の値と時間波形

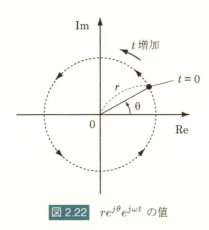

図 2.22　$re^{j\theta}e^{j\omega t}$ の値

すると半径 r の円周上を周回する軌跡を描く。

複素数 $C_1,\ C_2,\ C_3$ が図 2.23(a) に示す値を持つとき、$C_1 e^{j\omega t},\ C_2 e^{j\omega t}$,

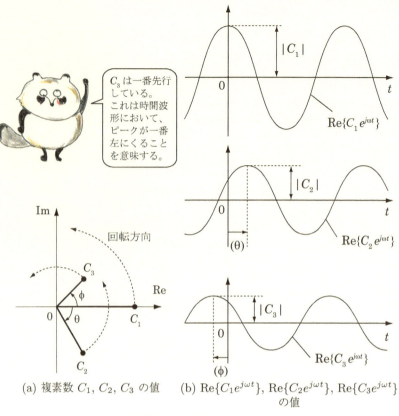

(a) 複素数 C_1, C_2, C_3 の値　(b) $\mathrm{Re}\{C_1 e^{j\omega t}\}$, $\mathrm{Re}\{C_2 e^{j\omega t}\}$, $\mathrm{Re}\{C_3 e^{j\omega t}\}$ の値

図 2.23　複素振幅と時間波形の関係

$C_3 e^{j\omega t}$ は t が増加すると、図中の点線矢印の方向に回転する。これを実軸に投影した値である $\mathrm{Re}\{C_1 e^{j\omega t}\}$, $\mathrm{Re}\{C_2 e^{j\omega t}\}$, $\mathrm{Re}\{C_3 e^{j\omega t}\}$ は図 2.23(b) となる。

交流回路では「位相が遅れる」「位相が進む」という言葉を用いる。図 2.23(a) から分かるように、C_2 が C_1 と同じ角度に到達する時刻は、C_1 より後である。同図 (b) において、C_2 の波形は C_1 の波形より遅い時刻にピークに到達する。このことを「C_2 は C_1 より**位相が遅れている**」と言う。同様に「C_3 は C_1 より**位相が進んでいる**」と言う。複素数の偏角の差が位相差に対応する。

「複素平面上における回転方向」と「時間波形のシフト方向」の関係を今一度まとめる。複素平面上で**時計回り**に角度 θ 回転することは、時間波形において位相が θ 遅れる（右方向にシフトする）ことに対応し、複素平面上で

反時計回りに角度 ϕ 回転することは、時間波形において位相が ϕ 進む（左方向にシフトする）ことに対応する。

2.10.3 印加電圧の取り扱い方

これまで、回路に印加する電圧は $E\cos\omega t$（E は正の実数）を仮定していた。その複素表現は実部と虚部を明示すると $E + j0$ であり、単に E と表記していた。印加電圧の時間関数が、$E\sin\omega t$ あるいは $E\cos(\omega t + \phi)$ のように与えられた場合、それぞれに対応する複素表現は以下のようになる。ただし E は正の実数である。

時間表現		複素表現
$E\sin\omega t$	$\Rightarrow$	$-jE = Ee^{-j\frac{\pi}{2}}$
$E\cos(\omega t + \phi)$	$\Rightarrow$	$Ee^{j\phi}$

いずれの場合も複素表現は $Ee^{j\theta}$ という形になる。印加電圧が E の代わりに $Ee^{j\theta}$ で与えられたときに、解がどのように変化するかについて考える。

前節までに複素記号法で求めた電流や電圧の解は

$$I \quad = \quad \boxed{}\ E$$

$$V_L \quad = \quad \boxed{}\ E$$

のような形で得られ、E が 1 個含まれていた。もし印加電圧が $Ee^{j\theta}$ であったなら、上式の E の部分を $Ee^{j\theta}$ で置換すればよい。

このことは図 2.24 に示すように電圧や電流の解を「複素平面上で原点を中心に角度 θ だけ回転させること」を意味する。図 2.24 は $\theta = 45°$ の例を示した。

前項で示したように、「複素平面上で反時計回りに角度 θ 回転させる」ことは、「時間波形において位相を進める（左方向にシフトする）」ことを意味する。定常現象を扱う場合、全ての場所の電圧（電流）波形が時間方向にシフトしても、現象としては同じものである。ゆえに印加電圧が複素電圧 E として与えられたとき、その偏角を気にする必要はない。次節以降で扱うベクトル図を描くときは、正の実数 E として扱えばよい。

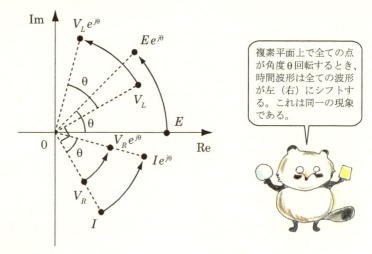

図 2.24　印加電圧を $Ee^{j\theta}$ としたときの解の変化

2.11　ベクトル図

複素数は複素平面上の 1 点で表されるが、実部を x 成分、虚部を y 成分とするベクトルと考えると以下の点で便利である。

- 複素数の和を考えるとき、ベクトルの和を図式的に求めるイメージで理解できる。
- 複素数に「$e^{j\omega t}$ をかける」ことは「ベクトルを原点を中心に角度 ωt 回転させる」ことになる。

今から複素電圧や複素電流をベクトルとして扱う方法について学習する。

2.11.1　L のみの回路

図 2.25(a) の回路について考える。コイルのインピーダンスは $j\omega L$ だから、交流におけるオームの法則より

$$I = \frac{1}{j\omega L}E \tag{2.86}$$

となる。$\frac{1}{j\omega L}$ は以下のように変形できる。

$$\begin{aligned}\frac{1}{j\omega L} &= -j\frac{1}{\omega L} &\text{分子分母に } j \text{ をかける}\\ &= e^{-j\frac{\pi}{2}} \cdot \frac{1}{\omega L} &-j \text{ を極座標形式で表す}\end{aligned} \tag{2.87}$$

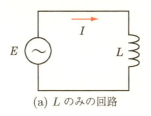

(a) L のみの回路

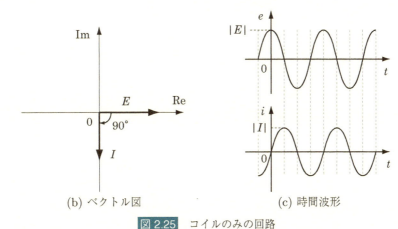

(b) ベクトル図　　(c) 時間波形

図 2.25　コイルのみの回路

$e^{-j\frac{\pi}{2}}$ をかけることは、時計回りに 90° 回転させることを意味する。複素電圧ベクトル E の偏角を 0° としたとき（E を実数としたとき）、ベクトル図は図 2.25(b) となる。E と I の両方を 1 つの図中に書き込んでいる。電圧の単位は V（ボルト）であり、電流の単位は A（アンペア）である。1 V, 1 A を紙面上でどのような長さにするかは、それぞれ任意に決めてよいので、図 2.25(b) におけるベクトル E とベクトル I の長さは特に意味を持っておらず、方向（位相関係を表す）が意味を持っている。

時間波形を $e(t) = \mathrm{Re}\{Ee^{j\omega t}\}$, $i(t) = \mathrm{Re}\{Ie^{j\omega t}\}$ として求め、図 2.25(c) に示す。電流の位相は電圧よりも 90° 遅れている。

2.11.2　C のみの回路

図 2.26(a) の回路について考える。コンデンサのインピーダンスは $\dfrac{1}{j\omega C}$ だから

$$I = \frac{E}{\dfrac{1}{j\omega C}} = \frac{E \times j\omega C}{\dfrac{1}{j\omega C} \times j\omega C} = j\omega C E \tag{2.88}$$

である。分子や分母の中に分数があるときは、適切な項を分子と分母の両方

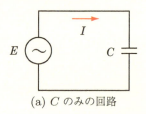

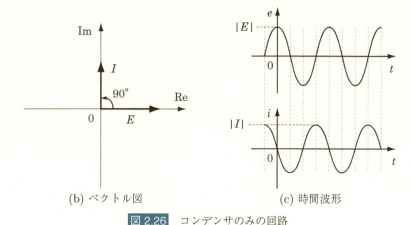

図 2.26　コンデンサのみの回路

にかけて解消する。$j\omega C$ は

$$j\omega C = e^{j\frac{\pi}{2}} \cdot \omega C \tag{2.89}$$

と変形できるので、電流ベクトルの方向は電圧ベクトルを 90° 反時計回りに回転させた方向である。複素電圧 E の偏角を 0° としたときのベクトル図を図 2.26(b) に示す。

時間波形を図 2.26(c) に示す。電流の位相は電圧よりも 90° 進んでいる。

2.11.3　RL 直列回路

図 2.27 の RL 直列回路おいて、I, V_R, V_L が以下のようになることは、既に 2.8.3 項 (p.104) で学んだ。

$$I = \frac{E}{R + j\omega L} \tag{2.90}$$

$$V_R = RI = \frac{RE}{R + j\omega L} \tag{2.91}$$

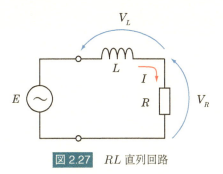

図 2.27　RL 直列回路

$$V_L \;=\; j\omega L I \;=\; \frac{j\omega L E}{R + j\omega L} \tag{2.92}$$

I, V_R, V_L, E のベクトル図を描いて、回路に生じる現象を考察する。ベクトル図を図 2.28 に示す。この図は抵抗にかかる電圧の位相が電源の位相より 60° 遅れている場合を描いている。

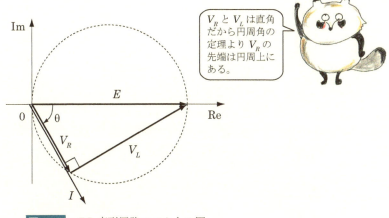

図 2.28　RL 直列回路のベクトル図

ベクトル図は以下の性質を満たすよう描いた。

1. I は図 2.21(b) (p.115) で既に求めた。(2.83) (p.114) で求めたように、$\theta = \tan^{-1}\frac{\omega L}{R}$ である
2. $V_R = RI$ なので、V_R と I の方向は同じである。
3. $V_L = j\omega L I = e^{j\frac{\pi}{2}} \cdot \omega L I$ である。$e^{j\frac{\pi}{2}}$ をかけることは反時計回りに 90° 回転させることを意味するので、V_L の方向は I を反時計回

りに 90° 回転させた方向である。

4. 2. と 3. より V_R と V_L は直角であり、かつ $V_R + V_L = E$ である。

ω が変化すると、図 2.28 中の θ は $0° \sim 90°$ の範囲で変化する。円周角の定理より、ω を変化させたときの V_R の軌跡は図 2.28 中の点線の円の下半分の円周上に乗る。

次に、ベクトル図と時間波形の関係を見る。

$$e(t) = \mathrm{Re}\{E\,e^{j\omega t}\} \tag{2.93}$$

$$v_R(t) = \mathrm{Re}\{V_R\,e^{j\omega t}\} \tag{2.94}$$

$$v_L(t) = \mathrm{Re}\{V_L\,e^{j\omega t}\} \tag{2.95}$$

として描いた時間波形を図 2.29 に示す。$v_R(t)$ と $i(t)$ は振幅が異なるだけで位相は一致しているので $i(t)$ は省略した。

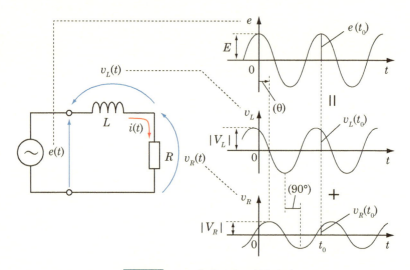

図 2.29　RL 直列回路の時間波形

ベクトル図におけるベクトルの長さは時間波形における振幅に対応する。

ベクトル図におけるベクトル間の角度は時間波形の位相差（ピーク位置の差）に対応する。V_R の方向は E を時計回りに 角度 θ 回転させた方向であるから、$v_R(t)$ の位相は $e(t)$ より角度 θ 遅れている。V_L の方向は V_R を

反時計回りに 90° 回転させた方向であるから、$v_L(t)$ の位相は $v_R(t)$ より 90° 進んでいる。

複素ベクトルの世界では

$$V_R + V_L = E$$

が成立した。(2.93)〜(2.95) で示した時刻 t における値（以後、**瞬時値**と呼ぶ）は、それぞれの複素ベクトルを角度 ωt 回転させて実軸に投影したものであるから、常に

$$v_R(t) + v_L(t) = e(t)$$

が成立する。例として、時刻 t_0 における値 $e(t_0), v_L(t_0), v_R(t_0)$ を図 2.29 中に書き込んでいる。$v_R(t_0) + v_L(t_0) = e(t_0)$ が成立する。

2.11.4 RC 直列回路

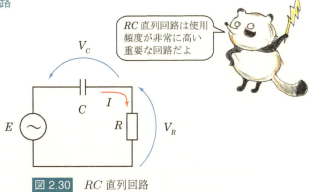

図 2.30　RC 直列回路

図 2.30 の回路について考える。R と C の直列接続の合成インピーダンスは $R + \dfrac{1}{j\omega C}$ だから、電流 I は

$$I = \frac{E}{R + \dfrac{1}{j\omega C}} = \frac{j\omega C E}{1 + j\omega C R} \tag{2.96}$$

である。抵抗とコンデンサにかかる電圧 V_R と V_C は

$$V_R = RI = \frac{j\omega C R E}{1 + j\omega C R}$$

$$V_C = \frac{1}{j\omega C}I = \frac{E}{1 + j\omega C R}$$

である。複素ベクトル I, V_R, V_C, E を描くと図 2.31(a)〜(c) のようになる。ここでは例として $\theta = 30°$ のときの図を描いたが、ω が変化すると θ も変化する。θ の求め方は後述する。

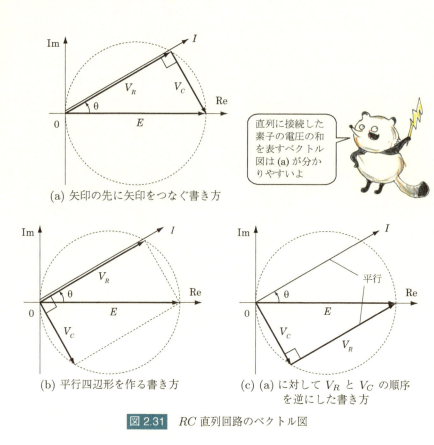

図 2.31　RC 直列回路のベクトル図

RL 直列回路の説明のときは、読者の混乱を避けるため図 2.31(a) に対応するベクトル図のみを描いたが、ここでは 3 通りの書き方を示した。筆者は回路のレイアウトとの一致度が高い図 2.31(a) が一番分かりやすいと思うが、図 2.31(b) や同図 (c) のように書くこともできる。状況に応じて使い分ければよい[22]。

---

[22] この回路のように、素子が直列に接続されており、電圧の和を求めるときは図 2.31(a) が回路のレイアウトとの一致度が高く、分かりやすいと思う。一方で、次項で学習する図 2.35(a) (p.128) のように、素子が並列に接続されているときの合成電流を求めるときは、図 2.31(b) の形式が分かりやすい。今回の回路の場合、R と C を入れ換えても I、

図 2.31 のベクトル図を描くために、まず、複素電流 $I = \dfrac{j\omega CE}{1 + j\omega CR}$ の偏角 θ を求める。(2.80)(p.114) において、分子と分母の偏角をそれぞれ求めて差をとる方法を示した。

$$I = \frac{j\omega CE}{1 + j\omega CR} = \frac{r_1 e^{j\theta_1}}{r_2 e^{j\theta_2}} = \frac{r_1}{r_2} e^{j(\theta_1 - \theta_2)} \qquad (2.97)$$

と考えると、

$$\begin{aligned} r_1 &= \omega CE & \theta_1 &= \frac{\pi}{2} \\ r_2 &= \sqrt{1 + (\omega CR)^2} & \theta_2 &= \tan^{-1} \frac{\omega CR}{1} \end{aligned}$$

であるから、

$$\begin{aligned} \theta &= \theta_1 - \theta_2 \\ &= \frac{\pi}{2} - \tan^{-1} \omega CR \end{aligned} \qquad (2.98)$$

が得られる。

θ を求める別の方法として、I を実部と虚部に分けて $\tan^{-1} \dfrac{虚部}{実部}$ を計算する方法がある。

$$I = \frac{j\omega CE}{1 + j\omega CR} = \frac{(1 - j\omega CR)j\omega CE}{(1 + j\omega CR)(1 - j\omega CR)} = \frac{\omega CE}{1 + (\omega CR)^2}(\omega CR + j)$$

であるから、

$$\theta = \tan^{-1} \frac{1}{\omega CR} \qquad (2.99)$$

である。

図 2.32 が示すように、(2.98) と (2.99) の θ は同一である。θ は ω が変化すると $0° \sim 90°$ の範囲で変化する。

複素電流 I の偏角 θ が求まったなら、以下の性質を利用することで、ベクトル図 2.31(a)〜(c) が得られる。

1. $V_R = RI$ なので、V_R と I の方向は同じである。
2. $V_C = \frac{1}{j\omega C}I = -j\frac{1}{\omega C}I = e^{-j\frac{\pi}{2}} \cdot \frac{1}{\omega C}I$ である。$e^{-j\frac{\pi}{2}}$ をかけることは複素ベクトルを時計回りに $90°$ 回転させることを意味するの

V_R, V_C は変わらないので、素子の接続順序にこだわらずに図 2.31(c) と書くこともある。図 2.31(c) は V_C と E の位相関係が把握しやすい。

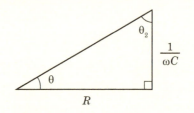

図 2.32　RC 直列回路の電流の位相

で，V_C の方向は I を時計回りに 90° 回転させた方向である。

3. 1. と 2. より V_R と V_C は直角であり，かつ $V_R + V_C = E$ である。

ω を変化させたときの V_R の軌跡は，円周角の定理より，図 2.31(a) 中の点線の円の上半分の円周上に乗る。

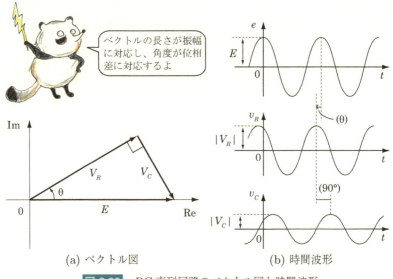

図 2.33　RC 直列回路のベクトル図と時間波形

複素電圧ベクトル E, V_R, V_C の時間波形をそれぞれ e, v_R, v_C で表す。ベクトル図と時間波形を図 2.33(a)(b) に示す。ベクトル図における長さが時間波形の振幅に対応し，ベクトル間の角度が時間波形の位相差に対応する。V_R の方向は E を反時計回りに角度 θ 回転させた方向なので，v_R の位相は e よりも θ 進んでいる。V_C の方向は V_R を時計回りに 90° 回転させた方

向なので、v_C の位相は v_R よりも 90° 遅れている。

2.11.5　RC 並列回路

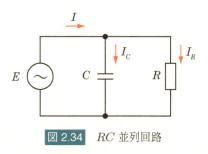

図 2.34　RC 並列回路

図 2.34 の回路について考える。コンデンサを流れる電流と抵抗を流れる電流はそれぞれ以下のようになる。

$$I_R = \frac{E}{R}$$

$$I_C = \frac{E}{\frac{1}{j\omega C}} = j\omega CE$$

$I = I_R + I_C$ より

$$I = \frac{E}{R} + j\omega CE = \frac{1+j\omega CR}{R}E \qquad (2.100)$$

となる。電流 I の振幅は

$$|I| = \left|\frac{1+j\omega CR}{R}E\right| = \frac{|1+j\omega CR|}{|R|}|E| = \frac{\sqrt{1+(\omega CR)^2}}{R}E \qquad (2.101)$$

となる。I, I_R, I_C, E の関係をベクトル図で表すと図 2.35(a) のようになる。I の偏角 θ は

$$\theta = \tan^{-1}\frac{|I_C|}{|I_R|} = \tan^{-1}\frac{\omega CE}{\frac{E}{R}} = \tan^{-1}\omega CR \qquad (2.102)$$

で得られる。I, I_R, I_C の時間波形をそれぞれ i, i_R, i_C で表すと、図 2.35(a) に対応する時間波形は同図 (b) のようになる。

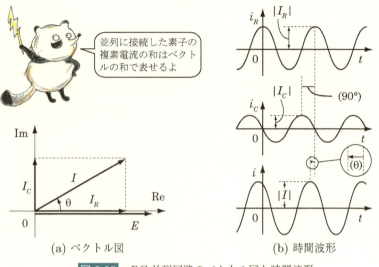

(a) ベクトル図　　(b) 時間波形

図 2.35　RC 並列回路のベクトル図と時間波形

抵抗を流れる電流 I_R とコンデンサを流れる電流 I_C の位相は 90° ずれている。その和はベクトルの和として求められるので、

$$|I| = \sqrt{|I_C|^2 + |I_R|^2} \tag{2.103}$$

である。図 2.35(a) から分かるように

$$|I| < |I_C| + |I_R| \tag{2.104}$$

である。

図 2.34 において電流の矢印が描かれている場所に電流計を挿入すると、指示値は $|I|, |I_R|, |I_C|$ に比例する量となる[23]。交流においては電流が合流する場合、合流前の各枝の電流計の指示値の和が合流後の電流計の指示値と一致するとは限らない。一致するのは全ての枝の電流の位相が一致する場合のみである。

2.12　ベクトル図の応用例

本節ではベクトル図を用いて考えることで、分かりやすく解ける例を示す。

---

[23] 電流計が示す値は実効値であり、振幅ではない。実効値については 3.3 節 (p.151) で説明する。振幅 = 実効値 × $\sqrt{2}$ の関係がある。

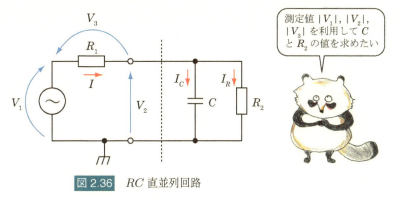

図 2.36　RC 直並列回路

図 2.36 の回路について考える。電源の角周波数 ω と R_1 の値は既知であり、点線より右側が未知である。$|V_1|, |V_2|, |V_3|$ が測定できたとき[24]、R_2 と C の値を求める問題を考える。

以下の性質に基づいてベクトル図を書くと、図 2.37(a)(b) のようになる。

- $V_1 = V_2 + V_3$（ベクトルの和）
- V_3 と I の方向は同じ
- V_2 と I_R の方向は同じ
- $I = I_R + I_C$（ベクトルの和）かつ I_C は I_R より 90° 進んでいる

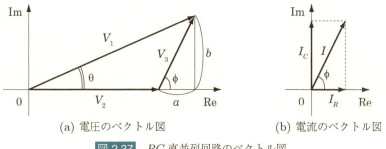

(a) 電圧のベクトル図　　(b) 電流のベクトル図

図 2.37　RC 直並列回路のベクトル図

θ は余弦定理を使って以下のように求まる[25]。

$$\theta = \cos^{-1} \frac{|V_1|^2 + |V_2|^2 - |V_3|^2}{2|V_1||V_2|} \tag{2.105}$$

---
[24] 電圧計で測定できる量は実効値であり、実数である。
[25] オシロスコープを使って測定する場合、測定した波形から V_1 と V_2 の位相差 θ を求めることができる。この場合、余弦定理を使う必要はない。

ϕ は以下のように求まる。

$$a \quad = \quad |V_1| \cos \theta - |V_2| \tag{2.106}$$

$$b \quad = \quad |V_1| \sin \theta \tag{2.107}$$

$$\phi \quad = \quad \tan^{-1} \frac{b}{a} \tag{2.108}$$

$|I|, |I_C|, |I_R|$ は以下のように求まる。

$$|I| \quad = \quad \frac{|V_3|}{R_1} \tag{2.109}$$

$$|I_C| \quad = \quad |I| \sin \phi \tag{2.110}$$

$$|I_R| \quad = \quad |I| \cos \phi \tag{2.111}$$

R_2 と C が以下の式から求まる。

$$R_2 \quad = \quad \frac{|V_2|}{|I_R|} \tag{2.112}$$

$$\frac{1}{\omega C} \quad = \quad \frac{|V_2|}{|I_C|} \tag{2.113}$$

このように、ベクトル図を用いて考察することで、芋づる式に R_2 と C の値が求まった。

▐▐▐▌ 2.13　複素記号法において成立する法則

前節までの学習で、「インピーダンスという概念を用いると、直流回路と同様の方法で交流回路を解析できる」ことが分かった。$j\omega L, R, \dfrac{1}{j\omega C}$ などのインピーダンスは記号 Z で表されることが多い。

直流回路で学んだ「抵抗の直列接続と並列接続」「分圧・分流の式」「重ね合わせの理」「テブナンの定理」などは R を Z に置き換えると、交流回路においてもそのまま成立する。

本節では「インピーダンスの直列接続と並列接続」「分圧・分流の式」「テブナンの定理」について Z を用いた式を示す。

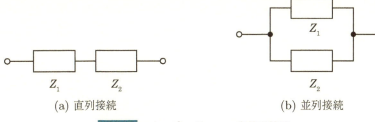

(a) 直列接続 (b) 並列接続

図 2.38 インピーダンスの直並列接続

2.13.1 インピーダンスの直列・並列接続

図 2.38(a)(b) に示す回路の合成インピーダンスはそれぞれ以下のようになる。図中の ☐ は「抵抗」「コイル」「コンデンサ」のいずれかが入ることを表している。

$$(a) : Z_1 + Z_2 \tag{2.114}$$

$$(b) : \frac{1}{\frac{1}{Z_1} + \frac{1}{Z_2}} = \frac{Z_1 Z_2}{Z_1 + Z_2} \tag{2.115}$$

L の直列・並列接続, C の直列・並列接続

L と C について、直列・並列接続の合成値を求める。

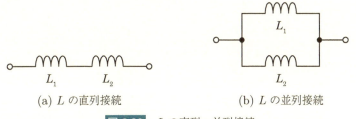

(a) L の直列接続 (b) L の並列接続

図 2.39 L の直列・並列接続

図 2.39(a) の合成インピーダンスは (2.114) より

$$j\omega L_1 + j\omega L_2 = j\omega(\boxed{L_1 + L_2}) \tag{2.116}$$

である。☐ を合成インダクタンスと見なせるので、コイル L_1 と

L_2 を直列接続したときの合成インダクタンスは $L_1 + L_2$ であり、抵抗の直列接続と同様である。

図 2.39(b) の合成インピーダンスは (2.115) より

$$\cfrac{1}{\cfrac{1}{j\omega L_1} + \cfrac{1}{j\omega L_2}} = \cfrac{1}{\cfrac{1}{j\omega}\left(\cfrac{1}{L_1} + \cfrac{1}{L_2}\right)} = j\omega \boxed{\cfrac{1}{\cfrac{1}{L_1} + \cfrac{1}{L_2}}} \quad (2.117)$$

である。□ を合成インダクタンスと見なすと、抵抗の並列接続と同様の式である。

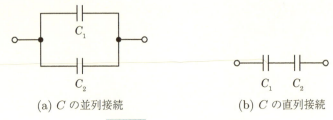

(a) C の並列接続　　　　(b) C の直列接続

図 2.40　C の直列・並列接続

図 2.40(a) の合成インピーダンスは (2.115) より

$$\cfrac{1}{\cfrac{1}{\cfrac{1}{j\omega C_1}} + \cfrac{1}{\cfrac{1}{j\omega C_2}}} = \cfrac{1}{j\omega C_1 + j\omega C_2} = \cfrac{1}{j\omega \boxed{(C_1 + C_2)}} \quad (2.118)$$

である。□ が合成キャパシタンスに相当するので、コンデンサ C_1 と C_2 を並列接続したときの合成キャパシタンスは $C_1 + C_2$ である。コンデンサを並列接続すると、その合成容量は足し算により得られる。

図 2.40(b) の合成インピーダンスは

$$\cfrac{1}{j\omega C_1} + \cfrac{1}{j\omega C_2} = \cfrac{1}{j\omega}\left(\cfrac{1}{C_1} + \cfrac{1}{C_2}\right) = \cfrac{1}{j\omega \boxed{\cfrac{1}{\left(\cfrac{1}{C_1} + \cfrac{1}{C_2}\right)}}} \quad (2.119)$$

である。□ が合成キャパシタンスに相当するので、コンデンサ C_1 と

C_2 を直列接続したときの合成キャパシタンスは $\dfrac{1}{\dfrac{1}{C_1}+\dfrac{1}{C_2}}$ であり、抵抗の並列接続と同様の式で表される[26]。

ただし、(2.119) が成立するには、「あらかじめコンデンサ C_1 と C_2 に電荷は貯まっていない」という条件を満たす必要がある。

合成インピーダンスの例

いくつかのケースについて、合成インピーダンスを求める。

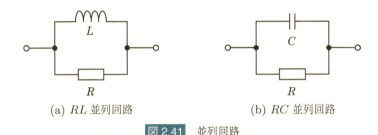

(a) RL 並列回路　　　　(b) RC 並列回路

図 2.41　並列回路

図 2.41(a) の回路の合成インピーダンスは

$$\dfrac{1}{\dfrac{1}{R}+\dfrac{1}{j\omega L}} = \dfrac{j\omega LR}{R+j\omega L}$$

であり、同図 (b) の合成インピーダンスは

$$\dfrac{1}{\dfrac{1}{R}+j\omega C} = \dfrac{R}{1+j\omega CR}$$

である。

2.13.2　分圧・分流の式

図 2.42(a) において V, V_1, V_2 を複素電圧、Z_1, Z_2 をインピーダンスとするとき

---

[26] 例えば、同じ容量のコンデンサを 2 個直列接続すると、合成容量は半分になる。これは、意味がないように見えるが、個々のコンデンサにかかる電圧は全体にかかる電圧の半分になる。耐圧の低いコンデンサを使用するときに、直列接続を用いて電圧を分散させる使い方がある。

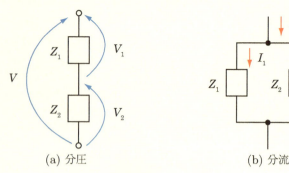

図 2.42　分圧と分流

$$V_1 = \frac{Z_1}{Z_1 + Z_2} V$$

$$V_2 = \frac{Z_2}{Z_1 + Z_2} V$$

である。図 2.42(b) において I, I_1, I_2 を複素電圧、Z_1, Z_2 をインピーダンスとするとき

$$I_1 = \frac{Z_2}{Z_1 + Z_2} I$$

$$I_2 = \frac{Z_1}{Z_1 + Z_2} I$$

である。

2.13.3　重ね合わせの理

図 2.43(a) において、E_1, E_2, E_3 を複素電圧とするとき、複素電流 I を求める問題を考える。ただし、3 つの交流電圧源は同じ角周波数を持つことを仮定する。図 2.43(b)(c)(d) において求めた複素電流をそれぞれ I_1, I_2, I_3 とするとき

$$I = I_1 + I_2 + I_3$$

である。

このとき複素電圧 E_1, E_2, E_3 の位相を考慮する必要がある。例えば $E_1 \sim E_3$ で表される交流電源が、それぞれ $a\cos\omega t, b\sin\omega t, c\cos\omega t + d\sin\omega t$ のとき、

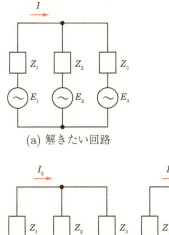

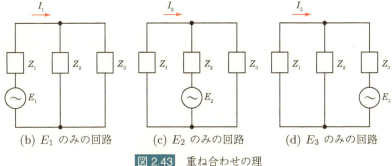

図 2.43　重ね合わせの理

$$E_1 = a$$
$$E_2 = -jb$$
$$E_3 = c - jd$$

として計算する必要がある。

3つの交流電圧源が異なる角周波数を持つ場合は、複素記号法を用いて個別に解いた後、時間の関数に直してから重ね合わせる。これについては 4.1 節 (p.164) で取り扱う。

2.13.4　テブナンの定理

1. 図 2.44(a) のように謎の回路がある。2 個の端子 a, b が出ており、端子間の複素電圧は E である。
2. 図 2.44(b) のように、謎の回路の中に含まれている電圧源を全て短絡、電流源を開放し、端子 $a-b$ 間のインピーダンスを測定すると、Z_0 である。

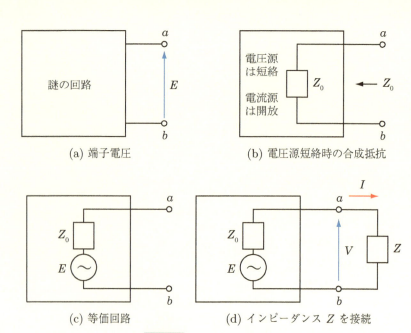

図 2.44　テブナンの定理

定理

1. 謎の回路の内部が如何なる構成であろうと、図 2.44(c) と等価である。
2. 図 2.44(d) のように、端子 $a-b$ 間にインピーダンス Z を接続したときに流れる複素電流 I は

$$I = \frac{E}{Z_0 + Z} \tag{2.120}$$

である。

2.14　アドミタンス (Admittance)

インピーダンスの逆数をアドミタンス[27]と呼び、Y で表す。インピーダンスの単位が Ω（オーム）であったのに対して、アドミタンスの単位は S（ジーメンス）[28] である。

---

[27] アドミッタンスと表記されることもある。
[28] Werner von Siemens（ヴェルナー・フォン・ジーメンス）(1816–1892): ドイツの電気技術者、電信事業経営者。

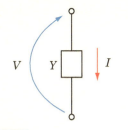

図 2.45　アドミタンスの定義

図 2.45 において、素子のアドミタンスを Y で表すと次式が成立する。

$$I = YV \tag{2.121}$$

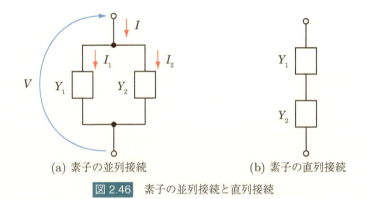

(a) 素子の並列接続　　　(b) 素子の直列接続

図 2.46　素子の並列接続と直列接続

アドミタンスを用いると、素子を並列に接続したときの計算が楽になる。図 2.46(a) において、

$$I_1 = Y_1 V \tag{2.122}$$

$$I_2 = Y_2 V \tag{2.123}$$

が成立するので、和をとると、

$$\underbrace{I_1 + I_2}_{I} = (Y_1 + Y_2)V \tag{2.124}$$

が得られる。(2.124) はアドミタンス Y_1 と Y_2 の素子を並列に接続すると、

合成アドミタンスは $Y_1 + Y_2$ となることを示している。

次に、図 2.46(b) のようにアドミタンス Y_1 と Y_2 の素子を直列に接続したときの合成アドミタンスは

$$\cfrac{1}{\cfrac{1}{Y_1} + \cfrac{1}{Y_2}} \tag{2.125}$$

となる（導出の式は省略する）。

インピーダンスとアドミタンスは、直列接続と並列接続の合成量を求める式が、互いに逆になる。本書ではアドミタンスについては「こういう用語がある」ということを紹介するにとどめ、本節以外ではアドミタンスは用いない。

2.15 共振回路

2.15.1 直列共振

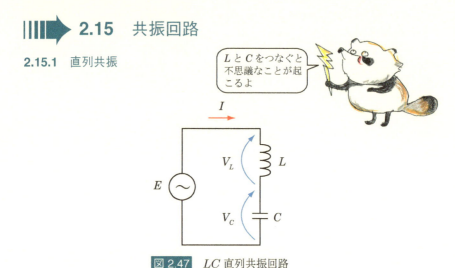

図 2.47　LC 直列共振回路

L と C を接続すると「共振」と呼ばれる現象が起こる。図 2.47 の回路について考える。合成インピーダンス Z は

$$Z = j\omega L + \frac{1}{j\omega C} = j\left(\omega L - \frac{1}{\omega C}\right) \tag{2.126}$$

となり、I は以下のように得られる。

$$I = \frac{E}{Z} = \frac{E}{j\left(\omega L - \cfrac{1}{\omega C}\right)} \tag{2.127}$$

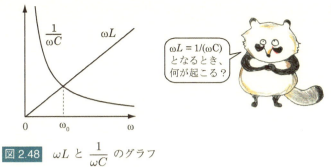

図 2.48 ωL と $\dfrac{1}{\omega C}$ のグラフ

横軸を ω として ωL と $\dfrac{1}{\omega C}$ のグラフを描くと図 2.48 のようになる。角周波数 ω_0 において

$$\omega_0 L = \frac{1}{\omega_0 C} \tag{2.128}$$

が成立する。このとき (2.126) の合成インピーダンス Z は 0 となり、電流 I は分母が 0 となるので無限大となる。ω_0 を共振角周波数と呼ぶ。

(2.128) を ω_0 について解くと、

$$\omega_0 = \frac{1}{\sqrt{LC}} \tag{2.129}$$

が得られる。共振周波数を f_0 で表すと、$\omega_0 = 2\pi f_0$ なので、

$$f_0 = \frac{1}{2\pi\sqrt{LC}}$$

である。

電圧 V_L と V_C はそれぞれ、

$$V_L = j\omega L I$$
$$V_C = \frac{1}{j\omega C} I$$

なので、共振時に V_L, V_C も無限大となる。

現実の回路においては電源、導線、コイル、コンデンサなどはわずかな抵抗成分を含んでいる。従って図 2.47 のような回路を組んでも実際は図 2.49 となる。この回路のインピーダンス Z と電流 I は以下のようになる。

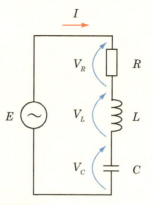

図 2.49 RLC 直列共振回路

$$\begin{aligned} Z &= R + j\omega L + \frac{1}{j\omega C} \\ &= R + j\left(\omega L - \frac{1}{\omega C}\right) \quad (2.130) \\ I &= \frac{E}{Z} = \frac{E}{R + j\left(\omega L - \frac{1}{\omega C}\right)} \quad (2.131) \end{aligned}$$

(2.131) の分母の括弧の中が 0 になるとき、電流 I は最大値 $\frac{E}{R}$ となる。このときの共振角周波数 ω_0 は (2.129) と同一の式で得られる。共振時に $I = \frac{E}{R}$ となるため、V_R, V_L, V_C は以下のようになる。

$$\begin{aligned} V_R &= RI = E \\ V_L &= j\omega L I = j\omega L \frac{E}{R} \\ V_C &= \frac{1}{j\omega C} I = -j\frac{1}{\omega C}\frac{E}{R} \end{aligned}$$

通常は R は非常に小さいので、V_L, V_C は非常に大きな値となる。共振時の複素ベクトル I, E, V_C, V_L, V_R の例を図 2.50(a) に示す。V_L と V_C は大きな値であり、その方向は逆である。共振時の V_C, V_L, V_R に対応する時間波形 $v_C(t), v_L(t), v_R(t)$ を同図 (b) に示す。

2.15.2 並列共振

図 2.51 の回路を並列共振回路と呼ぶ。

2.15 共振回路

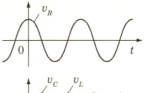

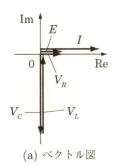

(a) ベクトル図

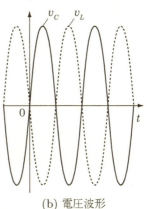

(b) 電圧波形

図 2.50　RLC 共振回路の共振時

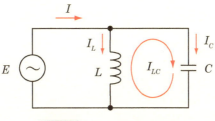

図 2.51　LC 並列共振回路

$$I_L = \frac{E}{j\omega L}$$

$$I_C = \frac{E}{\frac{1}{j\omega C}} = j\omega C E$$

$$I = I_L + I_C = \left(\frac{1}{j\omega L} + j\omega C\right) E = j\left(\omega C - \frac{1}{\omega L}\right) E$$

となる。L と C の並列接続の合成インピーダンス Z を

$$Z = \frac{j\omega L \cdot \frac{1}{j\omega C}}{j\omega L + \frac{1}{j\omega C}} = \frac{\frac{L}{C}}{j\left(\omega L - \frac{1}{\omega C}\right)} = \frac{1}{j\frac{C}{L}\left(\omega L - \frac{1}{\omega C}\right)} = \frac{1}{j\left(\omega C - \frac{1}{\omega L}\right)}$$

として求めてから、$I = \dfrac{E}{Z}$ として電流を求めても同じ結果となる。

直列共振のときと同様に

$$\omega_0 = \frac{1}{\sqrt{LC}}$$

のとき

$$\omega_0 C - \frac{1}{\omega_0 L} = 0$$

となり、インピーダンス Z の分母が 0 となるので、インピーダンスは無限大となる。このとき

$$I = 0$$
$$I_L = -j\sqrt{\frac{C}{L}}E$$
$$I_C = j\sqrt{\frac{C}{L}}E$$

となる。共振時のベクトル図を図 2.52(a) に示す。I_L と I_C は大きさが同じで反対方向のベクトルとなる。E, I_L, I_C の時間波形をそれぞれ e, i_L, i_C で表すとき、共振時の時間波形は図 2.52(b) となる。i_L と i_C は振幅が同じで位相が 180° 異なる。

共振時は電源 E によって生じる I_L と I_C が打ち消しあって $I = 0$ となる。このとき、図 2.51 中に I_{LC} で示したループ状の回路に電流が流れ、L と C の間でエネルギーのやりとりが行われる。

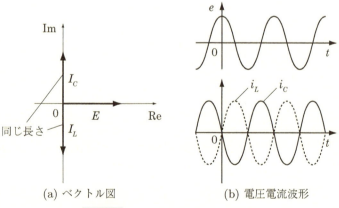

(a) ベクトル図 　　　　(b) 電圧電流波形

図 2.52　LC 並列共振回路の共振時

第3章 交流回路の電力

3.1 交流回路の電力

3.1.1 時間表現と電力

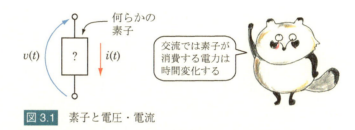

図 3.1 素子と電圧・電流

図 3.1 のように、ある素子にかかる電圧 $v(t)$ と素子を流れる電流 $i(t)$ をとる。この素子が消費する電力について考える。

電流の単位 A（アンペア）は 1 秒間に導線の断面を通過する電荷量であるから、極めて短い期間 Δt に導線の断面を通過する電荷量は

$$i(t)\Delta t \quad [\text{C}]$$

である。エネルギーの単位は J（ジュール）であり、1 J は 1 C（クーロン）の電荷を 1 V 電位が高いところへ移動させるためのエネルギーであった。期間 Δt に素子が消費するエネルギーは

$$v(t)\,i(t)\,\Delta t \quad [\text{J}] \tag{3.1}$$

である。電力の単位 W（ワット）は、1 秒間に消費するエネルギーを表し、J/s であるから、1 秒間に消費するエネルギーは (3.1) を 1 秒間積算すれば

よい。

瞬時電力 $p(t)$ を以下の式で定義する[1]。

$$p(t) = v(t) \cdot i(t) \tag{3.2}$$

交流は電圧、電流ともに時間変化するので、$p(t)$ も時間変化する。例えば抵抗における電圧 $v(t)$, 電流 $i(t)$ を

$$
\begin{aligned}
v(t) &= E \cos \omega t \tag{3.3} \\
i(t) &= I \cos \omega t \tag{3.4}
\end{aligned}
$$

とすると、瞬時電力 $p(t)$ は

$$
\begin{aligned}
p(t) &= v(t)\, i(t) \\
&= E \cos \omega t \cdot I \cos \omega t = EI \cos^2 \omega t \\
&= EI\, \frac{1 + \cos 2\omega t}{2} \tag{3.5}
\end{aligned}
$$

となる。この様子を図 3.2 に示す。瞬時電力は電圧や電流の 2 倍の周波数で振動する。

電力は瞬時電力 $p(t)$ を 1 秒間積分するのではなく、1 周期分（T 秒間）積分し、それを T で割ることで算出する。よって、電力 P は以下の式で定義される。

$$P = \frac{1}{T} \int_0^T p(t)\, dt = \frac{1}{T} \int_0^T v(t) \cdot i(t)\, dt \tag{3.6}$$

言い換えると、電力は $p(t)$ の平均を求めることである。この場合は $\dfrac{EI}{2}$ になる。

交流の場合、$v(t)$, $i(t)$ は時間の関数である。また、電圧と電流の位相が同一とは限らない。図 3.3 に、3 つの場合について「電圧、電流、電力」の波形を描いた。

図 3.3(a) はコイルの場合である。電流の位相が電圧より $90°$ 遅れている。

$$v(t) = E \cos \omega t \tag{3.7}$$

---

[1] $p(t)$ はその瞬間の電圧と電流が 1 秒間続いたと仮定したときに消費するエネルギーを意味する。

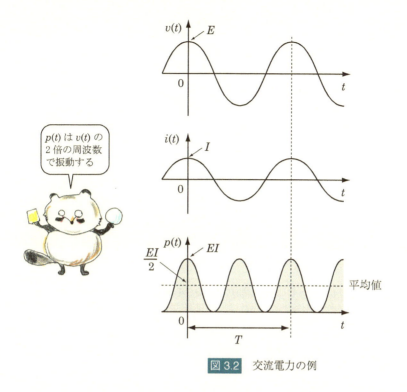

図 3.2　交流電力の例

$$i(t) = I\sin\omega t \tag{3.8}$$

とすると、瞬時電力 $p(t)$ は

$$\begin{aligned}p(t) &= v(t)\,i(t) \\ &= E\cos\omega t \cdot I\sin\omega t = EI\sin\omega t\cos\omega t \\ &= EI\frac{\sin 2\omega t}{2}\end{aligned} \tag{3.9}$$

となる。電圧と電流の符号が逆になる期間があり、その期間は瞬時電力が負になる。これは電流がその素子を通過するときに電位が上昇することであり、その素子が電池のように振る舞うことを意味する。

　瞬時電力が正の期間はコイルはエネルギーを蓄積しており、負の期間はエネルギーを放出している。$p(t)$ が正の部分（濃い灰色）と負の部分（薄い灰色）の面積は等しく、平均は 0 である。ゆえに、コイルはエネルギーを消費しない。

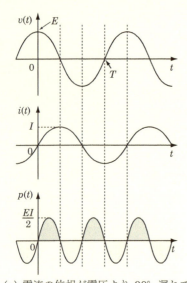
(a) 電流の位相が電圧より 90° 遅れている場合

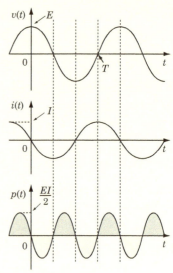
(b) 電流の位相が電圧より 90° 進んでいる場合

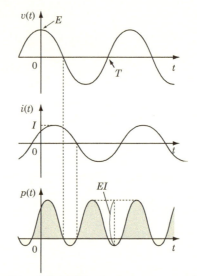
(c) 電流の位相が電圧より 54° 遅れている場合

図 3.3　交流の電力

以下では数式の導出は省略する。図 3.3(b) はコンデンサの場合である。電流の位相が電圧より 90° 進んでいる。コンデンサもまたエネルギーを蓄積・放出する素子であり、エネルギーを消費しない。

図 3.3(c) は抵抗とコイルを直列（あるいは並列）に接続したものを 1 つの素子とみなした場合の波形である。この例は電流の位相が電圧より 54° 遅れている場合を示している。抵抗はエネルギーを消費し、コイルはエネルギーを蓄積・放出する。この 2 つの重ね合わせの結果、図 3.3(c) が得られている。電力は負の値をとる時間帯もあるが、平均すると正となるため、この素子は電力を消費する。

3.1.2 複素記号法と電力

図 3.4 のように、素子にかかる複素電圧が V, 複素電流が I であるとき、この素子が消費する電力を考える。

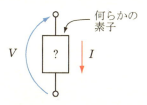

図 3.4　素子と電圧・電流

まずは、結果を記す。導出過程は次節で詳しく説明する。

交流電力の公式

図 3.4 の素子が消費する電力は次式で与えられる。3 通りの表現があるが、いずれも同一の値を与える。

$$P = \frac{\mathrm{Re}\{VI^*\}}{2} \qquad (3.10)$$

$$= \frac{\mathrm{Re}\{V^*I\}}{2} \qquad (3.11)$$

$$= \frac{|V||I|\cos\theta}{2} \qquad (3.12)$$

式中の V^* あるいは I^* はそれぞれ複素数 V, I の複素共役（実部はそのままで虚部の符号を反転させる）を意味する。複素共役の説明とそれに付随する公式は付録 A.5 節 (p.331) で示した。

(3.12) 中の θ は電圧と電流の位相差である。位相差は複素平面上では図

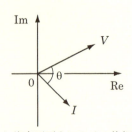
(a) 複素平面上における位相差

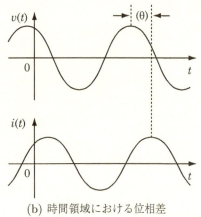
(b) 時間領域における位相差

図 3.5　位相差

3.5(a) のように複素電圧と複素電流をベクトルとして表したときの角度に対応し、時間軸上では同図 (b) のように電圧波形と電流波形のピーク位置のずれに対応する[2]。$\cos\theta$ の値を**力率 (power factor)** と呼ぶ。交流回路における電力は、電圧と電流の振幅に加えて、その位相差を考慮する必要がある。

3.2　電力の公式の導出

まず、周期 T、周波数 f、角周波数 ω の関係を示す。

$$\omega = 2\pi f \tag{3.13}$$

$$T = \frac{1}{f} \tag{3.14}$$

(3.13)(3.14) より T と ω の関係は以下の通りである。

$$T = \frac{2\pi}{\omega} \tag{3.15}$$

電圧と電流の瞬時値 $v(t)$、$i(t)$ は次式で表された。

$$v(t) = \operatorname{Re}\{Ve^{j\omega t}\} \tag{3.16}$$

$$i(t) = \operatorname{Re}\{Ie^{j\omega t}\} \tag{3.17}$$

---
[2] 本書では時間波形の図において、括弧をつけた値は、その時間に対応する角度を意味する。ラジアン角 θ を時間に換算すると $\frac{\theta}{\omega}$ 秒である。導出は (2.79) (p.113) で行った。

電力 P（1 秒あたりのエネルギーの消費量）は次式で与えられる。

$$P = \frac{1}{T} \int_0^T p(t) \, dt = \frac{1}{T} \int_0^T v(t) \cdot i(t) \, dt \tag{3.18}$$

まず、$p(t)$ を求める。

$$
\begin{aligned}
p(t) &= v(t) \cdot i(t) \\[2mm]
&= \mathrm{Re}\{Ve^{j\omega t}\} \times \mathrm{Re}\{Ie^{j\omega t}\} \qquad \text{(3.16)(3.17) を利用}\\[2mm]
&= \frac{Ve^{j\omega t} + (Ve^{j\omega t})^*}{2} \times \frac{Ie^{j\omega t} + (Ie^{j\omega t})^*}{2} \\[2mm]
&= \frac{Ve^{j\omega t} + V^*e^{-j\omega t}}{2} \times \frac{Ie^{j\omega t} + I^*e^{-j\omega t}}{2} \\[2mm]
&= \frac{1}{4}\Big\{ VIe^{j2\omega t} + VI^* + V^*I + V^*I^*e^{-j2\omega t} \Big\} \tag{3.19}
\end{aligned}
$$

p.332 の 公式 3 $\mathrm{Re}\{C\} = \frac{C+C^*}{2}$ を使用

(3.18) に従って、(3.19) を $0 \sim T$ まで積分して T で割ると、

$$
\begin{aligned}
P &= \frac{1}{T} \int_0^T p(t) \, dt \\[2mm]
&= \frac{1}{4T} \int_0^T \left(VIe^{j2\omega t} + VI^* + V^*I + V^*I^*e^{-j2\omega t} \right) dt
\end{aligned}
$$

積分を実行し、第 1 項と第 4 項は定積分計算をするために $T = \frac{2\pi}{\omega}$ と置換する。第 2 項と第 3 項はあとから行う約分により T が消えるのでそのまま。

$$
= \frac{1}{4T} \left\{ \left[\frac{VI}{j2\omega}e^{j2\omega t}\right]_0^{\frac{2\pi}{\omega}} + \Big[VI^*t\Big]_0^T + \Big[V^*It\Big]_0^T + \left[\frac{V^*I^*}{-j2\omega}e^{-j2\omega t}\right]_0^{\frac{2\pi}{\omega}} \right\}
$$

$$
= \frac{1}{4T} \left\{ \frac{VI}{j2\omega}\left(e^{j4\pi} - e^0\right) + VI^*\left(T - 0\right) + V^*I\left(T - 0\right)\frac{VI}{-j2\omega}\left(e^{-j4\pi} - e^0\right) \right\}
$$

第 1 項と第 4 項の値は 0

$$
= \frac{1}{4T}\Big\{ VI^*T + V^*IT \Big\}
$$

$$
= \frac{1}{4}\Big\{ VI^* + V^*I \Big\}
$$

p.332 の 公式 4 (A.20) を利用

$$
= \frac{\mathrm{Re}\{VI^*\}}{2} = \frac{\mathrm{Re}\{V^*I\}}{2} \tag{3.20}
$$

となり (3.10)(3.11) が導出できた。

V と I をそれぞれ極座標形式で $ae^{j\phi}$, $be^{j\psi}$ と表し、$\theta = \phi - \psi$ とすると、

$$\begin{aligned}
\mathrm{Re}\{VI^*\} &= \mathrm{Re}\{ae^{j\phi} be^{-j\psi}\} = \mathrm{Re}\{ab\, e^{j(\phi-\psi)}\} \\
&= ab\cos(\phi - \psi) = ab\cos\theta \quad (3.21) \\
\mathrm{Re}\{V^*I\} &= \mathrm{Re}\{ae^{-j\phi} be^{j\psi}\} = \mathrm{Re}\{ab\, e^{j(-\phi+\psi)}\} \\
&= ab\cos(-\phi + \psi) = ab\cos(-\theta) = ab\cos\theta \quad (3.22)
\end{aligned}$$

である。$a = |V|$, $b = |I|$ であるから、(3.12) すなわち

$$P = \frac{|V||I|\cos\theta}{2} \quad (3.23)$$

が導出できた。

抵抗においては電圧と電流の位相は同一なので、$\theta = 0°$ であり、力率は $\cos 0° = 1$ である。コイルとコンデンサにおいては電圧と電流の位相が 90° ずれているので、$\theta = 90°$ あるいは $\theta = -90°$ であり、力率は $\cos 90° = \cos(-90°) = 0$ である。

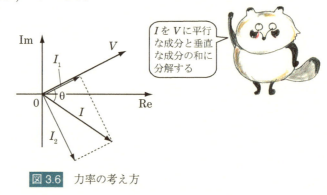

図 3.6 力率の考え方

(3.23) は図 3.6 のように考えると分かりやすい。図中の電流 I は電圧と同相の成分 I_1 と電圧と 90° 位相が異なる成分 I_2 の和と考えることができる。電力に寄与するのは I_1 のみであるから、

$$P = \frac{|V||I_1|}{2} = \frac{|V||I|\cos\theta}{2}$$

となり、(3.23) が導出できた。

⫸ 3.3 実効値 (Effective value)

本書では複素数を表すのに英大文字を用いるが、**3.3 節〜3.6 節**では、複素数と実数の区別をつけるため、**複素数は $\dot{A}$ のように、英大文字の上にドットをつけて表す。単なる英大文字は実数を表す。**

交流の場合、電圧の振幅を V_m、電流の振幅を I_m、電圧と電流の位相差を θ とすると、電力 P_{AC} は

$$P_{AC} = \frac{V_m I_m}{2} \cos \theta \tag{3.24}$$

で与えられることを既に学んだ。

抵抗について考える。$v(t) = R\,i(t)$ の関係があるので、電圧と電流は同相、すなわち $\theta = 0$ である。$\cos 0 = 1$ を適用して、

$$P_{AC} = \frac{V_m I_m}{2} \tag{3.25}$$

となる。交流の電圧や電流を振幅で表すと、電力の式に係数 $\dfrac{1}{2}$ が付く。

一方、直流電力 P_{DC} を求める式は

$$P_{DC} = VI \qquad （ここでの V, I は直流電圧と直流電流）$$

である。電力を求める式が、直流と交流で異なるのは厄介である。そこで交流の電圧や電流を表すのに**実効値**という量を導入する。**振幅を $\sqrt{2}$ で割った値を実効値**と定義する。電圧の実効値を V_e, 電流の実効値を I_e で表すと、

$$V_e = \frac{V_m}{\sqrt{2}} \tag{3.26}$$

$$I_e = \frac{I_m}{\sqrt{2}} \tag{3.27}$$

である。$V_e I_e$ を計算すると、

$$V_e I_e = \frac{V_m}{\sqrt{2}} \frac{I_m}{\sqrt{2}} = \frac{V_m I_m}{2} = P_{AC} \tag{3.28}$$

となる。「電圧 × 電流 = 電力」となり、電力を求める式が交流と直流で同じ

形になる。実効値は**直流換算値**と考えればよい。

次に「複素電圧」「複素電流」についても、振幅を表す複素数の $\dfrac{1}{\sqrt{2}}$ 倍を、それぞれ「**実効値を表す複素電圧**」「**実効値を表す複素電流**」として導入する。電圧と電流に同じ係数 $\dfrac{1}{\sqrt{2}}$ をかけるので、(2.44)〜(2.46) (p.103) で学習した抵抗、コイル、コンデンサにおいて成立する式

$$\dot{V}_R = R \cdot \dot{I}_R \tag{3.29}$$

$$\dot{V}_L = j\omega L \cdot \dot{I}_L \tag{3.30}$$

$$\dot{V}_C = \frac{1}{j\omega C} \cdot \dot{I}_C \tag{3.31}$$

は、$\dot{V}_R,\ \dot{I}_R,\ \dot{V}_L,\ \dot{I}_L,\ \dot{V}_C,\ \dot{I}_C$ を実効値を表す複素電圧（電流）とみなしても、成立する。

電力 P_{AC} を求める式 (3.10)〜(3.12) (p.147) は、実効値を表す複素電圧と複素電流を、それぞれ $\dot{V}_e,\ \dot{I}_e$ で表すと、次のようになる。

$$P = \mathrm{Re}\{\dot{V}_e \dot{I}_e^*\} \tag{3.32}$$

$$= \mathrm{Re}\{\dot{V}_e^* \dot{I}_e\} \tag{3.33}$$

$$= |\dot{V}_e||\dot{I}_e| \cos\theta \tag{3.34}$$

(3.32)〜(3.34) においては電力を求める式から係数 $\dfrac{1}{2}$ が消えた。実効値を用いると以下のようなメリットがある。

- 電圧と電流に同じ係数 $\dfrac{1}{\sqrt{2}}$ をかけるので、(3.29)〜(3.31) などの式は成立し、これまでに学習した全ての法則が成立する。

- 抵抗を接続した場合、同じ大きさの直流電圧と交流電圧であれば、抵抗が消費する電力は同じになる。直流と交流で、電圧や電流の値の意味が、ほぼ同じになり扱いやすい。

交流回路を扱う場合、発送電や電気機器など重電の分野では実効値を使う。電圧計や電流計の指示値は実効値である。家庭用のコンセントに来ている電圧は日本では 100 V であるが、これは実効値である。実効値 V_e と振幅 V_m の関係 $V_e = \dfrac{V_m}{\sqrt{2}}$ (p.151 の (3.26)) より、家庭用コンセントの電圧は ±141.4 V の範囲を振動する正弦波である。

一方で、電子回路[3] を扱う場合、振幅で考える場合が多い。回路シミュレータにおいては、正弦波交流を設定する際、振幅を指定する。また回路シミュレータにおける交流電圧計の指示値は振幅である。オシロスコープは電圧を表示するので、表示パネルから直接読み取れる量は振幅である。

正弦波交流を扱う場合、電圧（電流）が実効値を表しているか、振幅を表しているかを間違えないようにする必要がある。特に電力を計算する場合、係数 $\frac{1}{2}$ が付くか否かの差があるので、注意が必要である。

本書の 3 章においては、本節以降、複素電圧 V, 複素電流 I は実効値を表す[4]。4 章以降については、実効値か振幅かの区別が必要な場合は、その都度記述する。

▶ 3.4 皮相電力

電力を計算する公式 (3.34) (p.152) によると、電力 P は

$$P = |\dot{V}||\dot{I}| \cos\theta$$

で得られた。$\dot{V}$ と $\dot{I}$ はそれぞれ実効値を表す複素電圧と複素電流であり、θ は電圧と電流の位相差である。$\cos\theta$ を力率と呼ぶ。

交流電圧計や交流電流計で得られる測定値は、それぞれ $|\dot{V}|$, $|\dot{I}|$ であり、実効値を表す実数である。$V = |\dot{V}|$, $I = |\dot{I}|$ とおくと、

$$P = VI\cos\theta \tag{3.35}$$

と書ける。

図 3.7 について考える。家庭のコンセントに電気製品を接続することを想定しているので、電源電圧は 100 V である。図中の $\boxed{?}$ は何らかの家電製品を表す。図 3.7(a) は力率 1 の電気機器が接続され、50 W を消費している。このとき流れる電流 I_1 は (3.35) に代入して

$$50\,\text{W} = 100\,\text{V} \cdot I_1 \cdot 1$$

---

[3] 電子回路はトランジスタ, ダイオード, オペアンプなどの半導体素子を含む回路を指す。音声信号を処理するオーディオ回路がその代表であり、回路中の電圧はおおむね 15 V 以下である。

[4] 第 2 章で示したベクトル図は複素振幅を表していた。本書はできるだけ順序よく説明するため、第 2 章では振幅を表す複素数を導入し、第 3 章で実効値を表す複素数を導入する。一方、他のほとんどの電気回路の書籍では複素数の前に実効値を学習する。それらの書籍では振幅を表す複素数や複素ベクトルは登場しない。

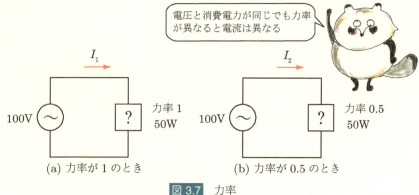

図 3.7 力率

より、
$$I_1 = 0.5\,\text{A}$$
である。同図 (b) は消費電力は同じ 50 W だが、力率 0.5 の電気機器が接続されている。同様に計算して
$$I_2 = 1\,\text{A}$$
である。このように消費電力が同じでも力率が異なると、電流は異なる。

家電製品には消費電力が書かれている。コンセントの電圧は 100 V であることが分かっているが、**電力＝電圧×電流×力率** であるから、電流を求めるには「電力、電圧、力率」の 3 つが必要である。しかし、通常は家電製品に力率は表示されていない。

おおよその目安として、電気ストーブや白熱電球など抵抗体を使う機器の力率は 1、蛍光燈は 0.6 程度、掃除機は 0.3（弱）〜 1.0（強）程度の値である（蛍光燈も掃除機も電流の位相は電圧より遅れる）。

電気機器には消費電力 W 以外に VA (Volt Ampere) という単位の量が記載されていることがある。これを**皮相電力**と呼び、V と I が実効値を表す実数のとき
$$VI \tag{3.36}$$
が皮相電力である。例えば皮相電力が 1000 VA の電気機器を流れる電流 I（実効値）は、コンセントの電圧が 100 V なので、
$$100\,\text{V} \times I = 1000\,\text{VA}$$
$$I = 10\,\text{A}$$

である。

$\dot{V}$ と $\dot{I}$ がそれぞれ実効値を表す複素電圧と複素電流であるとき

$$\mathrm{Re}\{\dot{V}\dot{I}^*\} = \mathrm{Re}\{\dot{V}^*\dot{I}\} = |\dot{V}||\dot{I}|\cos\theta \tag{3.37}$$

を**有効電力**と呼び「機器で消費される電力」を表す。単に「電力」と言ったときは「有効電力」を指す。

$$\mathrm{Im}\{\dot{V}\dot{I}^*\} = -\mathrm{Im}\{\dot{V}^*\dot{I}\} = |\dot{V}||\dot{I}|\sin\theta \tag{3.38}$$

を**無効電力**と呼び、「電源と機器の間を往復する電力に比例する量」を表す。

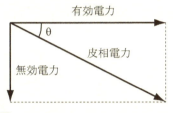

図 3.8　皮相電力, 有効電力, 無効電力の関係

皮相電力、有効電力、無効電力の大きさの関係を図 3.8 に示す。

有効電力の式 (3.37) においては θ の符号に注意を払う必要はなかったが、無効電力の式 (3.38) は以下の定義に基づいている。

- 電流の位相が電圧より遅れているとき（インダクタンスに由来する誘導性負荷）θ は正の値をとり、無効電力も正の値をとる。
- 電流の位相が電圧より進んでいるとき（キャパシタンスに由来する容量性負荷）θ は負の値をとり、無効電力も負の値をとる。

ただし、θ の符号を逆にとる流儀もある。その場合、無効電力は

$$-\mathrm{Im}\{\dot{V}\dot{I}^*\} = \mathrm{Im}\{\dot{V}^*\dot{I}\} = |\dot{V}||\dot{I}|\sin\theta \tag{3.39}$$

となる。

3.5　電流計と電圧計の指示値

図 3.9 の状況について考える。図中の $\dot{I}, \dot{I}_1, \dot{I}_2$ は**実効値を表す複素電流**

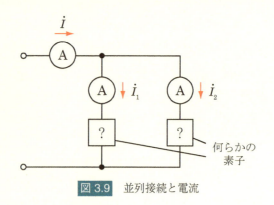

図 3.9　並列接続と電流

である。キルヒホッフの電流則より

$$\dot{I} = \dot{I}_1 + \dot{I}_2 \tag{3.40}$$

が成立する。図中の電流計の指示値はそれぞれ実数 $|\dot{I}|, |\dot{I}_1|, |\dot{I}_2|$ である。

$$|\dot{I}| \leq |\dot{I}_1| + |\dot{I}_2| \tag{3.41}$$

の関係がある。

例えば、図 3.10(a) のような状況を考える。「複素数の絶対値」は「ベクトルの長さ」のことであるから、図から (3.41) が成立するのは明らかである。等号が成立するのは $\dot{I}_1$ と $\dot{I}_2$ の位相が一致する場合 ($\phi = \theta = 0$) のみである。

極端な場合として、$|\dot{I}_1| = |\dot{I}_2|$ かつベクトルの向きが逆の場合、$\dot{I} = 0$ となる。2.15.2 項 (p.140) で学習した並列共振の場合、振幅が同じで位相が逆の電流が合流するので、合流後の電流は 0 である。

$\dot{I}$ の時間波形 $i(t)$ は 2.10 節 (p.112) で学習したように、

$$i(t) = \sqrt{2}\,\mathrm{Re}\left\{\dot{I}e^{j\omega t}\right\} \tag{3.42}$$

で得られる。$\dot{I}$ は**実効値**を表す複素電流なので、振幅を得るには係数 $\sqrt{2}$ を付ける。$i_1(t), i_2(t)$ についても同様である。時間波形 $i(t), i_1(t), i_2(t)$ は同図 (b) のようになる。$\dot{I}_1 + \dot{I}_2 = \dot{I}$ なので、常に $i_1(t) + i_2(t) = i(t)$ が成立している。

交流電流においては、電流が合流（分流）する場合、実数の足し算をしてはならない。複素数の足し算が必要である。しかし、電圧計や電流計で得ら

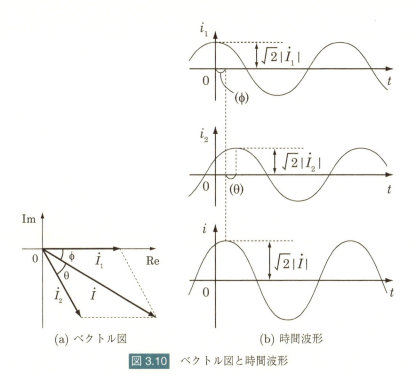

図 3.10　ベクトル図と時間波形

れる値は実効値を表す実数である。複素数の足し算をするということは、位相関係を考慮することを意味するが、位相関係を調べるにはオシロスコープなどの機器が必要である。

一般に、複数の電流が合流しており（ここでは 3 つの電流の例を示す）

$$\dot{I} = \dot{I}_1 + \dot{I}_2 + \dot{I}_3 \tag{3.43}$$

で表される場合、

$$|\dot{I}| \leq |\dot{I}_1| + |\dot{I}_2| + |\dot{I}_3| \tag{3.44}$$

であり、等号が成立するのは 3 つの電流の位相が一致する場合のみである。

電圧の和をとるときも同様の注意が必要である。図 3.11(a) において、キルヒホッフの電圧則より

$$\dot{V}_1 + \dot{V}_2 = \dot{V} \tag{3.45}$$

が成立する。電圧計の指示値はそれぞれ $|\dot{V}|, |\dot{V}_1|, |\dot{V}_2|$ である。ベクトル図の例を図 3.11(b) に示す。図から分かるように、

$$|\dot{V}| \leq |\dot{V}_1| + |\dot{V}_2| \tag{3.46}$$

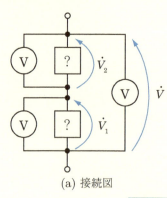
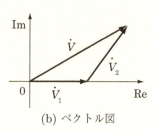

(a) 接続図　　　　　　　　　(b) ベクトル図

図 3.11　直列接続と電圧

である。等号が成立するのは $\dot{V}_1$ と $\dot{V}_2$ の方向が等しいときである。

3.6　簡単な回路の電力計算

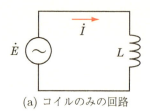
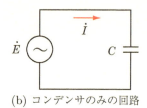

(a) コイルのみの回路　　　　　(b) コンデンサのみの回路

図 3.12　簡単な回路

図 3.12(a) の回路について考える。コイルのインピーダンスは $j\omega L$ なので、複素電流 $\dot{I}$ は以下のように求められる。

$$\dot{I} = \frac{\dot{E}}{j\omega L}$$

電力は以下のように 0 であるから、コイルは電力を消費しない。

$$P = \mathrm{Re}\{\dot{E}\dot{I}^*\} = \mathrm{Re}\left\{\dot{E}\frac{\dot{E}^*}{-j\omega L}\right\} = \mathrm{Re}\left\{j\frac{|\dot{E}|^2}{\omega L}\right\} = 0 \quad (3.47)$$

ここで、$\dot{I}$ の複素共役をとるときに、公式 $\left(\frac{C_1}{C_2}\right)^* = \frac{C_1^*}{C_2^*}$ (p.332 の (A.18))

を使い、さらに公式 $CC^* = |C|^2$ (p.332 の (A.16)) を使った。

ところで、(3.47) の中に $|\dot{E}|^2$ という項がある。電力をとる式において、印加電圧は $|\dot{E}|^2$ という形で入ってくる。印加電圧の絶対値が電力に関係し、その位相は電力には影響しない。

このことは、以下の考察からも分かる。電力を計算する式は

$$\mathrm{Re}\{\dot{V}\dot{I}^*\}$$

のように電圧か電流のどちらかに複素共役をとる記号がついている。もし、印加電圧が $\dot{E}$ の代わりに $\dot{E}e^{j\theta}$ であったなら、$\dot{V}$ は $\dot{V}e^{j\theta}$、$\dot{I}$ は $\dot{I}e^{j\theta}$ となる。電力は

$$\mathrm{Re}\{\dot{V}e^{j\theta}\ (\dot{I}e^{j\theta})^*\} = \mathrm{Re}\{\dot{V}e^{j\theta}\ \dot{I}^*e^{-j\theta}\} = \mathrm{Re}\{\dot{V}\dot{I}^*\} \tag{3.48}$$

となり、不変である。

2.10.3 項 (p.117) において、回路の電圧や電流を求めるとき、印加電圧 $\dot{E}$ の位相を気にする必要はなく、通常は実数として扱えばよいと述べた。電力を計算する場合においても同様である。

図 3.12(b) の回路について考える。コンデンサのインピーダンスは $\dfrac{1}{j\omega C}$ なので、複素電流 $\dot{I}$ は以下のように求められる。

$$\dot{I} = \frac{\dot{E}}{\frac{1}{j\omega C}} = j\omega C\dot{E}$$

電力は以下のように 0 であるから、コンデンサは電力を消費しない。

$$P = \mathrm{Re}\left\{\dot{E}\dot{I}^*\right\} = \mathrm{Re}\left\{\dot{E}(j\omega C\dot{E})^*\right\} = \mathrm{Re}\left\{\dot{E}(-j\omega C)\dot{E}^*\right\}$$
$$= \mathrm{Re}\left\{-j\omega C|\dot{E}|^2\right\} = 0 \tag{3.49}$$

図 3.13 の回路について考える。回路全体のインピーダンスは $R + j\omega L$ なので、複素電流 $\dot{I}$ は以下のように求められる。

$$\dot{I} = \frac{\dot{E}}{R + j\omega L}$$

回路全体が消費する電力 P_{all} を $\mathrm{Re}\left\{\dot{E}\dot{I}^*\right\}$ を利用して求める。

$$P_{all} = \mathrm{Re}\left\{\dot{E}\left(\frac{\dot{E}}{R + j\omega L}\right)^*\right\} = \mathrm{Re}\left\{\dot{E}\frac{\dot{E}^*}{R - j\omega L}\right\}$$

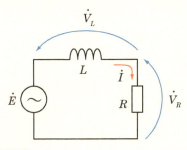

図 3.13　抵抗とインダクタンスを含む回路

$$= \mathrm{Re}\left\{|\dot{E}|^2 \frac{(R+j\omega L)}{(R-j\omega L)(R+j\omega L)}\right\} = \mathrm{Re}\left\{\frac{|\dot{E}|^2(R+j\omega L)}{R^2+\omega^2 L^2}\right\}$$
$$= \frac{R|\dot{E}|^2}{R^2+\omega^2 L^2}$$

次に、各素子ごとにその消費電力を求める。電圧 $\dot{V}_R, \dot{V}_L$ は電流とインピーダンスの積なので、

$$\dot{V}_R = R\dot{I} = \frac{R\dot{E}}{R+j\omega L}$$
$$\dot{V}_L = j\omega L\dot{I} = \frac{j\omega L\dot{E}}{R+j\omega L}$$

である。抵抗が消費する電力 P_R とコイルが消費する電力 P_L はそれぞれ

$$P_R = \mathrm{Re}\left\{\dot{V}_R \dot{I}^*\right\} = \mathrm{Re}\left\{\frac{R\dot{E}}{R+j\omega L} \cdot \frac{\dot{E}^*}{R-j\omega L}\right\} = \frac{R|\dot{E}|^2}{R^2+\omega^2 L^2}$$
$$P_L = \mathrm{Re}\left\{\dot{V}_L \dot{I}^*\right\} = \mathrm{Re}\left\{\frac{j\omega L\dot{E}}{R+j\omega L} \cdot \frac{\dot{E}^*}{R-j\omega L}\right\}$$
$$= \mathrm{Re}\left\{\frac{j\omega L|\dot{E}|^2}{R^2+\omega^2 L^2}\right\} = 0$$

となる。

このように、回路全体が消費する電力の内訳を考えると、全て抵抗で消費されることが分かる。

なお、本節では電力を求める公式として

$$P = \mathrm{Re}\left\{\dot{V}\dot{I}^*\right\} \qquad (3.50)$$

を用いた。ただし、$\dot{V}, \dot{I}$ は実効値を表す複素数である。

$$P = \mathrm{Re}\left\{\dot{V}^*\dot{I}\right\} \tag{3.51}$$

を用いても同じ結果を得る。$\dot{V}\dot{I}^*$ と $\dot{V}^*\dot{I}$ は、実部は同じだが、虚部は符号が逆になる。電力を求める場合、計算しやすい方を使えばよい。本節の例題の場合は (3.51) を使った方が簡単に求まるが、複素共役をとる例を示すため、あえて (3.50) を用いた。

3.7 コイルとコンデンサが蓄えるエネルギー

本章の冒頭で、交流回路において素子が消費する電力は、瞬時電力 $p(t) = v(t)\,i(t)$ を積分すればよいと述べた。本節ではその定義に立ち返って、コイルとコンデンサが、ある瞬間に蓄えているエネルギーを求める。

3.7.1 コイル

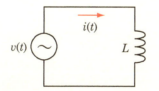

図 3.14　コイルが蓄えるエネルギー

図 3.14 のように、コイルにかかる電圧 $v(t)$ が任意の波形の場合に、コイルが蓄えているエネルギー $W_L(t)$ を求める。$p(t) = v(t)\,i(t)$ を積分すると、コイルに蓄積されているエネルギーが得られる。コイルにおいては

$$v(t) = L\frac{di(t)}{dt} \tag{3.52}$$

であるから、時刻 0 から t までの間にコイルに蓄積されるエネルギーは

$$\begin{aligned}
W_L(t) &= \int_0^t v(t)\,i(t)\,dt \\
&= \int_0^t L\frac{di(t)}{dt}\,i(t)\,dt
\end{aligned}$$

L を外に出して部分積分の公式 $\int fg' = [fg] - \int f'g$ を適用

$$\begin{aligned}
&= L\Big[i^2(t)\Big]_0^t - L\int_0^t i(t)\frac{di(t)}{dt}\,dt \\
&= L\Big[i^2(t)\Big]_0^t - W_L(t)
\end{aligned}$$

$$\therefore W_L(t) = \frac{L\Big[i^2(t)\Big]_0^t}{2}$$

である。時刻 $t=0$ においてコイルはエネルギーを蓄積していない、すなわち $i(0)=0$ を仮定すると、

$$W_L(t) = \frac{L\,i^2(t)}{2} \quad [\text{J}] \tag{3.53}$$

が得られる。コイルに蓄積されているエネルギーは、その瞬間の電流の2乗に比例する。

3.7.2 コンデンサ

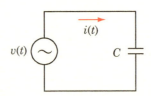

図 3.15　コンデンサが蓄えるエネルギー

図 3.15 のように、コンデンサにかかる電圧 $v(t)$ が任意の波形の場合に、コンデンサが蓄えているエネルギー $W_C(t)$ を求める。$p(t) = v(t)\,i(t)$ を積分すると、コンデンサに蓄積されているエネルギーが得られる。コンデンサにおいては

$$i(t) = C\frac{dv(t)}{dt} \tag{3.54}$$

であるから、時刻 0 から t までの間にコンデンサに蓄積されるエネルギーは

$$
\begin{aligned}
W_C(t) &= \int_0^t v(t)\,i(t)\,dt \\
&= \int_0^t v(t)\cdot C\frac{dv(t)}{dt}\,dt
\end{aligned}
$$

C を外に出して部分積分の公式 $\int fg' = [fg] - \int f'g$ を適用

$$
\begin{aligned}
&= C\Big[\,v^2(t)\,\Big]_0^t - C\int_0^t v(t)\,\frac{dv(t)}{dt}\,dt \\
&= C\Big[\,v^2(t)\,\Big]_0^t - W_C(t)
\end{aligned}
$$

$$\therefore W_C(t) = \frac{C\Big[\,v^2(t)\,\Big]_0^t}{2}$$

である。時刻 $t = 0$ においてコンデンサはエネルギーを蓄積していない、すなわち $v(0) = 0$ を仮定すると、

$$W_C(t) = \frac{C\,v^2(t)}{2} \quad [\,\mathrm{J}\,] \tag{3.55}$$

が得られる。コンデンサに蓄積されているエネルギーは、その瞬間の電圧の2乗に比例する。

第4章 回路に関するその他の知識

4.1 周波数特性

4.1.1 周波数特性の考え方

これまでに扱った問題において、電源（あるいは信号源）は単一周波数の正弦波であった。音声を扱うオーディオ回路（例えばアンプ）への入力は、図 4.1 のような複雑な波形をしている。このような波形を図 4.2 に示す RC フィルタの入力 $v_1(t)$ として加えると、出力 $v_2(t)$ がどうなるか考える。

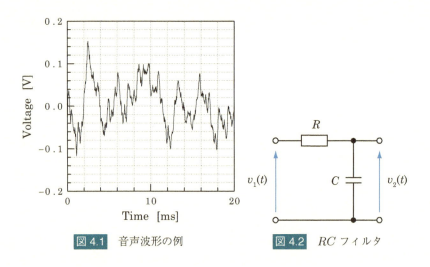

図 4.1　音声波形の例　　図 4.2　RC フィルタ

フーリエ級数展開の理論によると、周期波形は「その周期を一周期とする正弦波とその整数倍の周波数の正弦波の和」で表すことができる。図 4.1 の波形は周期を持たないが、周期が無限大であると考えると無数の正弦波の和に分解できる。

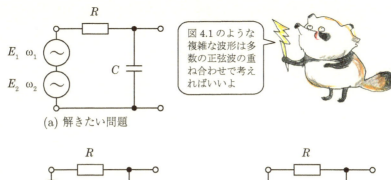

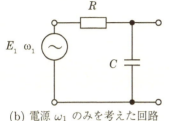
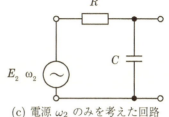

図 4.3　重ね合わせ

「異なる周波数を持つ複数の正弦波をミックスした波形」を図 4.2 の回路に入力する場合、重ね合わせの理が成立する。図 4.3(a) の回路について解きたい場合、分解された個々の周波数について図 4.3(b)(c) のように解き、それを重ね合わせればよい[1]。

従って、図 4.1 のような複雑な波形が回路に加えられた場合でも、

1. 複雑な入力波形を正弦波に分解する。
2. 個々の正弦波について、複素記号法を用いて解く。
3. 結果を重ね合わせる。

という考え方を適用することで、複素記号法による解析が有効である。

　コラム　線形とは？

「線形 (linear)」という言葉について、本書では深入りしないが、とても重要な概念である。

図 4.2 の回路では、図 4.3 に示すような重ね合わせが成立する。重ね合わせが成立する回路を「線形な回路」という。線形な回路であるための条件は以下の 2 つを満たすことである。

- $a(t)$ を入力すると $b(t)$ が出力されるとき、$a(t)$ を x 倍したものを入力すると、

---

[1] 複素記号法を用いて個別に解き、時間関数に直してから足し合わせる。

- $b(t)$ を x 倍したものが出力される。
- $a_1(t)$ を入力すると $b_1(t)$ が出力され、$a_2(t)$ を入力すると $b_2(t)$ が出力されるとき、$a_1(t) + a_2(t)$ を入力すると、$b_1(t) + b_2(t)$ が出力される。

R, L, C からなる回路は常に上記の 2 つの条件を満足する。

5 章以降でも、重ね合わせを各所で用いている。R, L, C 以外の素子を含む回路で重ね合わせを用いるときは、重ね合わせが成立する範囲（電圧・電流のとりうる範囲）に限定して用いる。

4.1.2 RC ローパスフィルタ

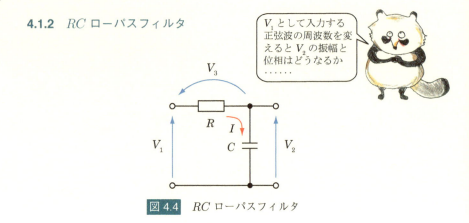

図 4.4　RC ローパスフィルタ

図 4.4（図 4.2 と同一）は RC ローパスフィルタと呼ばれる回路であり、既に 2.11.4 節 (p.123) で学習した。入力 V_1 と出力 V_2 は振幅を表す複素電圧である。V_2 は V_1 を「抵抗 R」と「コンデンサのインピーダンス $\frac{1}{j\omega C}$」で分圧したときにコンデンサにかかる電圧であるから、

$$V_2 = \frac{\frac{1}{j\omega C}}{R + \frac{1}{j\omega C}} V_1 = \frac{1}{1 + j\omega CR} V_1 \tag{4.1}$$

である。周波数を f で表すと、$\omega = 2\pi f$ なので、入力 V_1 の周波数が変化すると、出力 V_2 の振幅と位相は変化する。

$$\omega_0 = \frac{1}{RC} \tag{4.2}$$

とおくと (4.1) は

$$\frac{V_2}{V_1} = \frac{1}{1+j\dfrac{\omega}{\omega_0}} \tag{4.3}$$

と書ける。(4.3) の左辺 $\dfrac{V_2}{V_1}$ は入力と出力の関係を表す複素数である。絶対値が振幅の比、偏角が位相差を表す。$V_1 = 1$ としたときの V_2 の値（複素数）と考えると理解しやすいので、以降は **$V_1 = 1$（振幅 1, 偏角 $0°$）** と仮定し、$\dfrac{V_2}{V_1}$ を単に V_2 と表記する。

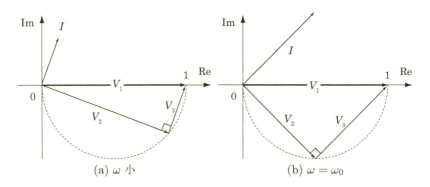

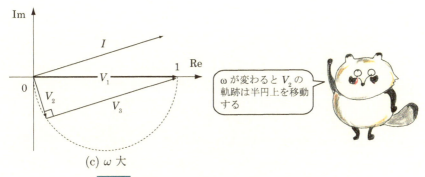

図 4.5　RC ローパスフィルタのベクトル図

まずは、ベクトル図を用いて定性的に理解する。V_1, V_2, V_3 を複素平面上のベクトルとして描くと図 4.5(a)〜(c) のようになる。ω を大きくしてゆくと、V_2 のベクトル軌跡は図中の点線で表された半円上を移動する。以下のことが言える。

周波数が低いときは入力と出力はほぼ等しい。周波数が高くなると出力 V_2 の振幅は小さくなり、位相は $-90°$ に近づく。

次に複素電圧 V_2 を ω の関数と考えてグラフを書いて定量的に理解する。

$$V_2 = \frac{1}{1+j\dfrac{\omega}{\omega_0}} = Ae^{j\theta}$$

のように複素数の「振幅」と「位相」を考える。ここで

$$A = |V_2|$$
$$\theta = \tan^{-1}\frac{\mathrm{Im}\{V_2\}}{\mathrm{Re}\{V_2\}}$$

である。A と θ の意味を理解するために、

$$v_1(t) = \mathrm{Re}\{V_1\,e^{j\omega t}\} \qquad v_2(t) = \mathrm{Re}\{V_2\,e^{j\omega t}\}$$

として得られる時間波形（ただし $V_1 = 1$）の例を図 4.6 に示す。この回路の場合、θ は負の値をとる。このことは図 4.5 で示したように、V_2 の位相は V_1 より遅れていることを意味する。θ の符号と位相の関係は図 2.23 (p.116) で説明した。

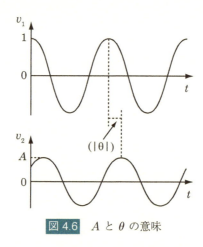

図 4.6　A と θ の意味

図 4.6 において、(θ) のように θ に括弧をつけているのは、角度に換算したときの値であることを示している。時間に換算すると $\dfrac{\theta}{\omega}$ 秒である。角度と時間の換算については (2.79)(p.113) で述べた。図 4.7(c) で示すように、θ は負の値をとるので、図 4.6 中の (θ) は絶対値をとる記号を付加している。

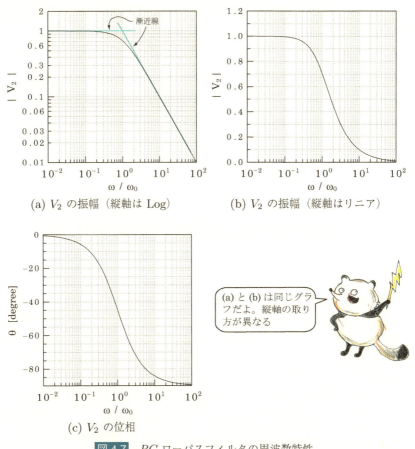

図 4.7　RC ローパスフィルタの周波数特性

V_2 の絶対値と偏角を ω/ω_0 の関数として描いたのが図 4.7 である。これらの図を**周波数特性**の図という。絶対値を**振幅**、偏角を**位相**と呼ぶことが多い。

図 4.7 において注意すべき点は、座標軸の取り方である。横軸は正規化された周波数 ω/ω_0 をとり、Log スケール（ログスケール）[2] で描いている。数値を指数形式 10^x で表したとき、x が等間隔になるように座標軸をとることを、「座標軸を対数にとる」あるいは「座標軸を Log にとる」あるいは「Log スケールで描く」などという。目盛は $0.1, 1, 10, 100, 1000, \cdots$ の位置が等間隔に並ぶ。

---

[2] 本書では「Log」と書いたり「ログ」と書いたり表記が揺れている。筆者の感覚で英語表記とカタカナ表記を使い分けている。Log と書くのは筆者が大学生の頃に使っていたグラフ用紙の影響によるものと思われる。当時、グラフは手書きで雲型定規とペンを使ってグラフ用紙に書くものであった。対数目盛りのグラフ用紙には Log と印刷されていた。

リニアスケールにおいて座標軸上の距離は「差」を表すのに対して、ログスケールにおいて座標軸上の距離は「比」を表す。リニアとログの座標軸のとり方の違いを図 4.8(a)(b) に示す。

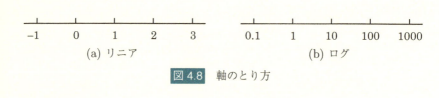

図 4.8　軸のとり方

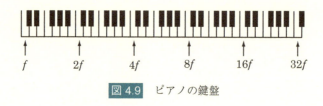

図 4.9　ピアノの鍵盤

横軸を Log にとることは人間の感覚にも一致する。図 4.9 はピアノの鍵盤である。1 オクターブは周波数が 2 倍であるから、2 オクターブは周波数が 4 倍、3 オクターブは周波数が 8 倍である。周波数は図中に示すように Log スケール（間隔は比を表す）になっている。余談であるが、「ドミソ」の和音は周波数の比率がおおむね 4:5:6 であり、「ラドミ」の和音は 10:12:15 である。どちらも簡単な整数比である。

図 4.7(a) と (b) は振幅のグラフである。同図 (a) は縦軸を Log で描き、同図 (b) はリニアで描いている。振幅は Log で描くことが多い。なお、人間の音量に関する感覚は Log に比例すると言われている[3]。

Log のグラフ図 4.7(a) を見ると、2 本の漸近線（図中水色の線）がある。

$$\frac{\omega}{\omega_0} = 10^0 = 1 \tag{4.4}$$

を境に特性が変わっている。

入力正弦波の周波数が低く、$\frac{\omega}{\omega_0} \ll 1$ のとき、

$$V_2 = \frac{1}{1 + j\frac{\omega}{\omega_0}} \simeq \frac{1}{1} = 1 \tag{4.5}$$

---

[3] ウェーバー － フェヒナーの法則 (Weber-Fechner Law) という。

となる。

入力正弦波の周波数が高く、$1 \ll \dfrac{\omega}{\omega_0}$ のとき、

$$V_2 = \frac{1}{1+j\dfrac{\omega}{\omega_0}} \simeq \frac{1}{j\dfrac{\omega}{\omega_0}} = -j\frac{\omega_0}{\omega} \tag{4.6}$$

となる。(4.6) は周波数が n 倍になると振幅は $1/n$ になることを示している。図 4.7(a) の右半分を見ると分かるように、縦軸と横軸を Log スケールで描くと、反比例のグラフは直線になる。

図 4.7(c) は V_2 の位相のグラフである。周波数が低いとき位相は $0°$ に近づき、周波数が高くなると $-90°$ に近づく。

この回路は低域を通過させ高域を阻止するのでローパスフィルタ (low-pass filter: 低域通過フィルタ) と呼ばれる。縦軸をリニアにとった図 4.7(b) を見ると w_0 付近で振幅が急激に変化している。$\omega = 2\pi f$ の関係を用いると (4.2) より

$$f_0 = \frac{1}{2\pi RC} \tag{4.7}$$

となる。f_0 をカットオフ周波数 (遮断周波数: **cutoff frequency**) と呼ぶ。図 4.5(b) よりカットオフ周波数において以下のことがいえる。

- R にかかる電圧と C にかかる電圧は等しい。
- V_2 の振幅は V_1 の $\dfrac{1}{\sqrt{2}}$ になる。
- V_1 を基準とすると V_2 の位相（偏角）は $45°$ 遅れる。

コラム　1とおく

本項では $V_1 = 1$ とおいた。「何かを 1 とおいて考える」というのは、物事を平易に理解するための有力な方法である。

　私が大学院生の頃、指導教官の助教授に怒られたことがある。私はオーロラの形状推定を行う研究をしていた。その過程で「角度 0 度で 1, 90 度で 0 となり、滑らかに変化する関数」に出会った。回転が関係していたので、私は軽く「cos だろう」と考え、cos と仮定して研究を進めた。

　ある日、指導教官から呼び出しを受けた。「薮くん。ここはなぜ cos なのですか？」。私が「cos だろうと思ったのですが・・・」と答えると、指導教官の表情はみるみる怒りに満ちてゆき、「信じられない態度ですね」と叱責された。指導教官は紙に図を書き、「今、ここで導出してみなさい」と言った。どのように数式を導出していいか分からず、私がオロオロしていると、指導教官は「どこかを 1 とおいて、やればいいでしょ」と諭した。

結局、その関数は「形状は cos に酷似しているが、cos とは異なる数式で表される関数」であることが判明した。それ以来、私の中に「1 とおく」という教えは深く刻み込まれている。

コラム　手書きのグラフ

筆者が工学部の学生の頃（1980 年代）、グラフは手書きで描くものであった。レポートに添えるグラフは、グラフ用紙に鉛筆で薄く下書きをし、「ペン、円定規（測定点を書く）、雲型定規（曲線を書く）」を駆使して丁寧に描いた。鉛筆書きは許されなかった。1 枚書くのに 1 時間程度かかった。

時代は変わり、パソコンで簡単にグラフを描けるようになった。2000 年頃、筆者は工学部の電気工学科の教員をしていた。学生実験において、生徒は班を組み、グラフを描きながら測定を行う（実験中に書くグラフは鉛筆書きでフリーハンドで描く）。このときのグラフをパソコンで描くことを許すか否かで議論になった。

「小中学校ではグラフを手書きしている。グラフ用紙に手で書くことにより、量を把握する感覚を養うことができる。手で書くのは面倒なので、変化が急なところは測定点を細かくとり、緩やかなところは粗くとり、できるだけ能率的に実験をしようとする工夫する力を養うことができる。手書きの経験は必要。」という意見がでて、当面は手書きということになった。

筆者が指導する実験で、試行的にパソコンでグラフを描かせてみた。すると、実験が極めて迅速に終了した。手でグラフを書くという行為は、ストレスフルで非能率な行為であるということが分かった。以後、筆者は手でグラフを書くという行為を「文明が発達していなかった時代にやむなく行った行為」と思うようになった。

Windows が普及するまで（1995 年頃まで）は学会発表も大変だった。今はパワーポイントとプロジェクターという魔法の道具があるが、当時はパワポはなく、OHP を使っていた。文字やグラフはパソコンで作成し、プリンターから打ち出し、コピー機で拡大／縮小コピーした。それを切り抜いて、裏面に特殊なスプレー糊（この糊をスプレーすると Post-it のように貼ってはがせるようになる）を吹きつけ、乾かし、A4 のレイアウト用紙に貼った。

それをコピー機で OHP シートにコピーし、カラーの OHP ペンで手書きの文字を書き込んだ。大学院生のとき、学会発表の予行演習をし、指導教官に OHP の作りなおしを命じられるのが大変な苦痛だった。

4.1.3　RC ハイパスフィルタ

図 4.10 は図 4.4 のローパスフィルタの回路に対して C と R を入れ換えたものである。分圧の式より、

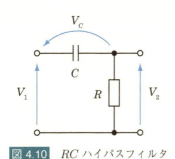

図 4.10　RC ハイパスフィルタ

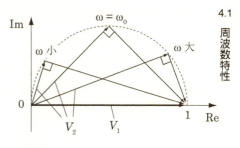

図 4.11　RC ハイパスフィルタのベクトル図

$$V_2 = \frac{R}{R + \frac{1}{j\omega C}} V_1 = \frac{j\omega CR}{1 + j\omega CR} V_1 \tag{4.8}$$

が得られる。$\omega_0 = \dfrac{1}{CR}$ とおくと、

$$\frac{V_2}{V_1} = \frac{j\dfrac{\omega}{\omega_0}}{1 + j\dfrac{\omega}{\omega_0}} \tag{4.9}$$

が得られる。$V_1 = 1$ とおき、ω を変化させたときの V_2 のベクトル軌跡が図 4.11 である。V_2 の振幅と位相のグラフを描くと図 4.12 のようになる。

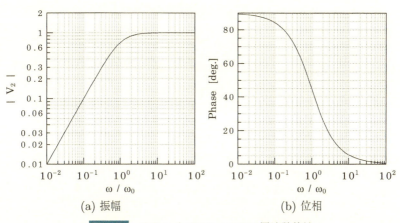

(a) 振幅　　　　　　　　　　(b) 位相

図 4.12　RC ハイパスフィルタの周波数特性

低域を阻止し、高域を通すので RC ハイパスフィルタと呼ばれる。ω_0 を

境にして特性が変化する。

ω が大きい、すなわち $1 \ll \dfrac{\omega}{\omega_0}$ のとき、

$$V_2 = \frac{j\dfrac{\omega}{\omega_0}}{1 + j\dfrac{\omega}{\omega_0}} \simeq \frac{j\dfrac{\omega}{\omega_0}}{j\dfrac{\omega}{\omega_0}} = 1 \tag{4.10}$$

となる。振幅は 1, 位相は $0°$ である。入力がそのまま出力される。

ω が小さい、すなわち $1 \gg \dfrac{\omega}{\omega_0}$ のとき

$$V_2 = \frac{j\dfrac{\omega}{\omega_0}}{1 + j\dfrac{\omega}{\omega_0}} \simeq \frac{j\dfrac{\omega}{\omega_0}}{1} = j\frac{\omega}{\omega_0} \tag{4.11}$$

となる。ω が小さくなると、振幅は ω に比例し、位相は ω が小さくなるほど $+90°$ に近づく。

ローパスフィルタと同様にハイパスフィルタのカットオフ周波数（遮断周波数）f_0（この周波数より高い周波数の正弦波は通す）もまた

$$f_0 = \frac{1}{2\pi RC} \tag{4.12}$$

である。

4.1.4　dB（デシベル）

前項までの説明では、分かりやすく説明するため、入力を $V_1 = 1$ と仮定したときの出力 V_2 を考えた。そのため、図 4.7(a) (p.169) や図 4.12(a) (p.173) の縦軸は $|V_2|$ となっていた。

通常、縦軸は (4.3)(4.9) のように $|V_2/V_1|$ にとる。$|V_2/V_1|$ は比を表す無次元量である。電気工学の分野では、比を分かりやすく表すために、デシベル表記を使うことが多い。

4.1.2 項 (p.166) で学習したローパスフィルタの周波数特性のグラフを、もう一度図 4.13(a) に示す。縦軸は $|V_2/V_1|$, 横軸は正規化した周波数である。縦軸も横軸も Log スケールで描いている。縦軸をより分かりやすく表現する方法として、図 4.13(b) のように書く方法がある。「縦軸を dB（デシベル）で表す」という。この表記法について説明する。

図 4.14 のように、3 つの増幅回路を縦続接続したものに信号を入れる場合

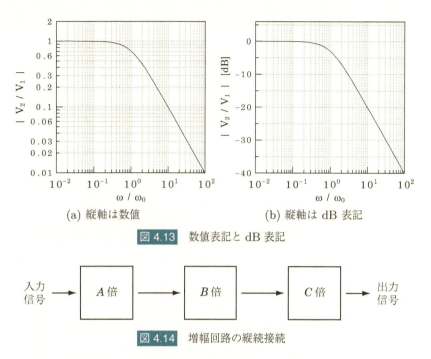

(a) 縦軸は数値　　(b) 縦軸は dB 表記

図 4.13　数値表記と dB 表記

図 4.14　増幅回路の縦続接続

を考える。増幅率はそれぞれ A, B, C（いずれも実数）である。全体の増幅率は

$$A \cdot B \cdot C \tag{4.13}$$

となる。この表現方法には

- 掛け算をする必要があり、暗算では計算しづらい
- 数値が大きくなる

という問題があり、不便である。そこで、

$$A = 10^a \qquad B = 10^b \qquad C = 10^c \tag{4.14}$$

のように増幅率を指数形式で表すと、

$$A \cdot B \cdot C = 10^a \cdot 10^b \cdot 10^c = 10^{a+b+c} \tag{4.15}$$

となり、足し算で計算できるので、計算は簡単になる。ゆえに、比率を考える場合、指数形式で表すと便利である。a, b, c はそれぞれ

$$a = \log_{10} A \qquad b = \log_{10} B \qquad c = \log_{10} C \qquad (4.16)$$

で得られる。

しかし、10^x という形式で扱うと、x は小数点以下何桁かまで考慮する必要がある数値になる。より扱いやすくするため、

$$\alpha = 10 \cdot \log_{10} A \quad [\text{dB}] \qquad (4.17)$$

のように、指数部を 10 倍した数値を用い、dB（デシベル）を付ける。表 4.1 のような関係がある。

表 4.1　比率と dB 表記の対応

比率	dB 表記
1 倍	0 dB
2 倍	3 dB
10 倍	10 dB
100 倍	20 dB
1000 倍	30 dB

α dB を比率 A に直すには

$$A = 10^{\frac{\alpha}{10}} \qquad (4.18)$$

を計算すればよい。

以下の重要な決まりがある。

　dB で表した数値は**電力の比率**を表す。

電力を求める公式は

$$P = VI = \frac{V^2}{R}$$

であり、電圧の 2 乗に比例する。電圧の増幅率が A であるなら、電力の増幅率は A^2 になる。

$$10 \log_{10} A^2 = 20 \log_{10} A \qquad (4.19)$$

であるから、電圧の増幅率が A のとき、dB 表記で表すと $20 \log_{10} A$ となる。

表 4.2 に主な比率とそれを dB（デシベル）で表した値を記載する。アンプなどの増幅率は dB で表されることが多い。

表 4.2 デシベル換算表

dB 表記	電力の増幅率	電圧の増幅率
−60	0.000001	0.001
−40	0.0001	0.01
−20	0.01	0.1
−10	0.1	0.316
−6	0.25	0.5
−3	0.5	0.707
0	1	1
3	2	1.41
6	4	2
10	10	3.16
20	100	10
40	10000	100
60	1000000	1000

例えば増幅率が 26 dB のとき、電力の増幅率は $26 = 10+10+3+3 \Rightarrow 10 \times 10 \times 2 \times 2 = 400$ なので 400 倍、電圧の増幅率は $26 = 20+6 \Rightarrow 10 \times 2 = 20$ なので 20 倍である。

本節の冒頭で示した図 4.13 (p.175) の縦軸は電圧の増幅率を表している。従って、同図 (a) の縦軸の 0.1 の場所は同図 (b) において −20dB となっており、0.01 は −40dB が対応している。

4.2 入力インピーダンスと出力インピーダンス

4.2.1 2つの回路を接続する

電気回路では回路をいくつかのモジュールに分割して設計することが多い。図 4.15(a) のように回路 1 からの出力を複素電圧 V とする。これを回路 2 の入力端子に接続する場合を考える。例えば携帯用音楽プレイヤーのヘッドホン端子をラジカセの外部入力端子（Aux in と書いてあることが多い）に接続する場合はこのケースに該当する。

回路 1 に回路 2 を接続すると、V がどのように変化するかを考える。テブナンの定理（1.21 節, p.66）を用いて回路 1 を表現する。回路 1 に含まれる電圧源を短絡し、電流源を開放したとき、端子 $a-b$ から左側を見たときのインピーダンスを Z_{out} とすると、回路 1 は図 4.15(b) の左半分と等価である。また、回路 2 の端子 $c-d$ から右側を見たときのインピーダンスを Z_{in}

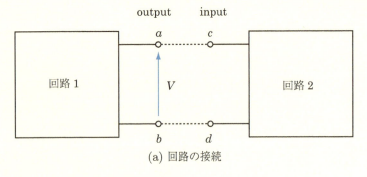

(a) 回路の接続

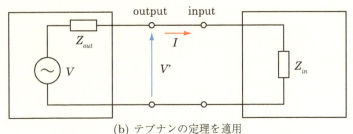

(b) テブナンの定理を適用

図 4.15　入力インピーダンスと出力インピーダンス

とする。

　2 つの回路を接続すると、図 4.15(b) のような状況になる。回路 1 の出力電圧（= 回路 2 への入力電圧）V' は

$$V' = \frac{Z_{in}}{Z_{in} + Z_{out}} V \qquad (4.20)$$

となる。Z_{out} を回路 1 の出力インピーダンス、Z_{in} を回路 2 の入力インピーダンスという。

　信号を処理する回路においては、

- 入力インピーダンス Z_{in} はできるだけ高く
- 出力インピーダンス Z_{out} はできるだけ低く

設計するのがよい。「ロー出しハイ受け」と呼ばれている。

　(4.20) において $Z_{in} = \infty$ とおくと Z_{out} が何であっても $V = V'$ となる。$Z_{out} = 0$ とおくと、Z_{in} が何であっても $V = V'$ となる。$V = V'$ となることは出力信号 V が減衰したり歪むことなしに回路 2 に伝達されることを示している。回路 2 を接続することによる影響が生じないので、回路 1 と回路 2 を独立に設計できる。

ただし、実際の回路設計においては、出力端子がショートした場合に回路を保護するため、Z_{out} を 0 にしてはいけない。また、図 4.15(b) 中の I が小さすぎるとノイズの影響を受けやすいので、Z_{in} を高くしすぎてはいけない。オーディオ回路では出力インピーダンスは 数Ω 〜 1 kΩ、入力インピーダンスは 10 kΩ 〜 100 kΩ 程度に設定することが多い。

4.2.2　入力インピーダンスと出力インピーダンスを用いた考察

RC ローパスフィルタの挿入

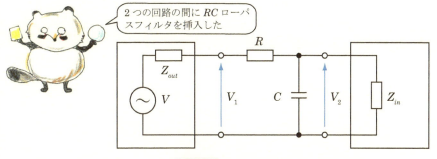

図 4.16　RC ローパスフィルタの挿入

図 4.16 のように回路 1 の出力と回路 2 の入力の間に RC ローパスフィルタを挿入する場合、特性がどうなるかを考える。もし、

$$Z_{out} = 0, \quad Z_{in} = \infty$$

なら、

$$V = V_1$$

であり、信号源の出力がそのまま V_1 となる。また、

$$V_2 = \frac{1}{1 + j\omega CR} V_1$$

であり RC ローパスフィルタ単独の性質が維持される。

$Z_{out} \neq 0, Z_{in} \neq \infty$ なら V_2 は V を「$R + Z_{out}$」と「$\frac{1}{j\omega C} // Z_{in}$」で分圧したときに後者にかかる電圧となる。$RC$ ローパスフィルタ単独のときとは異なった特性となる。第 5 章で説明するオペアンプを使用すると、Z_{out} を極めて小さくしたり Z_{in} を ∞ にすることができる。

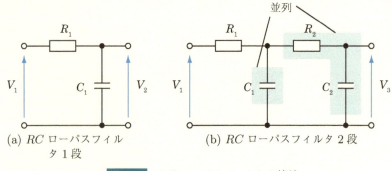

図 4.17　RC ローパスフィルタの接続

RC ローパスフィルタの 2 段重ね

図 4.17(a) の RC ローパスフィルタの特性を急峻にするため、同じカットオフ周波数を持つ RC ローパスフィルタをもう 1 段接続して図 4.17(b) のようにする場合を考える。

1 段目の $R_1 C_1$ によるフィルタの特性と 2 段目の $R_2 C_2$ によるフィルタの特性を個別に計算し、振幅は掛け算、位相は足し算して特性を出すことができたなら、設計が楽である。

すなわち、2 段目の $R_2 C_2$ によるフィルタを付加したことにより、1 段目の $R_1 C_1$ によるフィルタの特性に変化が出ないようにしたい。図 4.17(b) を見ると「C_1」と「R_2 と C_2」が並列に接続されている。図 1.21 (p.25) の例題で、抵抗を並列接続するとき、片方の抵抗がもう片方の抵抗より極めて大きいとき、大きい方の抵抗は無視してよいことを勉強した。同様に考えて、2 段目のフィルタを付加したことによる影響をなくすためには、

$$\left| \frac{1}{j\omega C_1} \right| \ll \left| R_2 + \frac{1}{j\omega C_2} \right| \tag{4.21}$$

が満たされればよい。ここでは (4.21) の右辺が左辺の 10 倍以上になるように設定する[4]。これは 2 段目のフィルタの入力インピーダンスを上げることを意味している。

RC ローパスフィルタのカットオフ角周波数はどちらも ω_0 であるから、

$$\omega_0 = \frac{1}{R_1 C_1} = \frac{1}{R_2 C_2} \tag{4.22}$$

---

[4] 何倍以上にすればよいかは、類似したケースを次節で扱う。

である。(4.21) の右辺を常に左辺の 10 倍以上にするには

$$C_2 = \frac{1}{10} C_1$$

とすればよい。(4.22) より

$$R_2 = 10 \, R_1$$

となる。

　例としてカットオフ周波数が $f_0 = 1000\,\mathrm{Hz}$ の RC フィルタを設計する。(4.22) に $\omega_0 = 2\pi f_0 = 2000\pi$ を代入すると、これを満たす R_1 と C_1 の組み合わせは無数にある。どのように選択しても、以下に示す結果は同一となる。実際の設計においては、抵抗を大きくしすぎると電流が小さくなりノイズに弱くなる。コンデンサの容量を大きくしすぎるとサイズが大きくなりコストもかかる。これらを考慮して適切な値を選択する。また、コンデンサは抵抗に比べると数値のバリエーションが少ないので、まずコンデンサの値を決めた後、抵抗の値を決定する。以下の 4 つのグラフを比較した結果を図 4.18 に示す。

1. 図 4.17(a) のフィルタの特性
2. 上記の特性に対して、振幅は 2 乗、位相は 2 倍したときの特性 (点線)
3. 図 4.17(b) において $R_2 = 10 \, R_1$, $C_2 = \frac{1}{10} C_1$ に設定したときの特性
4. 図 4.17(b) において $R_1 = R_2$, $C_1 = C_2$ に設定したときの特性

　グラフを見ると、2.（点線）と 3. はほぼ重なっている。これは 3. のフィルタの特性が RC フィルタ 1 段の特性を 2 回適用したものにほぼ等しいことを示している。このことは、「2 段目のフィルタの入力インピーダンスを C_1 のインピーダンスより高くする」と、「個々のフィルタの特性を別々に計算し、それを合成することで全体の特性を導出することができる」ことを示している。4. は「2 段目のフィルタの入力インピーダンスを高くすることを怠った」場合に、特性がどうなるかを見るために計算した。

　グラフ中の 3. 4. の曲線を求めるための計算式はかなり複雑になる。本書では、導出過程や計算時に使った数式については省略する。

▶ **4.3** 抵抗分圧回路の性質

　図 4.19(a) は抵抗分圧回路である。可変抵抗のツマミの位置によって、電

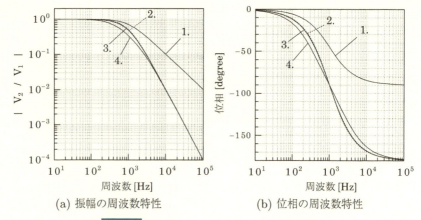

(a) 振幅の周波数特性　　(b) 位相の周波数特性

図 4.18　RC ローパスフィルタの特性比較

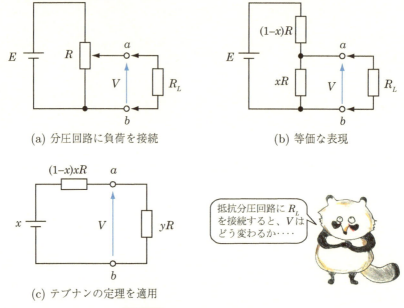

(a) 分圧回路に負荷を接続　　(b) 等価な表現

(c) テブナンの定理を適用

抵抗分圧回路に R_L を接続すると、V はどう変わるか‥‥

図 4.19　分圧回路に負荷を接続

圧 V は $0 \sim E$ まで変化する。この回路に抵抗 R_L を接続すると、電圧 V がどのように変化するかを考える。考えやすくするため $E=1$ とおき、本節では電圧の単位を省略する。

可変抵抗のツマミの位置を x で表し、$0 \sim 1$ まで変化させると考えるとき、図 4.19(b) のように考えることができる。また、$R_L = yR$ とおく。y

の値を色々な値に設定し、x を $0 \sim 1$ まで変化させたとき、V がどのように変化するかを調べる。

テブナンの定理を用いて計算式を導出する。R_L が接続されていないとき、V は分圧の式を用いて

$$V = \frac{xR}{(1-x)R + xR}E = x \qquad E = 1 \text{ とおいた}$$

である。端子 $a-b$ から左側を見たときの合成抵抗 R_0 は xR と $(1-x)R$ の並列接続なので、

$$R_0 = \frac{(1-x)R \cdot xR}{(1-x)R + xR} = (1-x)xR \tag{4.23}$$

である。ゆえに、端子 $a-b$ から左側は図 4.19(c) と等価である。$(1-x)xR$ は出力インピーダンスに相当する。横軸を x、縦軸を $(1-x)x$ としてグラフを描くと図 4.20 となる。出力インピーダンスは $x = 0.5$ のとき(抵抗のツマミが中央にある)に最大になり、$0.25R$ となる。

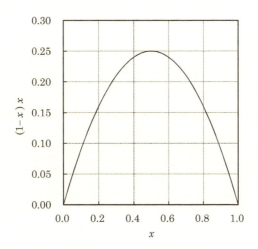

図 4.20　$(1-x)x$ のグラフ

電圧 V は電源電圧 x を $(1-x)xR$ と yR で分圧したときに yR にかかる電圧なので、

$$V = \frac{yR}{(1-x)xR + yR} \cdot x = \frac{xy}{(1-x)x + y} \tag{4.24}$$

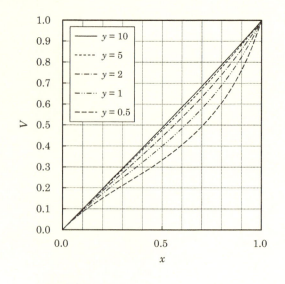

yが大きくなるほど (R_L が大きいほど) 直線との差は小さい

図 4.21　負荷を接続したときの電圧 V

となる。$y = 10, 5, 2, 1, 0.5$ の場合について、横軸を x, 縦軸を V として描いたグラフが図 4.21 である。y が小さくなるほど直線 $V = x$（$R_L = \infty$ のとき）から離れる。このことは、負荷 R_L が小さくなるほど、可変抵抗のツマミの位置と電圧 V が比例しないことを意味する。

(4.24) と $V = x$ の差をローディングエラー (loading error: 負荷誤差) と言い、次式で表す。

$$\Delta = x - \frac{xy}{(1-x)x+y} = \frac{x^2(1-x)}{(1-x)x+y} \quad (4.25)$$

$y = 10, 5, 2, 1, 0.5$ の場合について、Δ の最大値を表 4.3 に示す。ただし、Δ は 100 倍して % で表した。Δ が最大値をとるときの x の値は、y が十分に大きいとき 2/3 である。y が小さくなるにつれて、最大値をとるときの x の値は若干大きくなるが、おおむね 2/3 に近い値である。

▶ 4.4　過渡現象

電気回路にスイッチを入れたとき、定常状態に落ちつくまでに過渡的な状態[5]を経由することが多い。このときに起こる現象を**過渡現象**と呼ぶ。過渡

---

[5] 素子（抵抗、コイル、コンデンサ）の値によって異なるが、通常は 数 μs〜数 10 秒である。

表 4.3　(4.25) の最大値

y	$\max(\Delta)$	そのときの x
10	1.4%	0.67
5	2.8%	0.67
2	6.7%	0.68
1	12.2%	0.69
0.5	20.7%	0.71

現象は直流でも交流でも起こりうる。ここでは、直流の過渡現象について述べる。

RC 充電回路

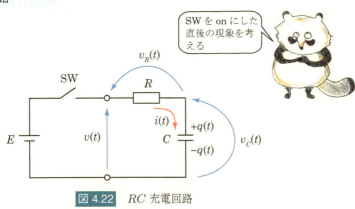

図 4.22　*RC* 充電回路

図 4.22 は *RC* 直列回路に直流電源を接続したケースである。初期状態でコンデンサに電荷はたまっていないことを仮定する。$t=0$ でスイッチを on にすると、v, i, v_R, v_C がどのように変化するか考える。本節で扱う小文字の変数は時間の関数である。

もし $R=0$ ならスイッチ on と共に非常に大きな電流（理論的には無限大）が流れ、コンデンサには $q=CE$ の電荷が瞬時に蓄えられて $v_C=E$ となり、直後に電流は 0 になる。しかし $R\neq 0$ のときは、電流は $i=\frac{E}{R}$ 以下に制限されるので、コンデンサが瞬時に満充電されることはない。v, v_R, v_C は図 4.23 のような形になる。v_C, v_R が一定値に落ちつくまでの現象（点線の角丸長方形で囲んだ部分）を**過渡現象**という。$i(t)=\frac{v_R(t)}{R}$ なので、$i(t)$ と $v_R(t)$ は同じ形になる。

まず、定性的に説明する。電流が流れてコンデンサに電荷 q がたまると、

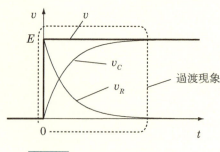

図 4.23 直流の過渡現象のグラフ

$v_C = \frac{q}{C}$ となり v_C は上昇する。その結果、電流は $i = \frac{E-v_C}{R}$ となり減少し、充電のスピードは落ちる。電圧 v_C が上昇するにつれて充電のスピードが落ちるので、v_C の上昇は次第にゆるやかになる。最終的に $v_C = E$ となり、コンデンサが満充電されて電流 i は 0 となり、変化が止まる。

一般に「コンデンサは直流を通さない」と言われる。最終的な状態（定常状態）では $i = 0$ となるが、そこに至るまでの過程では電流が流れる。

次に数式を導出する。コンデンサを含む回路を解析する微分方程式をたてるとき、コンデンサにかかる電圧を未知数とすると、方程式の導出が楽である。2.2.3 節 (p.88) で学習したコンデンサにおける電流と電圧の関係を利用すると、電流 $i(t)$ は以下のように得られる。

$$
\begin{aligned}
i(t) &= \frac{dq(t)}{dt} \quad \text{コンデンサにおける電流の定義} \\
&= C\frac{dv_C(t)}{dt} \quad q(t) = Cv_C(t) \text{ を利用}
\end{aligned} \quad (4.26)
$$

抵抗にかかる電圧 $v_R(t)$ はオームの法則より

$$v_R(t) = R\, i(t) \quad (4.27)$$

である。

$$v_C(t) + v_R(t) = v(t)$$

の $v_R(t)$ を (4.27) で表し、$i(t)$ を (4.26) で表すと、以下の式が得られる。

$$v_C(t) + RC\frac{dv_C(t)}{dt} = \begin{cases} 0 & (t < 0) \\ E & (t \geq 0) \end{cases} \quad (4.28)$$

以下、(t) は省略する。$t \geq 0$ において成立する微分方程式

$$RC\frac{dv_C}{dt} + v_C = E \tag{4.29}$$

について考える。(4.29) は非同次（非斉次）の定数係数の 1 階線形微分方程式である [6]。E は外力として加えられる項を意味する。

(4.29) のタイプの微分方程式は以下の手順で解く。手順 1. と 2. は独立なので、順序は逆でもよい。

1. **定常解**を求める。
2. **過渡解**を求める。過渡解とは $RC\dfrac{dv_C}{dt} + v_C = 0$ の解である。解は 1 個の任意定数を含む形で得られる。この段階では任意定数の値は決まらない。
3. 最終的な解は、定常解と過渡解を足し合わせたものである。初期条件を利用して過渡解に含まれる任意定数の値を確定させる。

手順 1

定常解 (stationary solution) を求める。定常解とは最終的に落ちつく状態を表す解である。微分方程式が 1 階であるとき、外力 E が定数なら定常解も定数となる。すなわち、$t \to \infty$ において v_C は一定値となる。(4.29) において $\dfrac{dv_C}{dt} = 0$ とおくと、定常解

$$v_C = E \tag{4.30}$$

が得られる。

手順 2

過渡解 (transient solution) を求める。(4.29) は定数係数の微分方程式である。解の公式によると、1 階の定数係数の同次微分方程式

$$a\frac{dv}{dt} + v = 0 \tag{4.31}$$

の一般解は

---

[6] 右辺（v_C を含まない項）が 0 のとき同次方程式（あるいは斉次方程式）と言い、0 でないとき非同次方程式（あるいは非斉次方程式）と言う。微分方程式に含まれる項の中で、微分の回数が最も多い項の微分回数を、その微分方程式の階数 (order) という。

$$v = Ae^{\lambda t} \qquad (A \text{ は任意定数}) \tag{4.32}$$

という形になる。(4.32) を (4.31) に代入すると

$$Ae^{\lambda t}(\underaccent{\sim}{a\lambda + 1}) = 0 \tag{4.33}$$

が得られる。(4.33) が成立するには $\underaccent{\sim}{}$ の部分が 0 になればよいので、

$$\lambda = -\frac{1}{a}$$

である。ゆえに (4.31) の一般解は

$$v = Ae^{-\frac{1}{a}t} \qquad (A \text{ は任意定数})$$

である。この公式を適用すると、$RC\dfrac{dv_C}{dt} + v_C = 0$ を解いて得られる過渡解は

$$v_C(t) = Ae^{-\frac{1}{RC}t} \tag{4.34}$$

である。指数関数を e^t の形式で表記すると、引数の部分 (t の部分) が複雑な式のときに見づらくなるので、$\exp(t)$ と表記することもある。また e は電圧と混同する恐れがあるので、e^t の代わりに ε^t と表記する本もある。

手順 3

微分方程式 (4.29) の解は定常解と過渡解の和であり、以下のように表される。

$$v_C(t) = E + Ae^{-\frac{1}{RC}t} \tag{4.35}$$

過渡解に含まれる任意定数 A の値を初期条件を用いて確定させる。この問題の初期条件は $t = 0$ のとき $v_C = 0$ (コンデンサに電荷はたまっていない) であった。(4.35) の t に 0 を代入すると、

$$v_C(0) = E + A = 0$$

となり、$A = -E$ である。ゆえに、(4.29) の最終的な解は

$$v_C(t) = E\left(1 - e^{-\frac{1}{RC}t}\right) \tag{4.36}$$

となる。$v_R(t)$ は

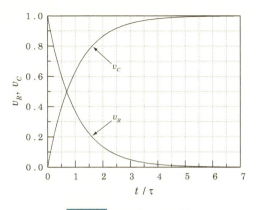

図 4.24　v_C と v_R のグラフ

$$\begin{aligned} v_R(t) &= E - v_C(t) \\ &= Ee^{-\frac{1}{RC}t} \end{aligned} \quad (4.37)$$

となる。$E=1$ としたときの v_C と v_R のグラフを図 4.24 に示す。

ここで横軸として t/τ を採用している。τ は

$$\tau = RC \quad (4.38)$$

であり**時定数**[7] と呼ばれる量である。時定数は過渡現象が継続する時間の目安となる。

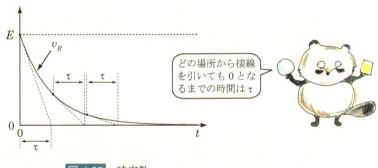

図 4.25　時定数

時定数の意味を図 4.25 を用いて説明する。数式がより簡単な形である v_R

---

[7] 「じていすう」あるいは「ときていすう」と読む。

を使って説明する[8]。v_R は

$$v_R(t) = E\,e^{-\frac{t}{\tau}} \tag{4.39}$$

である。図 4.25 に示すように、任意の時刻 t_0 において接線を伸ばし、最終値（v_R の場合は 0）になるまでの時間を考える。すると、時刻 t_0 がいつであっても一定値 τ になる。

このことを確認する。v_R の傾きは (4.39) を微分して、

$$v_R'(t) = \left(E\,e^{-\frac{t}{\tau}} \right)' = -\frac{1}{\tau} E\,e^{-\frac{t}{\tau}} \tag{4.40}$$

である。$t = t_0$ における傾きは $-\dfrac{1}{\tau}Ee^{-\frac{t_0}{\tau}}$ である。直線の方程式の理論によると、(t_0, v_0) を通り、傾き a の直線は

$$v - v_0 = a(t - t_0)$$

で表されるので、これにあてはめると時刻 $t = t_0$ における接線の方程式は

$$v - Ee^{-\frac{t_0}{\tau}} = -\frac{1}{\tau}Ee^{-\frac{t_0}{\tau}}(t - t_0)$$

となる。$v = 0$ となるときの t の値を求めると、

$$\cancel{Ee^{\frac{t_0}{t}}} = \cancel{\frac{1}{\tau}} \cancel{Ee^{\frac{t_0}{t}}}(t - t_0)$$

$$1 = \frac{1}{\tau}(t - t_0)$$

$$t = t_0 + \tau \tag{4.41}$$

となり、t_0 の値に依存せずに常に $t_0 + \tau$ となる。

図 4.24 における、時刻 t と v_C の値を表 4.4 に示す。$t = \tau$ で最終値の 63% になり、$t = 4\tau$ で 98%、$t = 5\tau$ で 99% に到達する。最終値の 98% に到達するまでの時間を過渡現象の継続時間と定めるなら、その時間は 4τ である。

RC 放電回路

---

[8] v_C を使っても同じ結果が得られる

表 4.4 時刻 t と v_C の値

t	v_C
τ	0.632
2τ	0.865
3τ	0.950
4τ	0.982
5τ	0.993
6τ	0.998
7τ	0.999

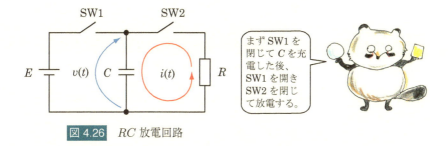

図 4.26 RC 放電回路

図 4.26 の回路について考える。まず、SW1 を閉じて C を充電した後、SW1 を開く。コンデンサは SW1 を閉じた瞬間に満充電され、$v = E$ となる。次に $t = 0$ において SW2 を閉じる。$t = 0$ 以降の $v(t)$ や $i(t)$ の変化を調べる。コンデンサにおける電圧と電流の関係より

$$i = C\frac{dv}{dt} \tag{4.42}$$

が成立する。抵抗 R におけるオームの法則より、

$$i = -\frac{v}{R} \tag{4.43}$$

が成立する（電流の向きを考慮して、マイナスが付いていることに注意）。(4.42) と (4.43) の i を等しいとおくと

$$v + RC\frac{dv}{dt} = 0 \tag{4.44}$$

が得られる。定常解は

$$v = 0$$

過渡解は
$$v = Ae^{-\frac{1}{RC}t} \tag{4.45}$$

である。解はその和であるから (4.45) に等しい。係数 A を初期条件から求める。$t = 0$ のとき $v = E$ だから、$A = E$ となり、最終的に

$$v = Ee^{-\frac{1}{RC}t}$$

が得られる。

パルスの平滑化

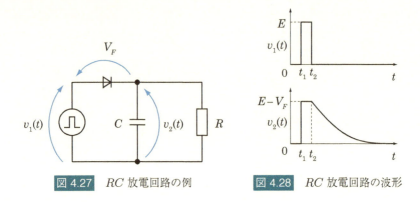

図 4.27　RC 放電回路の例　　　図 4.28　RC 放電回路の波形

　本節で説明した RC 放電回路の知識を適用する例を示す。図 4.27 は AM ラジオの検波回路や半波整流回路[9]で現れるパターンである。図中の ⎍ はパルス状の電圧を発生させる電圧源を示す。$v_1(t)$ として図 4.28 のような波形を与えると、v_2 は同図中に示すような波形となる。V_F はダイオードの順方向電圧[10]であり、ダイオードに電流が流れるとき、常に電圧降下 V_F が発生する。

　v_1 が E になった瞬間に大きな電流が流れ、コンデンサが満充電される。時刻 t_2 以降は常に $v_1 = 0 < v_2$ であり、ダイオードに逆方向電圧がかかる

---

[9] この回路はダイオードを含む。ダイオードを用いた半波整流回路は 6.4.1 項 (p.267) で学習する。本回路はダイオードの学習をした後、改めて読み返した方が良いかもしれない。

[10] 6.1 節 (p.262) で学習する。ゲルマニウムダイオードやショットキーバリアダイオードの場合 $0.2\,\mathrm{V} \sim 0.4\,\mathrm{V}$、シリコンダイオードの場合 $0.6\,\mathrm{V} \sim 0.8\,\mathrm{V}$ である。

ので、ダイオードより左側の回路は無視してよい[11]。

時刻 t_2 以降はコンデンサに蓄えられた電荷が R を通って放電する。$v_2(t)$ は同図中に示すように、指数関数的に減衰し、時定数は RC である。

RL 回路

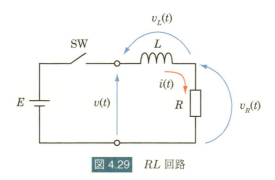

図 4.29　RL 回路

図 4.29 において $t = 0$ でスイッチを入れたときの現象を考える。もし $L = 0$ なら電流 i は瞬時に 0 から $\dfrac{E}{R}$ に変化する。$L \neq 0$ のとき、電流が変化すると L の両端に $v_L = L\dfrac{di}{dt}$ の電圧が発生するので、i は瞬時に $\dfrac{E}{R}$ まで増加することができない（もし i が瞬時に $\dfrac{E}{R}$ になるなら「傾き無限大 → v_L 無限大」となり、そのようなことは起こらない）。i は徐々に増加してゆき最終的に $\dfrac{E}{R}$ に到達する。この現象を数式に基づいて考える。

L を含む回路の微分方程式をたてるとき、電流 i を未知数とすると式の導出が楽である。

コイルにおいては
$$v_L = L\frac{di}{dt} \tag{4.46}$$
が成立する。オームの法則より
$$v_R = Ri \tag{4.47}$$
である。
$$v_R + v_L = v$$

---

[11] ダイオードに逆方向電圧がかかるとき、ダイオードは抵抗値無限大とみなせる。このことは 6.1 節で学習する。

に (4.46)(4.47) を代入し、$t \geq 0$ のとき $v = E$ より

$$L\frac{di}{dt} + Ri = E$$

$$\frac{L}{R}\frac{di}{dt} + i = \frac{E}{R} \quad \text{両辺を } R \text{ で割る。} \tag{4.48}$$

が得られる。(4.48) の定常解は $\frac{di}{dt} = 0$ とおくと、

$$i = \frac{E}{R} \tag{4.49}$$

である。過渡解は、(4.29)(p.187) の過渡解が (4.34) であることから類推して、

$$i = Ae^{-\frac{R}{L}t} \quad (A \text{ は任意定数}) \tag{4.50}$$

である。(4.48) の解は定常解 (4.49) と過渡解 (4.50) の和であるから

$$i = \frac{E}{R} + Ae^{-\frac{R}{L}t} \tag{4.51}$$

である。初期条件は $t = 0$ において $i = 0$ なので、これを (4.51) に適用すると

$$A = -\frac{E}{R}$$

が得られる。最終的な解は

$$i = \frac{E}{R}\left(1 - e^{-\frac{R}{L}t}\right) \tag{4.52}$$

となる。v_R と v_L はそれぞれ以下のように求まる。

$$v_R = iR = E\left(1 - e^{-\frac{R}{L}t}\right) \tag{4.53}$$

$$v_L = E - v_R = Ee^{-\frac{R}{L}t} \tag{4.54}$$

ここでは v_L を $E - v_R$ で求めたが (4.46) を用いてもよい。v_R と v_L のグラフは、それぞれ図 4.24(p.189) の v_C と v_R と同一の形状となる。ただし、時定数 τ は $\frac{L}{R}$ である。

交流電源の場合

本書では省略するが、電源が正弦波の場合、すなわち交流回路の過渡現象も

同様の手順で解くことができる。定常解は複素記号法を使って求め、2.10 節 (p.112) の方法を用いて時間関数に直す。過渡解は直流の場合と同一である。

$t = 0$ でスイッチを入れる場合、過渡解の振幅は以下の条件を用いて決める。RC 直列回路の場合、$t = 0$ においてコンデンサの両端電圧は 0（コンデンサに電荷は貯まっていない）という条件を用いる。RL 直列回路の場合、$t = 0$ においてコイルに流れる電流は 0 という条件を用いる。結果として、$t = 0$ において定常解がとる値にマイナスを付けた値が過渡解の振幅係数となる。

交流回路の場合、スイッチを入れるタイミングが変わると過渡解の振幅も変わる。タイミングによっては、過渡解の振幅が 0 になることもある。

4.5　直流成分の付加と除去

4.5.1　電圧シフトの必要性

音声信号は交流電圧（プラスマイナスの値をとり、平均すると 0 になる）で表される。音声を増幅する場合、図 4.30 のように交流電圧に直流成分を付加してから取り扱うことがある。また、直流成分を除去する操作が必要となる場合も多い。

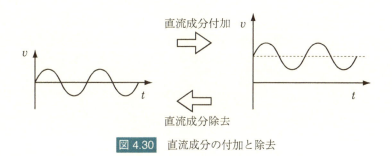

図 4.30　直流成分の付加と除去

本節では「交流電圧に直流成分を付加する回路」と「直流と交流が重畳された電圧波形から交流成分のみを取り出す回路」について学ぶ。

4.5.2　直流成分を加える回路

本項では直流電圧 E_{DC} が与えられたとき、入力交流電圧を「E_{DC} シフトさせる方法」と、「$\frac{E_{DC}}{2}$ シフトさせる方法」について述べる。

E_{DC} シフトさせる

図 4.31(a) の回路を使えばよい。この回路は端子 input に交流電圧 E_{AC}（振幅を表す複素電圧）を加えると、端子 output に交流電圧 E_{AC} と直流電圧 E_{DC} が加算された電圧が生じる。

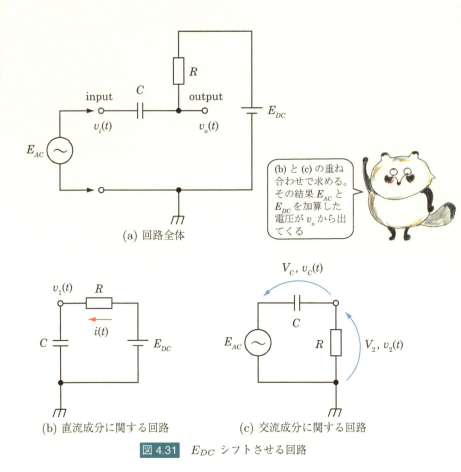

図 4.31 E_{DC} シフトさせる回路

端子 output に生じる電圧 $v_o(t)$ は重ね合わせの理を用いることで得られる。「直流電源 E_{DC} に関する回路である図 4.31(b) における電圧 $v_1(t)$」と「交流電圧 E_{AC} に関する回路である図 4.31(c) における電圧 $v_2(t)$」を個別に求め、その結果を足せばよい。

まず図 4.31(b) について考える。初期状態 $t = 0$ においてコンデンサには電荷が貯まっておらず、$v_1(0) = 0$ であることを仮定する。この回路につ

いては p.185 の RC 充電回路のところで既に学習した。過渡現象がおこり、
(4.36) (p.188) を参考にすると、

$$v_1(t) = E_{DC} \left(1 - e^{-\frac{1}{RC}t}\right)$$

となる。過渡現象が継続する時間の目安となる時定数は RC である。最終的
にはコンデンサは満充電され、定常状態 $(t \to \infty)$ において

$$v_1 = E_{DC} \tag{4.55}$$

$$i = 0$$

となる。

次に図 4.31(c) について考える。$v_2(t)$ を求めるために、まず複素電圧 V_2
を求める。分圧の式より

$$V_2 = \frac{R}{\dfrac{1}{j\omega C} + R} E_{AC} \tag{4.56}$$

である。

$$\frac{1}{j\omega C} + R \simeq R \tag{4.57}$$

となるように C と R を設定すると、

$$V_2 \simeq E_{AC} \tag{4.58}$$

$$V_C \simeq 0 \tag{4.59}$$

となる。(4.57) が成立する条件については次の項目で考察する。$V_C \simeq 0$ な
ので、交流に関する過渡現象は無視できる [12]。ゆえに、

$$v_2(t) = \mathrm{Re}\Big\{E_{AC}\, e^{j\omega t}\Big\} \tag{4.60}$$

である。(4.55)(4.60) より、過渡現象が終わった後の $v_o(t)$ は

$$v_o(t) = E_{DC} + \mathrm{Re}\Big\{E_{AC}\, e^{j\omega t}\Big\} \tag{4.61}$$

となり、入力交流電圧 E_{AC} に直流成分 E_{DC} を加えた値となる。

---

[12] コンデンサにかかる電圧について考える。$v_C(t)$ は定常解と過渡解の和であるから
$v_C(t) = \mathrm{Re}\{V_C\, e^{j\omega t}\} + A e^{-\frac{t}{RC}}$ である。係数 A は「$t = 0$ のとき $v_C = 0$」
を用いて決める。$V_C \simeq 0$ だから $A \simeq 0$ である。交流に関する過渡項は無視できるほど
小さい。

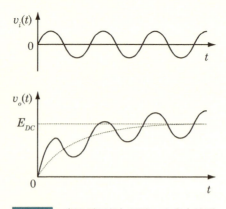

図 4.32 直流電圧付加回路の入出力波形

例として、入力 $v_i(t)$ が sin 関数で表されるとき（$t=0$ のとき $v_i=0$）、$v_o(t)$ の波形は図 4.32 のようになる。

ハイパスフィルタに関する考察 [13]

(4.57) が成立する条件について検討する。図 4.31(c) は 4.1.3 項 (p.172) で学習した RC ハイパスフィルタである。(4.57) が成立するには、RC ハイパスフィルタのカットオフ周波数が E_{AC} の周波数よりある程度低いことが必要である。(4.12)(p.174) で学習したように、カットオフ角周波数 ω_0 は次式で与えられる。

$$\omega_0 = \frac{1}{RC} \quad (4.62)$$

カットオフ角周波数をどのくらい低くすればよいかを検討する。図 4.31(c) の回路のベクトル図を描くと図 4.33(a) となる。

$$V_2 : V_C = R : \frac{1}{j\omega C} \quad (4.63)$$

である。カットオフ角周波数 ω_0 では $|V_2| : |V_C| = R : \frac{1}{\omega_0 C} = 1 : 1$ である。角周波数が $n\omega_0$ のとき、$|V_2| : |V_C| = R : \frac{1}{n\omega_0 C} = n : 1$ であるから、図 4.33(b) より、

$$|V_2| : |V_C| : |E_{AC}| = n : 1 : \sqrt{n^2+1} \quad (4.64)$$

---

[13] 本項の内容は大阪市立大学の白藤立先生がネットで公開されている教科書（「電気回路学 基礎 白藤立」で検索すると見つかる）から教えてもらった。参考文献として以下の書籍が挙げられている。Albert Malvino and David Bates: Electronic Principles 8th Ed. (McGraw-Hill Education, New York, NY, 2016) pp.282–286.

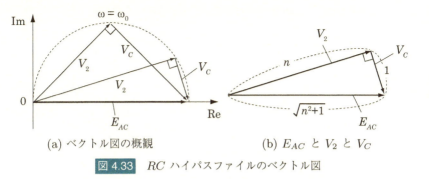

(a) ベクトル図の概観　　(b) E_{AC} と V_2 と V_C

図 4.33　RC ハイパスファイルのベクトル図

である。入力 E_{AC} と出力 V_2 の振幅比 $\frac{|V_2|}{|E_{AC}|}$ と電力比 $\frac{|V_2|^2}{|E_{AC}|^2}$ を表 4.5 に示す。

表 4.5　周波数と出力

E_{AC} の角周波数	$\frac{|V_2|}{|E_{AC}|}$	$\frac{|V_2|^2}{|E_{AC}|^2}$
ω_0	0.707	0.500
$2\,\omega_0$	0.894	0.800
$3\,\omega_0$	0.949	0.900
$4\,\omega_0$	0.970	0.941
$5\,\omega_0$	0.707	0.962
$7\,\omega_0$	0.990	0.980
$10\,\omega_0$	0.995	0.990

表より、入力交流電圧 E_{AC} の角周波数が $10\omega_0$ のとき、出力の振幅は入力の 99.5%、エネルギーは入力の 99% であり、(4.57) は十分成立するとみなせる [14]。

カットオフ周波数と時定数

(4.62) を見ると、f_0 を小さくするには RC を大きくする必要がある。一方で、定常状態に落ちつくまでの時間である時定数も RC である。時定数は電源を入れてから使用可能になるまでの時間、あるいはボリュームの場合、回

---

[14] この回路はオーディオアンプの入力部などで現れる。人間の可聴周波数は 20Hz ～ 20kHz である。一番低い 20Hz の信号を減衰させることなく通したい。人間の耳が感じるのはエネルギーだから、電力比に着目する。表 4.5 より、カットオフ周波数の 10 倍の周波数なら、99% が通過する。すなわち、カットオフ周波数を 2Hz に設定すると、20Hz の音は 99% が通過する。

したときにその変化に追従するまでの時間に関係する。これが秒のオーダー
まで大きくなるのは問題である。RC の値はこのトレードオフ [15] を考慮し
て決める [16]。

$\frac{E_{DC}}{2}$ シフトさせる

図 4.34(a) の回路を使えばよい。出力 $v_o(t)$ は、交流入力 $v_i(t)$ に直流電
圧 $\frac{E_{DC}}{2}$ を加えたものになる。

$v_o(t)$ を求めるには、正攻法としては、直流電源に関する図 4.34(b) の $v_1(t)$
と交流信号源に関する図 4.34(c) の $v_2(t)$ を個別に求め、足し合わせればよ
い。しかし、テブナンの定理を使うと、より楽に解析できる。図 4.34(a) の
点線で囲まれた部分を、図 4.19(b) → (c) (p.182) と同様のパターンでテブ
ナンの定理を適用すると、図 4.34(d) となる。結局、図 4.31(a) (p.196) と
同じパターンに帰着する。

$$\frac{1}{j\omega C} + \frac{R}{2} \simeq \frac{R}{2}$$

と近似できるなら、(4.61)(p.197) に対して、$E_{DC} \leftarrow \frac{E_{DC}}{2}$, $R \leftarrow \frac{R}{2}$ とい
う置換を行い、

$$v_o(t) = \frac{E_{DC}}{2}\left(1 - e^{-\frac{2}{RC}t}\right) + \mathrm{Re}\left\{E_{AC}\,e^{j\omega t}\right\} \qquad (4.65)$$

が得られる。

4.5.3　直流成分を遮断する回路

図 4.35(a) は直流と交流が重畳された電圧波形から、直流成分を遮断し、
交流成分のみを出力する回路である。端子 output から出力される電圧 v_o
は、図 4.35(b) の直流成分に関する回路の出力 v_1 と図 4.35(c) の交流成分
に関する回路の出力 v_2 を重ね合わせればよい。

まず、図 4.35(b) の直流成分について考える。この回路は過渡現象の 4.4
節 (p.184) で学習した RC 充電回路である。$v_1(t)$ は以下のようになる。

---

[15] 二律背反の経済的関係のことを言う。カットオフ周波数は小さい方が望ましく、過渡状
態は短い方が望ましい。しかし、この 2 つは両立せず、どちらかを良くすると、もう片
方は悪くなる。

[16] RC ローパスフィルタの 2 段重ねのところでも述べたように、ある RC の値を実現する
R と C の組み合わせは無数にある。「R の値が大きすぎると電流が少なくなるためノイ
ズに弱くなる」と「C の値が大きすぎると部品サイズが大きくなりコストもかかる」を
考慮して適切な値を選択する。これもトレードオフの関係である。

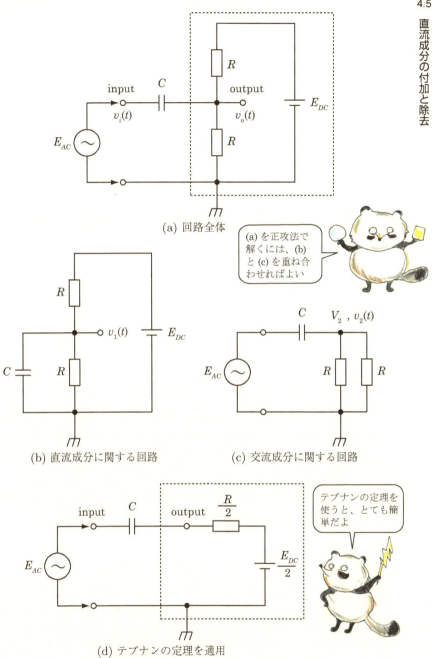

(a) 回路全体

(b) 直流成分に関する回路

(c) 交流成分に関する回路

(d) テブナンの定理を適用

図 4.34　$\frac{E_{DC}}{2}$ シフトさせる回路

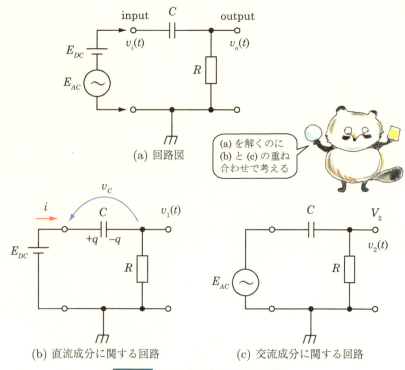

(a) 回路図

(b) 直流成分に関する回路　　(c) 交流成分に関する回路

図 4.35　直流成分を遮断する回路

$$v_1 = E_{DC}\, e^{-\frac{1}{RC}t}$$

時定数は RC である。過渡現象が終了すると、コンデンサは満充電され、

$$\begin{align} v_c &= E_{DC} \\ v_1 &= 0 \\ i &= 0 \end{align} \tag{4.66}$$

となる。

次に、図 4.35(c) の交流成分について考える。この回路は 4.1 節 (p.164) で学習した RC ハイパスフィルタである。複素記号法を用いて考える[17]。複素電圧 V_2 は分圧の式を用いると、

---

[17] (4.68) よりコンデンサにかかる交流電圧は小さい。この場合、交流に関する過渡現象の項は小さくなるため、無視できる。(4.60) 付近の脚注に説明がある。

$$V_2 = \frac{R}{R + \frac{1}{j\omega C}} E_{AC} \tag{4.67}$$

である。

$$R + \frac{1}{j\omega C} \simeq R \tag{4.68}$$

となるように C と R の値を設定する。(4.68) の近似が成立する目安については、p.198 で説明した。(4.68) が成立するなら、

$$V_2 \simeq E_{AC} \tag{4.69}$$

となる。このハイパスフィルタのカットオフ周波数 f_0 は

$$f_0 = \frac{1}{2\pi RC} \tag{4.70}$$

である。(4.66)(4.69) よりこの回路は入力電圧の直流成分をカットする働きを持つ。例えば、電圧波形は図 4.36 のような感じになる。

直流を遮断する回路の定性的な説明は以下のようになる。図 4.35(b) の回路においては、最終的にコンデンサに $q = CE_{DC}$ の電荷がたまり、コンデンサの両端に E_{DC} の電圧が発生する。これが直流成分を打ち消す働きをする（直流成分を吸収すると考えてもよい）。交流成分は (4.69) に示すようにそのまま通過する。

過渡現象が継続する時間の目安となる時定数は RC である。過渡現象が終わってから「直流をカットする」という状態になるので、過渡現象はできるだけ短い方が良い。それには RC が小さい方が良い。

この条件は「RC ハイパスフィルタのカットオフ周波数をできるだけ小さくしたい」という条件と相反するので、RC の値はこのトレードオフを考慮して決める。

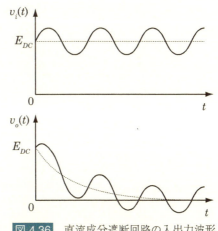

図 4.36 直流成分遮断回路の入出力波形

直流成分を遮断する回路の注意点

図 4.35(a) (p.202) の output 端子は次段の回路に接続される。次段の回路の入力インピーダンスが Z のとき、図 4.37 のようになる。

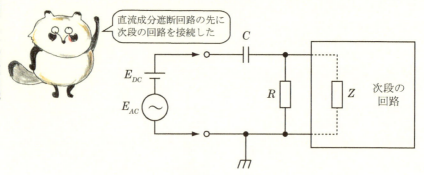

図 4.37　次段の回路を考慮した場合

$|Z| \gg R$ のときは前項の理論がそのまま適用されるが、そうでないときは「Z と R の並列接続のインピーダンス」と「$\frac{1}{j\omega C}$」で E_{AC} を分圧することになる。

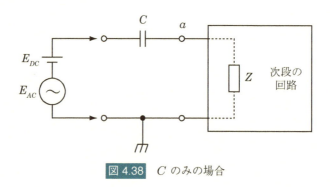

図 4.38　C のみの場合

また、一般に「コンデンサは交流を通し、直流を通さないので、直流を遮断するにはコンデンサを挿入すればよい」と言われる。しかし、挿入したコンデンサを充電するためには電流が流れる必要があり、その経路を確保することを忘れてはならない。図 4.38 のように、次段の回路経由で充電する場合、$Z = \infty$ のとき、C に直流電圧 E_{DC} を打ち消すための電荷がたまらないの

で、直流を遮断することができない[18]。

> **コラム　謎の現象？**
>
> 筆者は次のような奇妙な現象に悩まされたことがある。
>
> 　直流を遮断するために、コンデンサを挿入したが、充電電流のことを考慮しなかった。その結果、図 4.38 のような回路を作った。このときの次段の回路の入力インピーダンス Z は非常に高かった。オシロスコープのプローブを a 点に接続して波形を観測すると、直流を遮断した波形が得られた。ところが、プローブを外すと回路がうまく動かない。
>
> 　その理由は、波形を観測したときは、オシロスコープのプローブを通して C が充電されたからである。オシロスコープの入力インピーダンスは 1:1 プローブのとき 1 MΩ、10:1 プローブのとき 10 MΩ である。大きな値ではあるが、無限大ではない。オシロスコープのプローブを a 点に接触させることは、a 点とアースの間に 1 MΩ（あるいは 10 MΩ）の抵抗を入れることを意味する。コンデンサの容量によっては充電完了まで非常に長い時間がかかるが、このときは、コンデンサが充電された。
>
> 　プローブを外すと、充電電流を流す経路がなくなるため、コンデンサに電荷がたまらず、直流を遮断することができなくなった。

4.6　変圧器（トランス：Transformer）

4.6.1　変圧器で成立する式

　変圧器は図 4.39(a) のように 1 つの鉄心に 2 つのコイルを巻いたものである。交流電圧を変換する働きを持つ。エネルギーを供給する側を 1 次側、エネルギーを消費する側を 2 次側と呼ぶ。回路記号を同図 (b) に示す。

　変圧器は交流回路で用いられる。図 4.39(a) の変圧器の 1 次側に交流電圧 V_1 をかける。V_1 は「実効値を表す複素電圧」「振幅を表す複素電圧」「電圧の実効値（実数）」「電圧の振幅（実数）」のどれを表しているとみなしても、本項の理論は成立する。V_2, I_1, I_2 も同様である。

　1 次側の巻数を N_1、2 次側の巻数を N_2 とするとき、電圧 V_1, V_2 と電流 I_1, I_2 の間には以下の関係が成立する。

$$V_1 : V_2 = N_1 : N_2 \tag{4.71}$$

$$I_1 : I_2 = N_2 : N_1 \tag{4.72}$$

---

[18] 図 4.35(a) の回路において、R は次段の回路の入力インピーダンスを表し、$R = \infty$ のとき過渡現象が永遠に終わらないと考えてもよい。

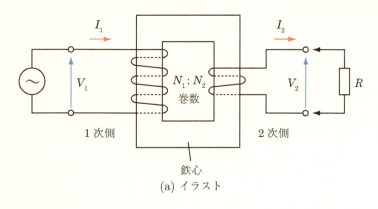

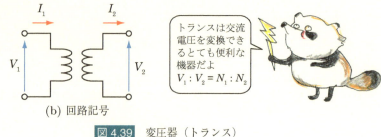

図 4.39 変圧器（トランス）

電圧は巻数に比例し、電流は巻数に反比例する。

$$\frac{N_1}{N_2} \tag{4.73}$$

を巻数比 (turn ratio) と呼ぶ。変圧器は交流電圧を昇圧したり、降圧したりするのに用いられる。(4.71)(4.72) の関係は交流電圧の周波数に関係せず、常に成立する。(4.71)(4.72) より

$$V_1 I_1 = V_2 I_2 \tag{4.74}$$

である。1 次側から供給する電力と、2 次側で消費する電力は同一であり、エネルギーの保存則が成立する[19]。

---

[19] (4.71)(4.72) より、V_1 と V_2 の位相は同一であり、I_1 と I_2 の位相も同一である。電圧の電流の位相差は、1 次側と 2 次側で同一であり、力率 (p.148) も同じである。

V_1, V_2 が複素電圧を表すときについて考える。電力は $V_1^* I_1$ のように、電圧か電流のどちらかは複素共役をとる必要がある。しかし、複素電圧の偏角を 0 に設定したと考えれば、(4.74) は 1 次側と 2 次側の電力が等しいことを表す。

V_1, V_2 が実数のときについて考える。$V_1 I_1$ は皮相電力を表すので、(4.74) は 1 次側と 2 次側の皮相電力が等しいことを表す。皮相電力に力率をかけると電力になる。上で述べたように、1 次側と 2 次側の力率は同一であるから、1 次側と 2 次側の電力も等しい。

図 4.40(a) のように、2 次側に抵抗 R を接続すると、オームの法則より

$$\frac{V_2}{I_2} = R \tag{4.75}$$

である。(4.71)(4.72) より

$$V_2 = \frac{N_2}{N_1} V_1 \tag{4.76}$$

$$I_2 = \frac{N_1}{N_2} I_1 \tag{4.77}$$

なので、(4.76)(4.77) を (4.75) に代入すると、次式が得られる。

$$\frac{V_1}{I_1} = \left(\frac{N_1}{N_2}\right)^2 R \tag{4.78}$$

2 次側に抵抗 R を接続すると、変圧器の効果により、1 次側から見たときの抵抗値は $\left(\dfrac{N_1}{N_2}\right)^2$ 倍になる。ここでは抵抗 R を接続した場合を示したが、インピーダンス Z を接続した場合も同様である。R を Z に置き換えればよい。変圧器を使うことでインピーダンス変換を行うことができる。この原理は、スピーカーを駆動する回路などで用いられる。

4.6.2 数式の導出

(4.71)(4.72) のような関係が得られる理由を説明する。図 4.40 において $v_1(t)$, $i_0(t)$, $\Phi_0(t)$ などは全て時間の関数である。以下 (t) は省略することがある。

まず、図 4.40 のように、2 次側に何も接続していない状態を考える。アンペアの法則によると、電流が流れると磁束が発生する。電流 i_0 が流れることで発生する磁束を Φ_0 とすると、磁束は巻数に比例し、

$$\Phi_0(t) = AN_1 i_0(t)$$

である。N_1 は 1 次側の巻数、A は比例係数である。

レンツの法則によると、磁束が変化すると、それを妨げるように電圧が発生する。その電圧はコイルの巻数に比例し、磁束の変化の速さにも比例する。1 次側と 2 次側の磁束は共通なので

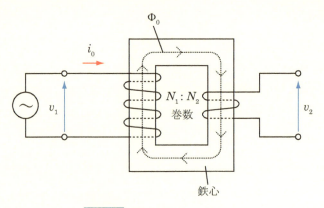

図 4.40 2 次側を開放したとき

$$v_1 = N_1 \frac{d\Phi_0}{dt} = N_1 \cdot AN_1 \frac{di_0}{dt} \tag{4.79}$$

$$v_2 = N_2 \frac{d\Phi_0}{dt} = N_2 \cdot AN_1 \frac{di_0}{dt} \tag{4.80}$$

が成立する。(4.79)(4.80) より、

$$v_1 : v_2 = N_1 : N_2 \tag{4.81}$$

が得られる。i_0 を励磁電流という。

$v_1(t)$ が正弦関数の場合の $i_0(t)$ の大きさと位相について考える。v_1 が正弦関数のとき、他の全ての物理量も正弦関数となる。$v_1(t)$ の複素電圧を V_1、$i_0(t)$ の複素電流を I_0、1 次側のコイルのインダクタンスを $L_1 = A(N_1)^2$ で表すと、(4.79) より

$$V_1 = L_1 \cdot j\omega I_0$$

$$\therefore I_0 = \frac{V_1}{j\omega L_1} = -j\frac{V_1}{\omega L_1}$$

となる。励磁電流 I_0 の位相は V_1 より 90° 遅れている。また、1 次側コイルの自己インダクタンス L_1 は非常に大きいため、理想的な変圧器では

$$I_0 \simeq 0 \tag{4.82}$$

である。

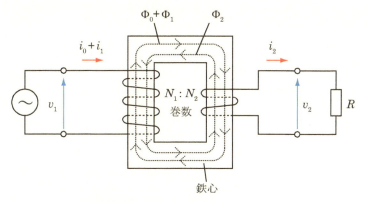

図 4.41 2 次側に抵抗を接続したとき

次に図 4.41 のように、2 次側に抵抗 R を接続した場合を考える。

1 次側の電圧 v_1 は交流電源によって規定され、不変である。ゆえに鉄心中の磁束は R を接続する前と後で同一である。鉄心中の磁束が同一であるので、v_2 も不変である。

抵抗 R を接続すると、オームの法則により電流 i_2 が流れる。その値は、

$$i_2(t) = \frac{v_2(t)}{R} \tag{4.83}$$

である。電流 i_2 によって発生する磁束を Φ_2 とする。

鉄心中の磁束は R を接続する前と後で同一でなくてはならないから、図 4.41 に示すように、i_2 によって発生した磁束 Φ_2 を打ち消すような磁束 Φ_1 が発生しなくてはならない。そのためには i_1 が流れる必要がある。以下の 3 つの式が成立する。

$$\Phi_1(t) = AN_1 i_1(t) \quad \text{i_1 によって作られる磁束} \tag{4.84}$$

$$\Phi_2(t) = AN_2 i_2(t) \quad \text{i_2 によって作られる磁束} \tag{4.85}$$

$$\Phi_1(t) = \Phi_2(t) \quad \text{等しくないといけない} \tag{4.86}$$

(4.84)(4.85)(4.86) より、i_1 と i_2 は

$$i_1 : i_2 = N_2 : N_1$$

である。このときの時間波形を図 4.42 に示す。

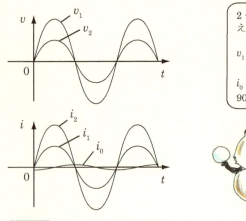

図 4.42 変圧器の電圧電流波形

ここでは抵抗 R を接続した場合を示したが、インピーダンス Z を接続した場合は、v_1, v_2, i_0 は不変であり、i_1, i_2 の大きさと位相が変化する。ただし、$\Phi_1 = \Phi_2$ が成立することが必要であるから、i_1 と i_2 の位相は同一である。

4.6.3 単巻変圧器（オートトランス）

図 4.43(a) のような変圧器を単巻変圧器と呼ぶ。1 次側と 2 次側の巻線の一部が共通になっている。回路記号を同図 (b) に示す。図 4.39 や図 4.40 の変圧器は複巻変圧器と呼ぶ。複巻変圧器の場合と同一の理論が成立するので、以下の関係が得られる。

$$v_1 : v_2 \ = \ V_1 : V_2 \ = \ N_1 : N_2$$

$$i_1 : i_2 \ = \ I_1 : I_2 \ = \ N_2 : N_1$$

スライダック[20] は AC 100 V を AC 0 V 〜 AC 130 V に変圧する装置であり、単巻変圧器の一種である。単巻変圧器は 1 次側と 2 次側が絶縁されていないことに注意する必要がある。コンセントの AC 100 V の接地側の端子を a_1 に接続した場合、b_1 と b_2 はどちらも大地に対して電位を持つので、どちらに触れても感電する。家庭のコンセントと接地側端子については図 6.11 (p.271) で説明する。

---

[20] スライダック (Slidac) は東芝の登録商標であるが、同種の製品の代名詞として用いられることが多い。

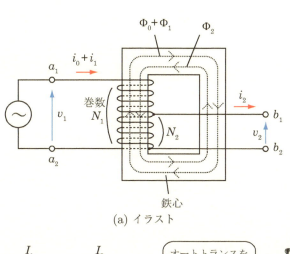

(a) イラスト

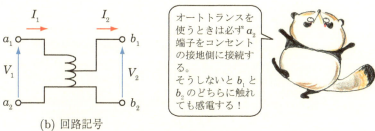

(b) 回路記号

図 4.43　単巻変圧器（オートトランス）

第5章 オペアンプ

▶ 5.1 基本特性

オペアンプ（Operational Amplifier: 演算増幅器[1]）は図 5.1(a) に示すように、三角形の記号で表される素子である。入力端子を 2 個、出力端子を 1 個持つ。増幅を行う素子であり、抵抗、コンデンサなどと組み合わせることで、信号の増幅、加算、減算、積分、微分など様々な用途に使える。オペ

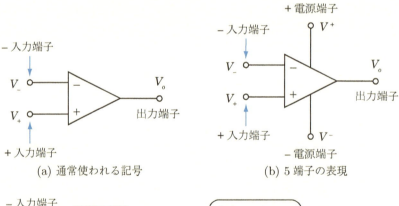

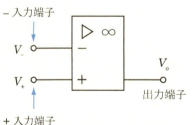

図 5.1　オペアンプの記号

アンプを含む回路は設計が容易なので、アナログ回路に不可欠な素子である。オペアンプが 2 個入った 8 pin の IC が、安価なものでは 1 個 100 円程度で購入できるので、気軽に使うことができる。

オペアンプは図 5.1(a) のように 3 端子の素子として描く場合が多い。しかし、オペアンプは増幅を行う素子なので、エネルギーを供給するための電源用端子がこれ以外に必要である。電源用に 2 個の端子が必要なので、オペアンプは最低 5 つの端子を持っている。従って図 5.1(b) のように書くこともある。現行の JIS C 0617（1999 年制定）で規定されているオペアンプの記号は図 5.1(c) であるが、現時点では旧来の記号である図 5.1(a)(b) の方がポピュラーであるため、本書では図 5.1(a)(b) を用いる。

5.1 基本特性

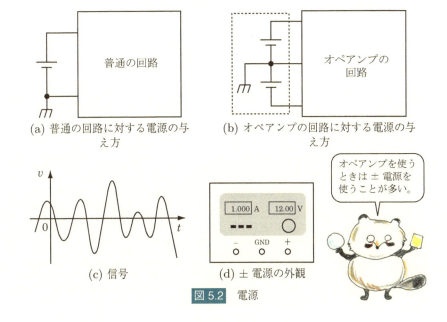

(a) 普通の回路に対する電源の与え方

(b) オペアンプの回路に対する電源の与え方

(c) 信号

(d) ± 電源の外観

図 5.2　電源

オペアンプを使うときは ± 電源を使うことが多い。

普通の回路は図 5.2(a) のように電源を接続する。これに対して、オペアンプの回路は同図 (b) のような電源構成をとるのが基本である。図 5.2(a) では回路中の電圧は全て正の値になるのに対して、図 5.2(b) では回路中の電圧は、プラスマイナス両方の値をとることができる。増幅するための入力信号

---

[1] 演算増幅器という名称がついているのは、元々オペアンプはアナログ計算機のための素子として開発されたことに由来している。今はアナログ計算機は使われなくなったが、オペアンプはアナログ回路に不可欠な素子として広く使用されている。OP アンプと表記されることも多い。

は図 5.2(c) のように、プラスマイナス両方の値をとるので、図 5.2(b) の構成の方が、分かりやすい回路が組める。図中の点線で示した部分を実現するのが ± 電源である。± 電源は 3 つの端子を持ち、図 5.2(d) のような外観を持つ。

オペアンプの回路を図 5.2(b) の構成で駆動するとき、「両電源 (2 電源) (dual supply あるいは split supply)」で駆動するという。ただし、両電源は電源部分が複雑で高価になる。そこで、オペアンプの回路を図 5.2(a) のように駆動することもある。この場合は「単電源 (片電源) (single supply)」で駆動するという。

本章では「両電源」を用いる方法から説明を始める。オペアンプを両電源で駆動するとき、図 5.2(d) に示す ± 電源の ＋ の出力端子をオペアンプの V^+ 端子に接続し、電源の − の出力端子をオペアンプの V^- 端子に接続する[2]。図 5.3 のように接続する。

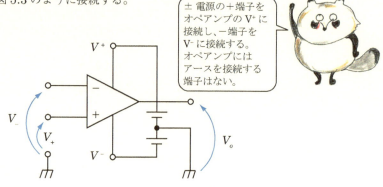

図 5.3 オペアンプを ± 電源で駆動するときの接続法

電源電圧としては、±5 V, ±12 V, ±15 V などの値を用いることが多い[3]。
オペアンプを両電源で駆動するとき、入出力関係は次式で与えられる[4]。

$$V_o = A_v(V_+ - V_-) \tag{5.1}$$

---

[2] オペアンプのデータシートでは、＋ 電源を接続する端子は V^+ と表記されることが多いが、V_{CC} あるいは V_{DD} と表記されることもある。その理由はオペアンプの内部に形成されたトランジスタのコレクタあるいは FET のドレイン端子に接続されるからである。− 電源を接続する端子は V^- と表記されることが多いが、V_{EE} あるいは V_{SS} と表記されることもある。同様に、オペアンプの内部に形成されたトランジスタのエミッタあるいは FET のソース端子に接続されるからである。

[3] オペアンプをアナログ計算機の演算素子として使用していた時代、数値を −10 V 〜 10 V の範囲の電圧で表した。この出力を得るため、電源電圧として ±15 V が用いられた。この名残として、オペアンプの電源電圧は ±15 V 程度まで保証されていることが多い。

ここで V_+ は「＋入力端子」の電圧、V_- は「−入力端子」の電圧、V_o は「出力端子」の電圧、A_v はオペアンプの増幅率である。A_v は非常に大きな値であり、通常は 10 万倍以上の値をとる。(5.1) において、V_+, V_-, V_o はプラスマイナス両方の値を取る。

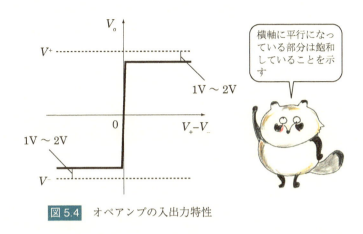

図 5.4 　オペアンプの入出力特性

オペアンプの増幅率 A_v は非常に大きいので、入力電位差 $(V_+ - V_-)$ の値が 0 から少しでも離れると、(5.1) の V_o の絶対値は非常に大きな値となる。オペアンプの出力は電源電圧 $V^- \sim V^+$ の範囲内しかとることができないので、出力は飽和する。ゆえにオペアンプの入出力特性は図 5.4 のようになる。(5.1) が成立するのは $V_+ - V_- \simeq 0$ のときであり、それ以外のとき、出力は飽和する。

オペアンプへの入力電圧として許容される範囲を「同相入力電圧範囲」という。同相入力電圧範囲の下限は V^-（−電源電圧）より $1\,\mathrm{V} \sim 2\,\mathrm{V}$ 高く、上限は V^+（＋電源電圧）より $1\,\mathrm{V} \sim 2\,\mathrm{V}$ 低いことが多い。

出力電圧の範囲は「出力電圧範囲」あるいは「最大出力電圧」と呼ばれる。通常のオペアンプでは図 5.4 のように、出力の上限は V^+ より $1\,\mathrm{V} \sim 2\,\mathrm{V}$ 低い値をとり、下限は V^- より $1\,\mathrm{V} \sim 2\,\mathrm{V}$ 高い値をとる。

オペアンプが普及しはじめた頃（1970 年代）の定番的なオペアンプであった μA741 の内部回路構成を図 5.5 に示す。トランジスタ[6] が動作する場

---

[4] V_o は (5.1) で与えられる値に瞬時に変化するのではなく、現在の V_o の値から (5.1) で与えられる値に向かってスルーレート（$1\mu\mathrm{s}$ の間に変化可能な出力電圧の幅。オペアンプのデータシートに書いてある）の速度で変化する。V_o の変化に時間遅れがあることは重要な性質である。

[5] Texas Instruments 社 μA741 のデータシートより引用。

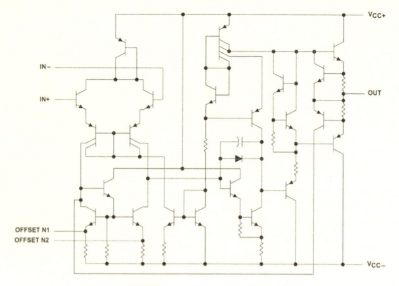

図 5.5　μA741 の内部回路[5]

合、ベース-エミッタ間電圧は 0.7 V 程度であり、コレクタ-エミッタ間は 0 V 〜 0.2 V 程度である。このことが要因となり、このオペアンプの同相入力電圧範囲と出力電圧範囲は電源電圧 V^+, V^- から 1 V 〜 2 V 程度離れた値となる。

> **コラム**　オペアンプの型番
>
> オペアンプの型番は 072 とか 5532 のように、3〜4 桁の番号がついている。そして、多くの場合、複数の会社から同じ型番のオペアンプが発売されている。例えば、072 という型番のオペアンプには TI (Texas Instrument) 社の TL072, 新日本無線の NJM072 などがある。3〜4 桁の番号の手前に会社を表す数文字が付加される。
>
> オリジナルを 1 社が出し、セカンドソースと呼ばれる互換品を他社が出すことで、このような状況になっている。オリジナルとセカンドソースの違いは通常は気にしなくてよい。

5.2　等価回路

理想的なオペアンプは以下の特性を持つ。

---

[6] 第 7 章で説明する。

入力インピーダンス　：　∞
出力インピーダンス　：　0
増幅率　　　　　　　：　∞

入力インピーダンスと出力インピーダンスについては 4.2 節 (p.177) で説明した。

従って、図 5.6(a) の等価回路は同図 (b) のようになる。入力端子の先はどこにもつながっていないので、そこから**流出・流入する電流はない**[7]。回路記号 $\sim$ はここでは電圧 $A_v(V_+ - V_-)$ を発生させる電圧源を表す。

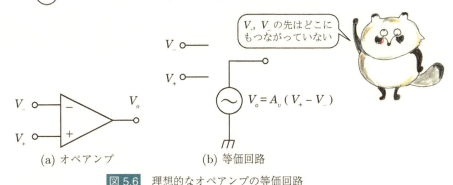

(a) オペアンプ　　　　(b) 等価回路

図 5.6　理想的なオペアンプの等価回路

5.3　オペアンプの使用方法

オペアンプの増幅率は非常に大きく（通常は 10 万倍以上）、電圧 $(V_+ - V_-)$ がわずかな値でも出力 V_o は飽和する。以下の 2 種類の使用方法がある。

1. 負帰還 (Negative Feedback) という考え方に基づいた回路を組む。負帰還とは「出力端子」と「V_- 入力端子」を何らかの素子で接続することにより、出力を反転させて入力に戻すことを意味する。
2. V_+ と V_- の大小関係を比較する素子（コンパレータ）として使用する。

---

[7] 本書ではこのように仮定して話を進めるが、実際のオペアンプではわずかな電流が流出（あるいは流入）する。入力バイアス電流と呼ばれる。これについて学習したい読者は、他の専門的な書籍かオペアンプのメーカーの Web サイトで提供されているチュートリアルを読んで学習してほしい。例えば、ロームのサイトの「オペアンプ、コンパレータの基礎 (Tutorial)」というタイトルの PDF（タイトル名で検索すると見つかる）は非常に良い教科書である。

本章ではまず 1. の使い方について説明し、次に 2. の使い方について説明する。

5.4 負帰還

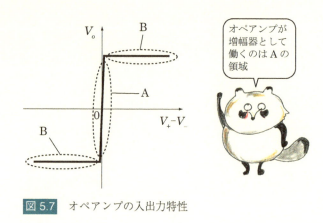

図 5.7 オペアンプの入出力特性

オペアンプの基本特性は

$$V_o = A_v(V_+ - V_-) \tag{5.2}$$

であるが、出力電圧の範囲は電源電圧によって制約を受けるので、実際には図 5.7 となる。図中 B で示した領域ではオペアンプは飽和している。この領域では入力が変化しても出力は変化しないのでオペアンプは増幅素子として機能しない。オペアンプが (5.2) に従って機能するのは図中 A で示した領域である。すなわち、オペアンプが機能するには

$$V_+ \simeq V_- \tag{5.3}$$

でなくてはならない。

このことは数式からもわかる。(5.2) を変形すると、

$$\frac{V_o}{A_v} = V_+ - V_- \tag{5.4}$$

となる。$A_v \simeq \infty$ なので、左辺はほぼ 0 となり、

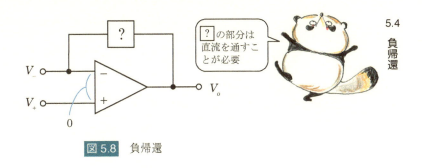

図 5.8 　負帰還

$$V_+ \simeq V_- \tag{5.5}$$

である。

どのような回路構成にすれば $V_+ \simeq V_-$ にできるのか？ それには、図 5.8 のように、「出力端子」と「− 入力端子」を何らかの素子（図中の ? 印）[8] を介して接続すればよい[9]。ただし図中の ? の部分は直流を通すことが必要である。本書では以降、「直流を通す経路を持つこと」を「**直流的に接続する**」と表現する。

このように、出力を反転させて（−1 をかけて）入力に戻すことを**負帰還 (Negative Feedback)** をかけると言う。

図 5.8 のように接続すると、

$$V_+ = V_- \text{ となるように } V_o \text{ が変化する}$$

という現象がおきる。言い換えると、

$$\text{図 5.8 の回路では常に } V_+ = V_- \text{ である}$$

となる。V_+ 端子と V_- 端子は接続しているわけではないが、常に同じ電圧になるので、**バーチャルショート（仮想短絡: virtual short）**という。

オペアンプの入力インピーダンスは無限大なので、オペアンプの入力端子に流入（あるいは流出）する電流はない。電流は図 5.9 に示すように、端子 V_- から右へ向かう電流 I_1 は全て出力端子 V_o へ向かう。端子 V_+ から右

---

[8] ここではとりあえず ? の部分を「何らかの素子」と表現した。「1 個の抵抗」が入ることが多いが、「複数の素子を接続した回路」が入ることもある。
[9] 負帰還を実現する方法は、もう一つある。オペアンプの出力端子の先に、電圧を反転させる回路（入力電圧が大きくなると出力電圧が小さくなる回路。トランジスタを用いると実現できる）を接続し、その電圧反転回路の出力端子と V_+ 入力端子を接続すると、負帰還を実現できる。本書では説明を簡潔にするために、そのような回路構成はパスして話を進める。

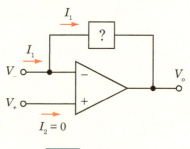

図 5.9　電流の関係

へ向かう電流 I_2 は 0 である。

オペアンプを負帰還を用いて使う方法を今一度まとめる。

1. $-$ 入力端子と出力端子を直流的に接続する。
2. その結果、バーチャルショートが成立し、$V_+ = V_-$ となる。
3. オペアンプの入力インピーダンスは無限大なので、電流は図 5.9 に示すような関係になる。

オペアンプを含む回路について回路方程式をたてるときは、上記の 2. と 3. を利用する。その結果、解きやすい回路方程式が得られる。

5.5　2 つの基本形

オペアンプを使った回路の基本は増幅回路である。増幅回路として、2 つの基本形がある。

なお、本章の 5.8 節までは、回路素子としてオペアンプと抵抗のみを取り扱う。従って、入力電圧や出力電圧を V_1, V_2 のように大文字で表すが、これらの電圧は「直流電圧」「交流の複素電圧」「交流電圧の瞬時値」のいずれの場合にも適用できる。

5.5.1　反転増幅回路

図 5.10(a) のように、負帰還の経路に抵抗 R_2 を用い、入力電圧 V_1 を抵抗 R_1 を介して $-$ 入力端子に接続した回路を反転増幅回路と呼ぶ。等価回路を同図 (b) に示す。理想的なオペアンプの入力インピーダンスは無限大なので $-$ 入力端子に流れ込む（流れ出す）電流はない。$+$ 入力端子はアースされているので $V_3 = 0$ である。

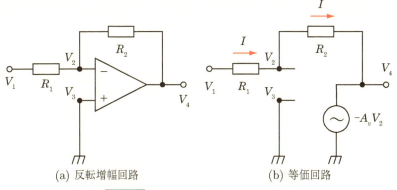

図 5.10　反転増幅回路とその等価回路

前節で述べたバーチャルショートが成立することを確認する。オペアンプの基本式 $V_4 = A_v(V_3 - V_2)$ において $V_3 = 0$ とおくと

$$V_4 = -A_v V_2 \tag{5.6}$$

が得られる。V_1 が与えられたとき、V_2, V_4 がどうなるか考察する。

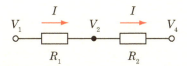

図 5.11　反転増幅回路における電圧の関係

1. $V_2 > 0$ と仮定すると、$V_4 = -A_v V_2$ より、V_4 は $-$ の大きな値になろうとする。V_1, V_2, V_4 の関係は、図 5.11 のように、V_1 と V_4 を $R_1 : R_2$ の比で分圧した値が V_2 であるから、V_4 が $-$ 方向へ動くと V_2 も $-$ 方向へ動く。
2. $V_2 < 0$ と仮定すると、$V_4 = -A_v V_2$ より、V_4 は $+$ 方向へ動く。その結果 V_2 も $+$ 方向へ動く。

以上の結果、$V_2 = 0$ の点で平衡状態となる。すなわち、バーチャルショート $V_2 = V_3 = 0$ が成立する[10]。出力電圧 V_4 は $V_2 = 0$ となるように定ま

---

[10] ここでは $V_3 = 0$ なので $V_2 = 0$ で平衡状態となる。V_3 がゼロでないなら $V_2 = V_3$ で平衡状態となる。

る。図 5.11 において $V_2 = 0$ とおくと、

$$V_1 = IR_1 \tag{5.7}$$

$$V_4 = -IR_2 \tag{5.8}$$

であるから、(5.8)÷(5.7) より

$$V_4 = -\frac{R_2}{R_1}V_1 \tag{5.9}$$

が得られる。増幅率は $-\dfrac{R_2}{R_1}$ である。V_1 と V_4 は $V_2 = 0$ の位置を中心として、シーソーのように値が変化する。この様子を図 5.12 に示す。

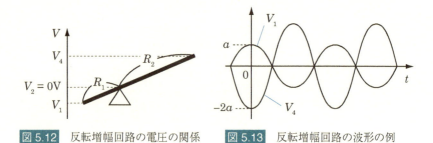

図 5.12　反転増幅回路の電圧の関係　　図 5.13　反転増幅回路の波形の例

例として、$-\dfrac{R_2}{R_1} = -2$ のとき、入力として正弦波を与えた場合の入力 V_1 と出力 V_4 の波形を図 5.13 に示す。増幅率にマイナス符号がついているので、波形は上下反転した形になる。ゆえに反転増幅回路と呼ばれる。

この回路の増幅率は抵抗の値によって定まり、オペアンプの増幅率 A_v とは無関係である。抵抗の値は精度よく設定できるので、希望する増幅率を持った回路を構成できる。オペアンプの増幅率 A_v にばらつきがあっても、オペアンプを用いた回路の増幅率には影響を及ぼさない。

(5.7) で示したように、入力端子から流れ込む（流れ出す）電流は $\dfrac{V_1}{R_1}$ である。これより、反転増幅回路の**入力インピーダンス**は R_1 である。

5.5.2　非反転増幅回路

図 5.14(a) の非反転増幅回路は、図 5.10(a) (p.221) の反転増幅回路に対して、V_1 の場所とアースの場所を入れ換えたものである。等価回路を同図

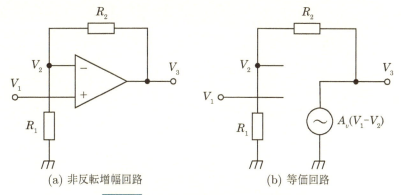

図 5.14　非反転増幅回路とその等価回路

(b) に示す。V_2 は V_3 を抵抗 R_1 と R_2 で分圧したときに R_1 にかかる電圧であるから、

$$V_2 = \frac{R_1}{R_1 + R_2} V_3 \tag{5.10}$$

である。出力端子と－入力端子を R_2 で結んでいるので負帰還がかかっている。バーチャルショートにより、オペアンプの出力 V_3 は

$$V_1 = V_2 \tag{5.11}$$

となるように定まる[11]。(5.11) を利用して (5.10) の V_2 を V_1 で置換すると、

$$V_3 = \frac{R_1 + R_2}{R_1} V_1 \tag{5.12}$$

となり、非反転増幅回路の増幅率を求める式が導出できた。$V_2 (= V_1)$ と V_3 はアースを支点として図 5.15 のように変化する。

例として、$\frac{R_1 + R_2}{R_1} = 3$ のときの入力 V_1 と出力 V_3 の波形を図 5.16 に示す。V_1 と V_3 の符号が同じなので、非反転増幅回路と呼ばれる。

反転増幅回路と比較したとき、非反転増幅回路は以下の特徴を持つ。

- 入力インピーダンスが非常に高い（理想的なオペアンプでは無限大）。
- 増幅率は 1 以下にはできない。

---

[11] 反転増幅回路と同様の考察をすると、以下のようになる。
1. $V_1 > V_2$ のとき、$V_3 = A_v(V_1 - V_2)$ より、V_3 は＋方向に動く。その結果 (5.10) より V_2 も＋方向に動く。
2. $V_1 < V_2$ のとき、V_3 は－方向に動く。その結果 V_2 も－方向に動く。

以上の結果 $V_1 = V_2$ となる。

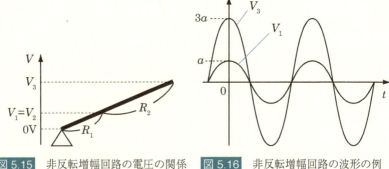

図 5.15　非反転増幅回路の電圧の関係　　図 5.16　非反転増幅回路の波形の例

　理想的なオペアンプの入力インピーダンスは無限大であった。図 5.14(b) に示す通り、入力端子はどこにも接続されてないので、入力インピーダンスは理想的には無限大である。

　増幅率が 1 以下の非反転増幅回路が必要な場合は、入力電圧を抵抗で分圧し、その電圧を次節で学習するバッファに入れればよい。すなわち、次節の図 5.21(a) (p.227) の回路を使えばよい。ただし、図 5.21(a) の回路の入力インピーダンスは無限大ではなく $R_1 + R_2$ である。

5.5.3　本当にショートさせると？

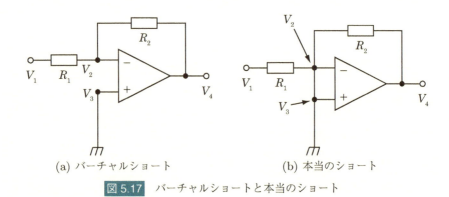

図 5.17　バーチャルショートと本当のショート

　本項ではバーチャルショートと本当のショートは全く異なることを示す。
　反転増幅回路をもう一度、図 5.17(a) に示す。これまでの説明は「負帰還の結果 $V_2 = V_3$ となるように V_4 が定まる。V_2 と V_3 の場所は接続されて

いないが、常に同じ電圧となるので、これをバーチャルショートという。」というものであった。

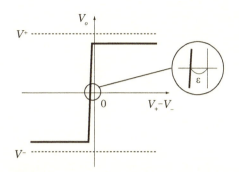

図 5.18　オペアンプの実際の入出力特性の例

　実際は、オペアンプの入出力特性は入力段のトランジスタの非対称性により図 5.18 のようになっており、わずかに原点を外れる。厳密にはオペアンプで負帰還がかかっているとき、$V_+ = V_-$ ではなく、$V_+ + \varepsilon = V_-$ となって釣り合う[12]。図 5.17(a) にあてはめると、$V_3 = 0, V_2 = \varepsilon$ となる。ε は数 μV 〜数 mV 程度の値である。本書では「負帰還が成立するとき $V_+ = V_-$ である」と仮定して話を進める[13]。

　次に、図 5.17(b) のように本当にショートさせた場合について考える。本当にショートさせると $V_2 = V_3$ となる。図 5.18 を見ると、$V_+ = V_-$ のとき、出力は + 側に飽和している。すなわち、図 5.17(b) のように入力を本当にショートさせると、出力は常に飽和し、意味のない回路となる。

---

[12] ε は微小な量を表し、その符号は ± どちらもありうる。ε の絶対値を入力オフセット電圧と呼ぶ。この例では $V_+ - V_- = 0$ のときプラス側に飽和しているが、マイナス側に飽和することもある。

[13] 発展的な事項として、入力オフセット電圧を考慮した場合の結果を掲げておく。オペアンプの勉強を始めたばかりの読者はスルーしてよい。
　図 5.17(a) において、$V_2 = \varepsilon$ とおき、図 5.11 (p.221) にあてはめて計算すると、以下の式が得られる。
$$V_4 = -\frac{R_2}{R_1}V_1 + \frac{R_1 + R_2}{R_1}\varepsilon$$
　図 5.14(b) (p.223) の非反転増幅回路については、(5.11) (p.223) の代わりに、$V_2 = V_1 + \varepsilon$ とおいて計算すると、以下の式が得られる。
$$V_3 = \frac{R_1 + R_2}{R_1}V_1 + \frac{R_1 + R_2}{R_1}\varepsilon$$
　どちらの場合も出力電圧に $\frac{R_1+R_2}{R_1}\varepsilon$ のオフセットが生じる。ε と $\frac{R_1+R_2}{R_1}$ の両方が大きい場合、入力オフセット電圧の影響を考慮する必要がある。

5.6 バッファ

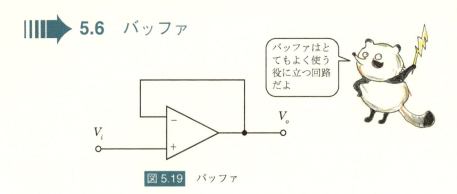

図 5.19　バッファ

図 5.19 の回路をバッファと呼ぶ[14]。バーチャルショートが成立するので
−入力端子と＋入力端子の電圧は等しい。すなわち、

$$V_o = V_i$$

が成立する。図 5.14(a) の非反転増幅回路において、$R_1 = \infty, R_2 = 0$ と
おいても同じ結果が得られる。入力と出力が同じなので、役に立たないよう
に見えるが、極めて有用な回路である。例えば、次のような場合に使う。

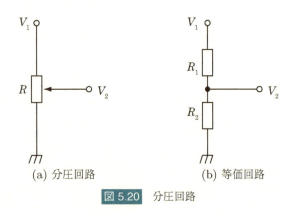

(a) 分圧回路　　　　　(b) 等価回路

図 5.20　分圧回路

図 5.20(a) は、電圧 V_1 を分圧して V_2 を得る回路である。可変抵抗のツマ
ミを回すと V_2 は $0 \sim V_1$ の任意の電圧となる。オーディオのボリューム回
路などでこのパターンが現れる。図 5.20(a) の等価回路は同図 (b) となる。

---
[14] ボルテージフォロワー (Voltage follower) とも呼ばれる。

$$R = R_1 + R_2 \tag{5.13}$$

$$V_2 = \frac{R_2}{R_1 + R_2} V_1 \tag{5.14}$$

の関係がある。

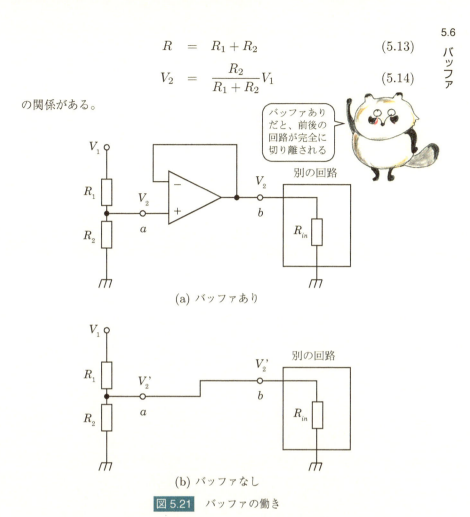

図 5.21　バッファの働き

　こうして得た V_2 を入力インピーダンス R_{in} を持つ別の回路へ入力する場合を考える。図 5.21(a) のようにバッファを介して接続した場合、理想的なオペアンプの入力インピーダンスは無限大だから、(5.14) は依然として成立する。バッファは a 点の電圧をそのまま b 点に伝える。そして、a 点の電圧 V_2 は R_{in} の値の影響を受けない。

　一方で、同図 (b) のように、バッファを介さずに、直接 a 点と b 点を接続すると、回路の下半分は R_2 と R_{in} の並列接続になる。その合成抵抗を R_3 で表すと、

$$R_3 = \frac{R_2 R_{in}}{R_2 + R_{in}} \tag{5.15}$$

であり、電圧 V_2' は

$$V_2' = \frac{R_3}{R_1 + R_3} V_1 \tag{5.16}$$

となる。

　$R_{in} \gg R_2$ の場合は、$V_2 \simeq V_2'$ となるが、そうでない場合は、$V_2' \neq V_2$ である。すなわち、分圧回路の後に別の回路を直接接続すると、a 点の電圧は変化する。極端な場合として、$R_{in} \simeq 0$ ならば、(5.15)(5.16) より、常に $R_3 \simeq 0, V_2' \simeq 0$ となり、可変抵抗が機能しない。分圧回路に R_{in} を直接接続した場合については 4.3 節 (p.181) で詳しく検討した。

　図 5.21(a) と (b) を比べると分かるように、バッファは 2 つの回路を分離し、電圧だけを伝える。バッファの後段の回路の影響が前段の回路に及ばなくなるので、前段と後段をそれぞれ独立に設計することができ、回路設計が非常に楽になる。

　4.2 節 (p.177) で学習した「入力インピーダンスと出力インピーダンス」という観点からみると、バッファの入力インピーダンスは無限大で、出力インピーダンスはゼロである。

5.7　加算回路

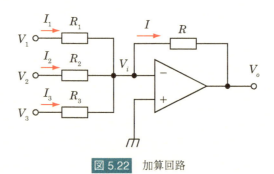

図 5.22　加算回路

　オペアンプを使って 2 つ以上の電圧を加算する回路を構成することができる。図 5.22 に加算回路を示す。負帰還がかかっており、＋入力端子はアースされている。バーチャルショートが成立するので、$V_i = 0$ である。電流 I_1, I_2, I_3, I に対して、オームの法則より次式が成立する。

$$I_1 = \frac{V_1}{R_1}, \qquad I_2 = \frac{V_2}{R_2}, \qquad I_3 = \frac{V_3}{R_3} \tag{5.17}$$

$$I = -\frac{V_o}{R} \tag{5.18}$$

オペアンプの入力インピーダンスは無限大なので、オペアンプの − 入力端子に流れ込む（あるいは流れ出す）電流は 0 である。キルヒホッフの電流則より

$$I = I_1 + I_2 + I_3 \tag{5.19}$$

が成立する。(5.17)(5.18) を (5.19) に代入すると、

$$V_o = -\left(\frac{R}{R_1}V_1 + \frac{R}{R_2}V_2 + \frac{R}{R_3}V_3\right) \tag{5.20}$$

が得られる。入力電圧を加算する回路が構成できている。

5.8 減算回路

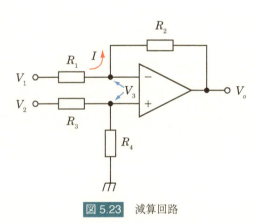

図 5.23　減算回路

図 5.23 に減算回路を示す。負帰還がかかっているので、バーチャルショートが成立し、− 入力端子と + 入力端子の電圧は等しくなる。これを V_3 とおく。

+ 入力端子に接続されている部分については、分圧の式を用いて次式が成

立する。

$$V_3 = \frac{R_4}{R_3 + R_4} V_2 \tag{5.21}$$

− 入力端子に接続されている部分については、次式が成立する。

$$I = \frac{V_1 - V_3}{R_1} = \frac{V_3 - V_o}{R_2} \tag{5.22}$$

(5.22) を $V_o = \boxed{}$ の形に変形する。

$$
\begin{aligned}
\frac{V_o}{R_2} &= \frac{V_3}{R_2} - \frac{V_1 - V_3}{R_1} \\
&= \frac{R_1 + R_2}{R_1 R_2} V_3 - \frac{V_1}{R_1} \\
\therefore \quad V_o &= -\frac{R_2}{R_1} V_1 + \frac{R_1 + R_2}{R_1} V_3
\end{aligned} \tag{5.23}
$$

(5.23) の V_3 を (5.21) を用いて表すと、

$$V_o = -\frac{R_2}{R_1} V_1 + \frac{R_1 + R_2}{R_1} \frac{R_4}{R_3 + R_4} V_2 \tag{5.24}$$

が得られ、V_2 から V_1 を減ずる回路であることを示している。

$$R_1 = R_3 \,, \qquad R_2 = R_4$$

となるよう抵抗値を選ぶと、

$$V_o = \frac{R_2}{R_1} (V_2 - V_1) \tag{5.25}$$

となり、減算回路となっている。

⫸ 5.9 積分回路

5.9.1 微分方程式に基づいた解析

前節までの回路は抵抗のみを使っていたので、電圧や電流は「直流」「交流の複素電圧」「交流の瞬時値」のいずれを表していると考えても、式は成立した。

ここからはコンデンサが入ってくるので、入力は交流[15]を仮定する。交流

を扱う場合、一番原理的な方法は 2.7 節 (p.99) で扱ったように、微分方程式をたてる方法であった。そして単一周波数の正弦波が加えられるときは、複素記号法を使うことができた。

ここでは、入力電圧は正弦波とは限らず、矩形波や三角波なども扱うので、微分方程式に基づいて話を進める。本項では電圧や電流は時間の関数であるので、小文字を使用する。

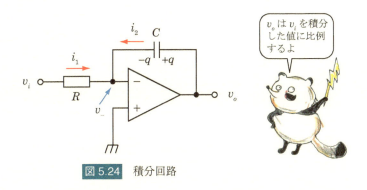

図 5.24　積分回路

積分回路の基本形は図 5.24 である。オペアンプの出力が飽和せずに動作するにはバーチャルショートが成立する必要がある。従って $v_- = 0$ を仮定する。抵抗 R とコンデンサ C において成立する式は、それぞれ

$$i_1 = \frac{v_i}{R} \tag{5.26}$$

$$i_2 = \frac{dq}{dt} = C\frac{dv_o}{dt} \tag{5.27}$$

であり、

$$i_1 + i_2 = 0 \tag{5.28}$$

であるから、次式が得られる。

$$C\frac{dv_o}{dt} = -\frac{v_i}{R}$$

C を移項して両辺積分すると

$$v_o = -\frac{1}{RC}\int v_i\,dt \tag{5.29}$$

---

[15] 交流 (Alternating Current) という言葉は正弦波を想起させるが、ここでは時間変化する任意の波形でその平均が 0 のものを交流と呼ぶ。

が得られ、入力電圧を積分する回路であることが分かる[16]。

この回路の動作原理は次のように解釈できる。入力電圧 v_i によって電流 $i_1 = \frac{v_i}{R}$ が流れ、その電流による電荷がコンデンサに蓄積される。蓄積された電荷 q と出力電圧 v_o は

$$v_o = \frac{q}{C}$$

の関係があるから、電荷の量（電流の積分）によって出力電圧が定まる。

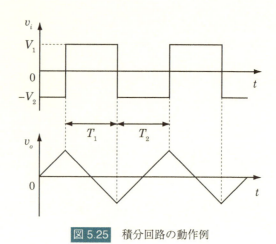

図 5.25　積分回路の動作例

積分回路の v_i と v_o の例を図 5.25 に示す。方形波を積分して三角波を得ている。

次に、(5.29) が成立する条件について考える。オペアンプの出力電圧は図 5.4 (p.215) で示したように、電源電圧によって制約を受ける。従って、積分回路として働くためには「**(5.29) で得られる v_o はオペアンプが飽和しない範囲に収まる**」ことが必要である。

図 5.25 において、$V_1 \neq V_2$ あるいは $T_1 \neq T_2$ の場合、入力電圧に直流成分が含まれることになる。入力電圧にわずかでも直流成分が含まれると、図 5.26 のように直流成分が積算され、最終的に出力が飽和する。$-V_S$ はオペアンプのマイナス側の飽和電圧である。図 5.26 において、出力が飽和している期間中（図中の楕円で囲んだ部分）はバーチャルショート（この回路では

---

[16] 最初にコンデンサに蓄えられていた電荷を 0 と仮定すると、不定積分の積分定数は 0 となるので (5.29) では積分定数を省略している。最初にコンデンサに蓄えられていた電荷を Q とすると、積分定数は $\frac{Q}{C}$ である。

$v_- = 0$) が成立せず、積分しない。

現実のオペアンプには入力オフセット電圧がある。このため、入力に直流成分が全く含まれていない場合でも、オペアンプは飽和する[17]。

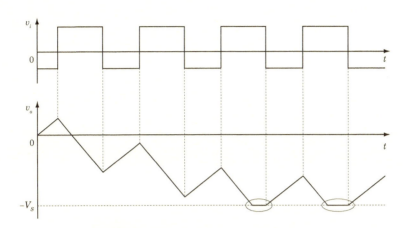

図 5.26 入力に直流成分が含まれた場合の例

図 5.24 の回路においてバーチャルショートが成立しないことは、5.4 節 (p.218) で述べたことからも説明できる。5.4 節において、バーチャルショートが成立するには「出力端子」と「− 入力端子」を何らかの素子で**直流的に接続する必要がある**と述べた。コンデンサは直流を通さないので、図 5.24 の回路は直流に対しては負帰還がかからない。その結果、バーチャルショートが成立しない。

そこで実用的な積分回路としては、図 5.27 に示すように、コンデンサと並列に、値の大きな抵抗 R_2 を接続し、− 入力端子と出力端子を直流的に接続する。この抵抗は直流に対する負帰還の経路を形成する。図 5.27 においては、バーチャルショートを仮定すると、

$$i_2 = \frac{v_o}{R_2} + C\frac{dv_o}{dt} \tag{5.30}$$

となる。図 5.27 においても (5.26)(5.28) は成立するので、

---

[17] 5.5.3 項（p.224）で説明したように、負帰還がかかってバーチャルショートが成立する状態において、$V_+ - V_- = -\varepsilon$ である。ε の絶対値を入力オフセット電圧と呼び、数 μV 〜 数 mV 程度の値を持つ。入力の直流成分が 0 のとき、入力オフセット電圧が積算されてオペアンプの出力は飽和する。

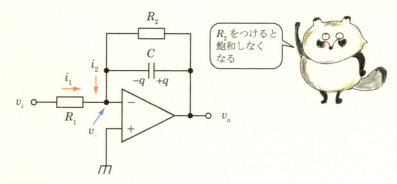

図 5.27　改良された積分回路（時間領域解析）

$$v_o = -\frac{1}{R_1 C}\int v_i\, dt - \frac{1}{R_2 C}\int v_o\, dt \tag{5.31}$$

が得られる。

(5.31) が積分動作に近づくには、右辺第 2 項が第 1 項に比べて小さい方が良い。それには $R_2 \gg R_1$ すなわち R_2/R_1 は大きい方が良い。

一方で、図 5.27 は直流成分に関しては C を無視した回路となり、反転増幅器である。入力の直流成分を $V_{i(DC)}$、出力の直流成分を $V_{o(DC)}$ とすると、

$$V_{o(DC)} = -\frac{R_2}{R_1}V_{i(DC)} \tag{5.32}$$

である。この値をできるだけ小さくするには R_2/R_1 は小さい方が良い。

R_2 はこのトレードオフを考慮して決める必要がある。

5.9.2　複素記号法を用いた解析

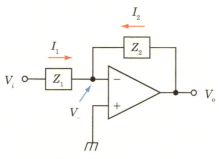

図 5.28　反転増幅回路の一般化

5.9 積分回路

積分回路についてさらに考察するために、図 5.28 の回路について考える。この回路は反転増幅回路の抵抗をインピーダンス Z_1, Z_2 で置き換えたものである。入力として正弦波を仮定するので、V_i, V_o, I_1, I_2 は複素電圧、複素電流である。オペアンプ回路は複素記号法を用いて解析可能である。この場合もバーチャルショートは成立する。ただし、Z_2 は $\omega = 0$ において無限大にはならないことが必要である。このことは、Z_2 は直流を通すことを意味する。

バーチャルショートが成立するので、$V_- = 0$ である。次式が得られる。

$$I_1 = \frac{V_i}{Z_1} \tag{5.33}$$

$$I_2 = \frac{V_o}{Z_2} \tag{5.34}$$

$$I_1 + I_2 = 0 \tag{5.35}$$

(5.33)(5.34) を (5.35) に代入して

$$V_o = -\frac{Z_2}{Z_1} V_i \tag{5.36}$$

が得られる。

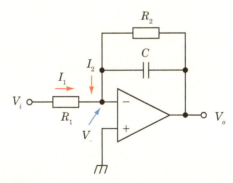

図 5.29 改良された積分回路（周波数領域解析）

図 5.29 の改良された積分回路に正弦波を入力した場合について考える。図 5.28 にあてはめると

$$Z_1 \quad = \quad R_1 \tag{5.37}$$

$$Z_2 \quad = \quad R_2 \; // \; \frac{1}{j\omega C} \; = \; \frac{R_2 \dfrac{1}{j\omega C}}{R_2 + \dfrac{1}{j\omega C}} \tag{5.38}$$

$$= \quad \frac{R_2}{1 + j\omega C R_2} \tag{5.39}$$

である。入力 V_i と出力 V_o の関係は

$$V_o = -\frac{Z_2}{Z_1} V_i = -\frac{R_2}{R_1} \cdot \frac{1}{1 + j\omega C R_2} V_i \tag{5.40}$$

で表される。

(5.38) において $R_2 \gg \frac{1}{\omega C}$ $\left(\omega \gg \frac{1}{C R_2}\right)$ を仮定すると、分母の $\frac{1}{j\omega C}$ は無視でき、$Z_2 \simeq \frac{1}{j\omega C}$ となる。その結果、

$$V_o \simeq -\frac{1}{j\omega C R_1} V_i \tag{5.41}$$

となる。複素記号法において $j\omega$ は微分、$\frac{1}{j\omega}$ は積分を表すことを 2 章で学習した。ゆえに、(5.41) は入力正弦波を積分して $-\frac{1}{C R_1}$ をかけることを表す。

1.10.2 項の図 1.21 (p.25) の例題で、「2 つの抵抗が並列に接続され、片方の値が圧倒的に大きいとき、大きい方の抵抗には電流がほとんど流れないから無視できる」と習った。同様に、「2 つのインピーダンスの素子が並列に接続され、片方の絶対値が圧倒的に大きいとき、大きい方の素子は無視できる」と考えてよい。(5.41) は R_2 を無視した結果に等しい。

(5.38) において $R_2 \ll \frac{1}{\omega C}$ $\left(\omega \ll \frac{1}{C R_2}\right)$ を仮定すると、分母の R_2 は無視でき、$Z_2 \simeq R_2$ となる。その結果、

$$V_o \simeq -\frac{R_2}{R_1} V_i \tag{5.42}$$

となり、反転増幅器である。

この回路は $\omega \gg \frac{1}{C R_2}$ のとき積分回路として機能し、$\omega \ll \frac{1}{C R_2}$ のとき反転増幅器となる。境界は $\omega = \frac{1}{C R_2}$ である。

別の用途

先ほどは、図 5.29 の回路を「R_1 と C で構成される積分回路に対して、飽

和を防止するために、大きな抵抗 R_2 を付加した回路」として紹介した。入力波形の周波数としては $\omega \gg \frac{1}{CR_2}$ を想定した。

この回路は「R_1 と R_2 で構成される反転増幅回路に対して、発振を防止するために、小さな C を付加した回路」として用いられることもある。入力波形の周波数としては $\omega \ll \frac{1}{CR_2}$ を想定する。

この回路の入出力特性 (5.40) をもう一度書くと、

$$V_o = -\frac{R_2}{R_1} \cdot \frac{1}{1+j\omega CR_2} V_i$$

である。$\frac{1}{1+j\omega CR_2}$ の部分は 4.1.2 項 (p.166) で学習した RC ローパスフィルタと同一であるから、この回路はローパスフィルタ付きの反転増幅回路である。ローパスフィルタの遮断角周波数は $\omega = \frac{1}{CR_2}$ である。

オペアンプを用いた増幅回路は発振[18]という望ましくない現象が発生することがある。これを防止するために、図 5.29 のように、小さな容量の発振防止用のコンデンサを、− 入力端子と出力の間に付加する。これは「ローパスフィルタを入れて、高い周波数の増幅率を下げる」という考え方に基づいている。

この回路に出会ったときは、R_1, R_2, C, ω の値を見て、「積分」なのか「反転増幅」なのかを判断する必要がある。

5.10 微分回路

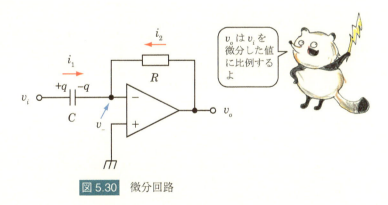

図 5.30 微分回路

微分回路の基本形を図 5.30 に示す。図中の電圧や電流は時間の関数であ

---

[18] 回路の出力端子から入力と関係のない周期波形が観測される現象。

る。負帰還がかかっているため $v_- = 0$ である。

$$i_1 = C\frac{dv_i}{dt} \tag{5.43}$$

$$i_2 = \frac{v_o}{R} \tag{5.44}$$

$$i_1 + i_2 = 0 \tag{5.45}$$

が成立する。(5.43)(5.44) を (5.45) に代入して、

$$v_o = -RC\frac{dv_i}{dt} \tag{5.46}$$

が得られ、入力電圧 v_i を微分して $-RC$ をかけたものが出力電圧 v_o となる。v_i と v_o の例を図 5.10(a)(b) に示す。図 5.10(a) は三角波を微分して方形波を得ている。同図 (b) は方形波を微分した場合である。電圧が切り替わる点の傾きは数学的には無限大である。オペアンプの出力は有限であるから、出力電圧はインパルスの形状で、その最大値（最小値）はオペアンプの飽和電圧となる。

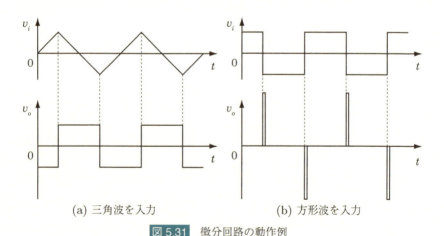

(a) 三角波を入力　　　　(b) 方形波を入力

図 5.31　微分回路の動作例

図 5.30 の回路は実用上問題がある。この微分回路の入力として正弦波を仮定し、複素記号法を用いて入出力の関係を調べる。図 5.28 (p.234) にあてはめると、$Z_1 = \frac{1}{j\omega C}$, $Z_2 = R$ であるから、(5.36)(p.235) より

$$V_o = -j\omega CRV_i \quad (5.47)$$

である。(5.47) を見ると、周波数が高くなると V_o は大きくなり、$\omega \to \infty$ で $V_o \to \infty$ となる。入力波形に急激に変化する箇所があったり、ノイズが乗ることは、高い周波数成分を含むことを意味する。(5.47) より、高い周波数成分の増幅率は非常に大きい。結果として、出力波形が乱れるなどの現象がおこる。

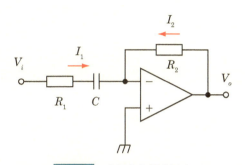

図 5.32　実用的な微分回路

そこで、実用的な微分回路としては図 5.32 の回路が使われる。複素記号法を用いると、

$$I_1 = \frac{V_i}{\frac{1}{j\omega C} + R_1} \quad (5.48)$$

$$I_2 = \frac{V_o}{R_2} \quad (5.49)$$

$$I_1 + I_2 = 0 \quad (5.50)$$

より、厳密な入出力特性は

$$V_o = -\frac{R_2}{\frac{1}{j\omega C} + R_1}V_i = -\frac{j\omega CR_2}{1+j\omega CR_1}V_i \quad (5.51)$$

となる。(5.48) において $\frac{1}{\omega C} \gg R_1$ $\left(\omega \ll \frac{1}{CR_1}\right)$ のとき、R_1 は無視することができ、

$$V_o \simeq -j\omega CR_2 V_i \quad (5.52)$$

となる。これは微分動作を表す。逆に、$\frac{1}{\omega C} \ll R_1$ $\left(\omega \gg \frac{1}{CR_1}\right)$ のとき、$\frac{1}{j\omega C}$ は無視することができ、

$$V_o \simeq -\frac{R_2}{R_1}V_i \tag{5.53}$$

となる。これは反転増幅器である。$\omega \to \infty$ で増幅率が有限となるので出力波形は安定する。

境界は $\frac{1}{\omega C} = R_1$ すなわち $\omega = \frac{1}{CR_1}$ である。この角周波数を境にして、この回路は性質が変わる。

別の観点

(5.51) を変形すると、

$$V_o = -\frac{j\omega CR_2}{1 + j\omega CR_1}V_i = -\frac{R_2}{R_1} \cdot \frac{j\omega CR_1}{1 + j\omega CR_1}V_i \tag{5.54}$$

となる。$\frac{j\omega CR_1}{1+j\omega CR_1}$ の部分は 4.1.3 項 (p.172) で学習した RC ハイパスフィルタと同一である。この回路はハイパスフィルタを付加した反転増幅回路とみなすこともできる。その遮断角周波数は $\omega = \frac{1}{CR_1}$ である。

▶ 5.11 コンパレータ

5.11.1 コンパレータの基本

前節までは負帰還を利用したオペアンプの使用法について学習した。本節では負帰還を利用せず、オペアンプが飽和することを利用する方法について述べる。図 5.4 (p.215) に示したオペアンプの特性は、見方を変えると「2 つの入力を比較して $V_+ > V_-$ か否かを判定し、二者択一の出力をする素子」と言える。

図 5.33(a) の回路について考える。− 入力端子の電圧は 0 だから、オペアンプの基本式は

$$v_2 = A_v v_1 \tag{5.55}$$

となる。$v_1 > 0$ のとき v_2 は + 側に飽和し（以後、出力が high と呼ぶ）、$v_1 < 0$ のとき v_2 は − 側に飽和する（以後、出力が low と呼ぶ）。正負の飽和電圧をそれぞれ V_S, $-V_S$ とすると [19]、入力 v_1 と出力 v_2 は同図 (b) のようになる。2 つの電圧を比較するので、コンパレータ（comparator: 比較

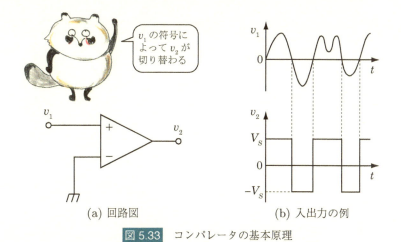

図 5.33　コンパレータの基本原理

器）と呼ぶ。

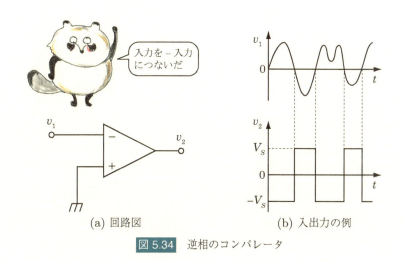

図 5.34　逆相のコンパレータ

　図 5.34(a) のように、入力 v_1 をオペアンプの − 入力端子に加えると、出力は図 5.33(a) の回路の出力を反転させたものとなる。入出力の例を図 5.34(b) に示す。

　これまでの図 5.33 と図 5.34 の回路は入力電圧 v_1 が 0 V より高いか低いか

---

[19] 実際のオペアンプでは、正負の飽和電圧の絶対値は異なる。例えば、072 という型番のオペアンプを筆者が ±10 V の電源電圧で駆動したところ、出力が high のとき +9.5 V、low のとき −8.6 V であった（個体によって値は多少異なると思われる）。本節では説明を単純化するため、正負の飽和電圧を $\pm V_S$ とおく。

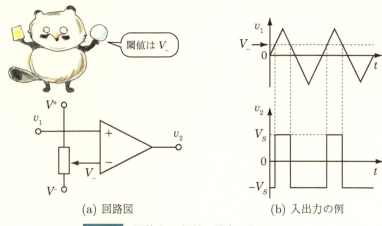

(a) 回路図 (b) 入出力の例

図 5.35 閾値を 0 以外に設定したコンパレータ

で出力を決めていた。図 5.35(a) の回路は入力電圧 v_1 が V_- より高いか低いかで出力を決める。この回路の場合は V_- は電源電圧の範囲内 ($V^- \sim V^+$) の任意の値に設定することができる。入出力の例を同図 (b) に示す。この例のように三角波を入力した場合、V_- の大きさを変えると、出力電圧のパルス幅が変化する。

5.11.2 ヒステリシス付きコンパレータ

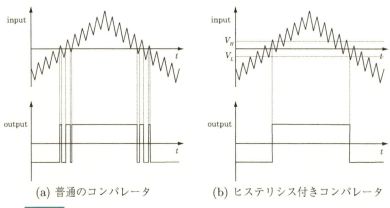

(a) 普通のコンパレータ (b) ヒステリシス付きコンパレータ

図 5.36 普通のコンパレータとヒステリシス付きコンパレータの比較

コンパレータの入力にノイズが含まれるとき、図 5.33 のコンパレータの入出力特性は図 5.36(a) となり、入力が閾値電圧（ここでは 0 V）付近のとき、

出力が頻繁に切り替わるという現象が起こる。これを防止するため、入力が V_H を上回ると出力が high になり、入力が V_L を下回ると出力が low になるようなコンパレータを構成すると、入出力特性は図 5.36(b) のようになり、出力が頻繁に切り替わる現象を回避することができる。この特性を持つ回路を、ヒステリシス付きコンパレータあるいはシュミットトリガ回路と呼ぶ。

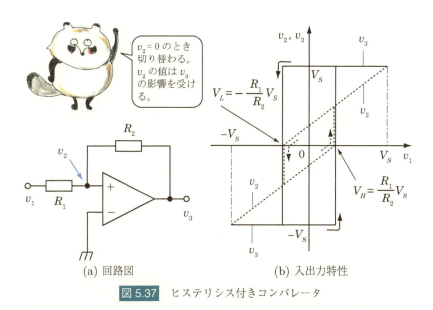

(a) 回路図　　　(b) 入出力特性

図 5.37　ヒステリシス付きコンパレータ

そのような回路は図 5.37(a) で実現できる。この回路は入力 v_1 を直接＋入力端子に加えるのではなく、入力と出力を分圧した値 v_2 を＋入力端子に加える。これにより、出力が low のときと high のときで閾値を変えることができる。

この回路は $v_2 > 0$ のとき出力は high になり、$v_2 < 0$ のとき出力は low になる。v_2 は v_1 と v_3 を分圧して得られ、

$$\begin{aligned} v_2 &= v_1 + \frac{R_1}{R_1 + R_2}(v_3 - v_1) \\ &= \frac{R_2 v_1 + R_1 v_3}{R_1 + R_2} \end{aligned} \quad (5.56)$$

である。電圧 v_1, v_2, v_3 と抵抗値 R_1, R_2 の関係を図 5.38(a) に示す。

出力 v_3 が high のときの電圧を V_S、low のときの電圧を $-V_S$ とする。

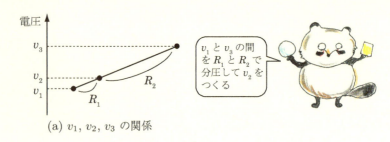

(a) v_1, v_2, v_3 の関係

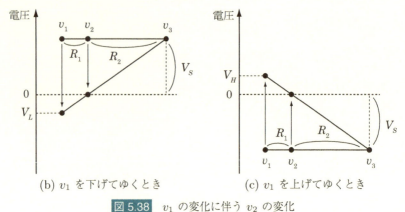

(b) v_1 を下げてゆくとき (c) v_1 を上げてゆくとき

図 5.38　v_1 の変化に伴う v_2 の変化

出力 v_3 が high (V_S) のときについて考える。入力 v_1 を V_S から下げてゆくと v_2 は図 5.38(b) のように変化する。$v_2 = 0$ となるときの v_1 は (5.56) の v_2 に 0, v_3 に V_S を代入して得られ、

$$v_1 = -\frac{R_1}{R_2}V_S \quad \Rightarrow \quad V_L \tag{5.57}$$

である。この閾値電圧を V_L とする。v_1 を変化させたときの v_2 （点線）と v_3 （実線）を図 5.37(b) (p.243) の第 1, 第 2 象限に示す。

入力 v_1 を V_L より小さく設定すると、$v_2 < 0$ となるため、出力 v_3 は low ($-V_S$) になる。$v_3 = -V_S$ のとき、v_1 を $-V_S$ から上げてゆくと v_2 は図 5.38(c) のように変化する。$v_2 = 0$ となるときの入力 v_1 の値 V_H は

$$v_1 = \frac{R_1}{R_2}V_S \quad \Rightarrow \quad V_H \tag{5.58}$$

で与えられる。$v_3 = -V_S$ のとき、v_1 を変化させたときの v_2 と v_3 の値を図 5.37(b) の第 3, 第 4 象限に示す。

入力 v_1 が変化する範囲を $-V_S < v_1 < V_S$ と仮定すると、図 5.38(b)(c)

から分かるように、$v_2 = 0$ となるには、$R_2 > R_1$ であることが必要である。

結局、この回路は入力 v_1 が V_H を超えたときに出力 v_3 が high (V_S) に切り替わり、V_L を下まわったときに出力が low ($-V_S$) に切り替わる。入力電圧が「増加」するときと「減少」するときとで、出力が切り替わる閾値が異なる。出力は「入力の履歴」によって決まるので、この回路はヒステリシス付きコンパレータ（履歴を持った比較器）あるいはシュミットトリガ回路と呼ばれる。

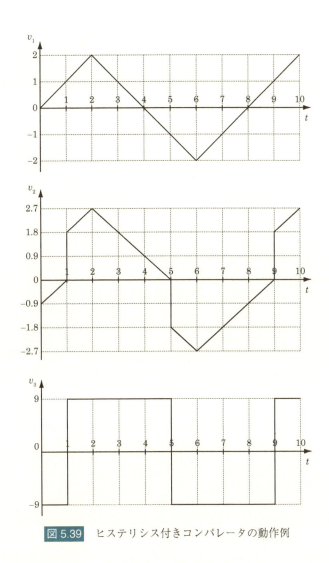

図 5.39　ヒステリシス付きコンパレータの動作例

図 5.37(a) のヒステリシス付きコンパレータの動作例を示す。$R_1 = 1\,\mathrm{k\Omega}$, $R_2 = 9\,\mathrm{k\Omega}$, コンパレータの飽和電圧を $\pm 9\,\mathrm{V}$ と仮定する。(5.57)(5.58) より、

$$V_L = -1\,\mathrm{V}, \qquad V_H = 1\,\mathrm{V} \tag{5.59}$$

である。$t = 0$ でコンパレータは負側 ($-9\,\mathrm{V}$) に飽和していることを仮定し、図 5.39 のような v_1 を入力した場合を考える。v_2 は (5.56) で得られる。(5.59) より、v_1 が $1\,\mathrm{V}$ を上回ったときに v_2 が $0\,\mathrm{V}$ を上回り、$v_3 = 9\,\mathrm{V}$ に切り替わる。v_1 が $-1\,\mathrm{V}$ を下回ったときに v_2 が $0\,\mathrm{V}$ を下回り、$v_3 = -9\,\mathrm{V}$ に切り替わる。その結果、同図中の v_2, v_3 が得られる。

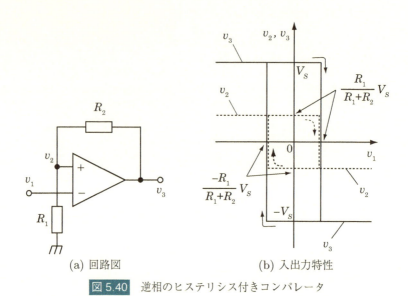

(a) 回路図　　(b) 入出力特性

図 5.40　逆相のヒステリシス付きコンパレータ

図 5.40(a) は逆相のヒステリシス付きコンパレータである。こちらの方が、動作原理を理解しやすい。分圧の式により

$$v_2 = \frac{R_1}{R_1 + R_2} v_3 \tag{5.60}$$

である。

今、出力 v_3 が low ($-V_S$) であるとする。$v_2 - v_1 > 0$、すなわち

$$v_1 < v_2 = -\frac{R_1}{R_1 + R_2} V_S$$

のとき、出力が high (V_S) に移行する。

出力が high のときは $v_3 = V_S$ である。$v_2 - v_1 < 0$、すなわち

$$v_1 > v_2 = \frac{R_1}{R_1 + R_2} V_S$$

のとき、出力が low ($-V_S$) に移行する。v_1 を変化させたときの v_2, v_3 の値を図 5.40(b) に示す。

5.12　オペアンプとコンパレータ

前節ではオペアンプを電圧を比較する素子として用いた。このような使い方をする場合、以下の点に注意する必要がある。

- オペアンプは負帰還を用いることを前提として設計されているため、発振防止のための位相補償用のコンデンサが内蔵されている。そのため、スピードが遅い（出力が切り替わるのに時間がかかる）。
- オペアンプの中には図 5.41 の破線で囲まれた部分のように、入力端子にリミッタ回路がついているものがある。図中の +INPUT と −INPUT 間の電圧はダイオードの順方向電圧 [20] (約 0.7 V) より大きくなることができない。リミッタ回路付きのオペアンプはコンパレータとして使えない。

そこで、比較専用の IC が開発されており、「コンパレータ」と呼ばれる。コンパレータの記号はオペアンプと同一である。

コンパレータはオープンコレクタと呼ばれる回路構成をとる製品が多い。例えばルネサスエレクトロニクスの μPC277 という型番のコンパレータの内部回路は図 5.42(a) のようになっている。トランジスタ [23] Q_8 のコレクタは出力端子（OUT と書かれている端子）のみに接続されている。このような回路構成をオープンコレクタと呼ぶ。

トランジスタ Q_8 はスイッチとして働く [24] ので、破線で囲んだ部分は図 5.42(b) のように考えることができる。スイッチが on のとき出力はほぼ V^-

---

[20] 第 6 章で勉強する

[21] 新日本無線 NJM5532 のデータシートより引用。

[22] ルネサスエレクトロニクス μPC277 のデータシート (資料番号 G10521JJCV0DS00 Dec.01.07Rev.12.00) より引用。

[23] 第 7 章で説明する。

[24] トランジスタをスイッチとして使用する方法については 7.3 節 (p.287) で説明する。

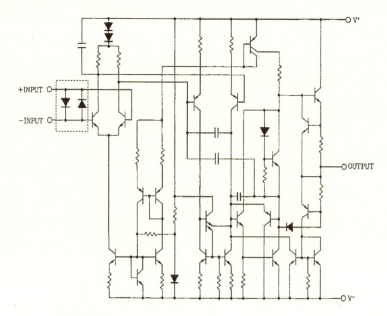

図 5.41　リミッタ回路（破線部分）つきのオペアンプ [21]

になる [25] が、off のとき出力は不定となる。そこで、図 5.42(c) のように出力端子に抵抗を接続し、その先を ＋電源端子 V^+ に接続する。この抵抗をプルアップ抵抗と呼ぶ。等価回路は同図 (d) のようになり、スイッチが on のとき $V_o = V^-$, off のとき $V_o = V^+$ となる [26] 。

オープンコレクタにすることにより、以下のメリットがある。

- プルアップ抵抗の接続先は V^+ でなくてもよい。好きな電圧に設定することができる。すなわち出力が high のときの電圧を自由に決めることができる。
- 図 5.42(e) のように複数のコンパレータの出力を並列に接続することが可能となる [27] 。どれか 1 つの出力が low になると、V_o は low

---

[25] トランジスタをスイッチとして使用するとき、on 状態のときにスイッチの端子間に発生する電圧は厳密には 0 にならず、飽和電圧になる。μPC277 のデータシートによると、out 端子に流入する電流が 4 mA のとき、飽和電圧は最大で 0.2 V である。

[26] 出力端子 V_o の次段に接続する回路の入力インピーダンスは非常に高いことを仮定する。次段に接続する回路の入力インピーダンスを R_{in} とすると、off のときの出力 V_o は V^-〜V^+ を R_{in} と R で分圧した値となる。

[27] 通常はオペアンプやコンパレータの出力同士を結んではいけない。出力インピーダンスが低いため、2 つのオペアンプの出力が異なるときに大電流が流れ、オペアンプが破壊される恐れがある。

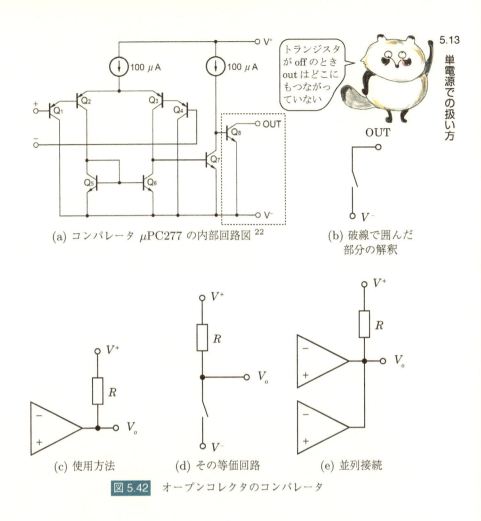

図 5.42 オープンコレクタのコンパレータ

になる。

5.13 単電源での扱い方

5.13.1 単電源とは

前節まではオペアンプに対する電源の与え方として、図 5.43(a) のように両電源 (dual supply あるいは split supply) で駆動する場合について述べた。オペアンプに対する電源の与え方として、図 5.43(b) のように単電源 (片電源) (single supply) で駆動する方法がある。

オペアンプを両電源で使用する場合の入出力特性は図 5.44(a) であり、既

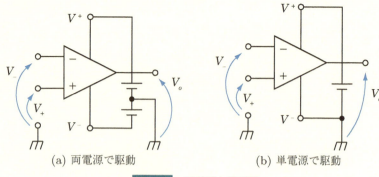

(a) 両電源で駆動　　(b) 単電源で駆動

図 5.43　両電源と単電源

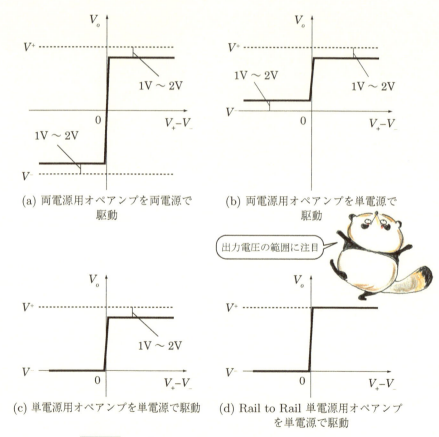

(a) 両電源用オペアンプを両電源で駆動

(b) 両電源用オペアンプを単電源で駆動

(c) 単電源用オペアンプを単電源で駆動

(d) Rail to Rail 単電源用オペアンプを単電源で駆動

出力電圧の範囲に注目

図 5.44　両電源用オペアンプと単電源用オペアンプ

に学習した。単電源で駆動することは $V^- = 0$ とすることであるから、同図 (b) のような特性になる。

単電源で使用する場合、同相入力電圧範囲（V_+, V_- に入力する電圧として許容される範囲）や出力電圧範囲（V_o が取りうる範囲）に 0 V が含まれていないと不都合なことが多い。そこで、オペアンプ内部の回路構成を工夫して入力の電圧範囲に 0 V を含むようにしたオペアンプが販売されており、「単電源用」のオペアンプと呼ばれている。多くの単電源用オペアンプは、出力にも 0 V を含んでおり、その場合の入出力特性は図 5.44(c) のようになる[28]。さらに出力電圧範囲 V_o を V^+ まで拡大した同図 (d) のようなオペアンプもある。

「Rail to Rail[29]」あるいは「フルスイング」と呼ばれるオペアンプは、入力のみ、あるいは出力のみ、あるいは入出力両方が $V^- \sim V^+$ に対応している。例えば「Rail to Rail 入出力」あるいは「入出力フルスイング」のように呼ばれる。図 5.44(d) は出力が Rail to Rail である。

単電源用のオペアンプと両電源用のオペアンプを比べると、単電源用のオペアンプの方が、入力・出力のとりうる範囲が広い。従って、単電源用のオペアンプを両電源で使用してもよい[30]。また、入出力に 0 V や V^+ 付近の値を使用しない場合は、両電源用オペアンプを単電源で使用してもよい。

5.13.2　増幅回路における考え方

信号は通常、図 5.45(a) に示すように ± に変化する。オペアンプを単電源で使用する場合、回路中の電圧は正の値しかとれない。従って、電源電圧を V_{CC} とするとき、オペアンプへの入力波形は図 5.45(b) に示すように、同図 (a) の波形を $\frac{V_{CC}}{2}$ シフトさせる必要がある。出力波形は非反転増幅回路の場合は同図 (c) のようになり、反転増幅回路の場合は同図 (d) のようになる。次段の回路が交流入力を要求するときは、次段の回路との間に「直流成分を除去して交流成分のみを通過させるためのコンデンサ」を挿入する。

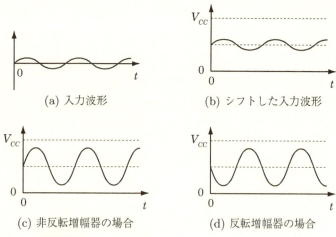

図 5.45　オペアンプを単電源で使用する場合の波形

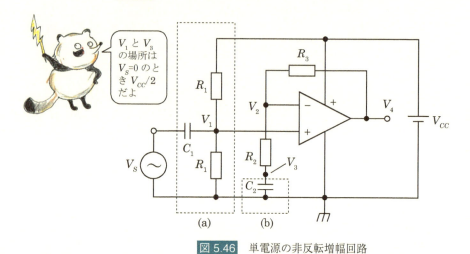

図 5.46　単電源の非反転増幅回路

5.13.3　非反転増幅回路

図 5.46 に非反転増幅回路を示す。信号源 V_S は交流電圧を発生させる。図 5.14(a) (p.223) で学習した非反転増幅回路と比べると、以下の 2 つの要素が追加されている。

---

[28] 「単電源用」のオペアンプの定義は、ルネサスエレクトロニクスやロームの Web サイトの解説によると、「入力に 0 V を含むこと」とある。

[29] 図 5.44(d) を見ると出力範囲は $V^- \sim V^+$ である。V^- と V^+ を 2 本のレールと見なすと、出力範囲はレールの端から端までとなる。これを Rail to Rail 出力と呼ぶ。

[30] 単電源用オペアンプはクロスオーバー歪を持つ製品がある。そのようなオペアンプは低い歪み率を要求される用途には向かない。

1. 入力電圧 V_S に $\frac{V_{CC}}{2}$ を加える回路（図中 (a)）。
2. V_3 の電位を $\frac{V_{CC}}{2}$ シフトさせるためのコンデンサ C_2（図中 (b)）

入力電圧に $\frac{V_{CC}}{2}$ を付加する回路は 4.5.2 節の p.200 付近で説明した。

$$\frac{1}{j\omega C_1} + \frac{R_1}{2} \simeq \frac{R_1}{2} \tag{5.61}$$

と近似できるように C_1 と R_1 を設定すると[31]、図 5.46 の回路は図 5.47(a) のように書き直せる。電圧 $V_1 \sim V_4$ は「直流に交流が重畳された電圧」である。この回路は以下のように考えて解析する。

重ね合わせの理を用いる。すなわち、直流電源 $\frac{V_{CC}}{2}$ に起因する電圧電流と交流信号源 V_S に起因する電圧電流を個別に求め、足し合わせる。バーチャルショートは直流と交流のいずれの場合についても成立する。

$\frac{V_{CC}}{2}$ に関する直流回路を図 5.47(b) に示し、V_S に関する交流回路を図 5.47(c) に示す。

図 5.47(b) の回路について考える。バーチャルショートが成立するので

$$V_{1(DC)} = V_{2(DC)} = \frac{V_{CC}}{2} \tag{5.62}$$

である。コンデンサ C_2 は直流を通さないので、（C_2 が充電される過渡現象終了後の）定常状態において、R_2, R_3 に電流は流れない。R_2, R_3 における電圧降下はないので、

$$V_{1(DC)} = V_{2(DC)} = V_{3(DC)} = V_{4(DC)} = \frac{V_{CC}}{2} \tag{5.63}$$

である。C_2 の両端電圧は $\frac{V_{CC}}{2}$ であり、$Q = C_2 \frac{V_{CC}}{2}$ の電荷が蓄積される[32]。

次に交流信号源 V_S に関する図 5.47(c) の回路について、複素記号法を用いて考える。バーチャルショートが成立するので

---

[31] 近似が成立する条件については、第 4 章の p.198 で考察した。

[32] 初期状態 $t = 0$ においてコンデンサ C_2 に蓄積された電荷は 0 であることを仮定すると (5.63) の値に落ち着くまでの間、過渡現象がおこる。出力 V_4 が飽和しないことを仮定すると、場所 V_3 の電圧（コンデンサ C_2 の両端にかかる電圧）$v_3(t)$ は

$$v_3(t) = \frac{V_{CC}}{2} \left(1 - e^{-\frac{1}{C_2 R_2} t} \right)$$

である。

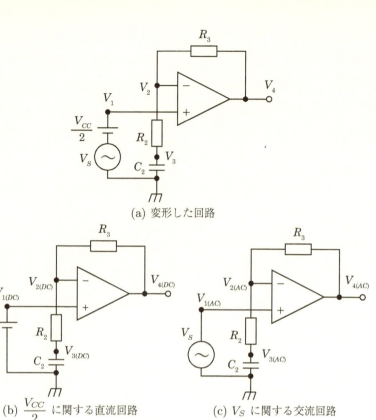

(a) 変形した回路

(b) $\frac{V_{CC}}{2}$ に関する直流回路

(c) V_S に関する交流回路

図 5.47 重ね合わせ

$$V_{1(AC)} = V_{2(AC)} = V_S \tag{5.64}$$

である。$V_{4(AC)}$ を「R_3」と「$R_2 + \frac{1}{j\omega C_2}$」で分圧した値が $V_{2(AC)}$ であるから、

$$V_{2(AC)} = \frac{\frac{1}{j\omega C_2} + R_2}{\frac{1}{j\omega C_2} + R_2 + R_3} V_{4(AC)} \tag{5.65}$$

である。

$$\frac{1}{j\omega C_2} + R_2 \simeq R_2 \tag{5.66}$$

と近似できるように C_2 と R_2 を選ぶと、

$$V_{4(AC)} = \frac{R_2 + R_3}{R_2} V_{2(AC)} = \frac{R_2 + R_3}{R_2} V_S \tag{5.67}$$

$$V_{3(AC)} = 0 \quad (5.68)$$

が得られる。

結局 V_4 は (5.63) と (5.67) の結果を用いると、「直流成分 $\frac{V_{CC}}{2}$」に「交流信号 V_S を $\frac{R_2+R_3}{R_2}$ 倍に増幅した値」を加えたものになる。

例として、V_S の振幅が $1\,\mathrm{V}$、$V_{CC} = 10\,\mathrm{V}$, $\frac{R_2+R_3}{R_2} = 2$ のときの V_S, $V_1 \sim V_4$ の波形を図 5.48 に示す。

ただし、この結果が成立するには、2 つの仮定 (5.61) (5.66) が成立する必要がある。(5.61) が満たされない場合、図 5.47(a)(c) における交流信号源は、図 4.34(c) (p.201) に基づいて、

$$\frac{\frac{R_1}{2}}{\frac{1}{j\omega C_1} + \frac{R_1}{2}} V_S \quad (5.69)$$

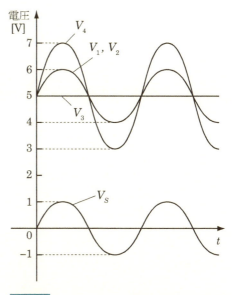

図 5.48　単電源の非反転増幅回路の波形例

となる。(5.66) が満たされない場合は (5.65) が適用されることになる。いずれにおいても、「周波数」によって「増幅率」と「入出力間の位相差」が変化する。

(5.61) を満たすには $\frac{C_1 R_1}{2}$ をできるだけ大きくすればよい。(5.66) を満たすには $C_2 R_2$ をできるだけ大きくすればよい。しかしながら、コンデンサが充電されて定常状態になるまでの目安となる時定数もそれぞれ $\frac{C_1 R_1}{2}$, $C_2 R_2$ であるので、$\frac{C_1 R_1}{2}$ や $C_2 R_2$ の値が大きすぎると、定常状態に到達するまでに時間がかかる。このトレードオフを考慮して適切な値に設定せねばならない。

5.13.4　直流成分を付加する回路の改良版

図 5.46 の非反転増幅回路は、何らかの要因により電源電圧 V_{CC} が変動す

ると、V_1 の直流電位が変化して入力に加算されるという問題がある。

V_{CC} が変動しても入力電圧が変化しないようにするには、図 5.49(a) のように回路を組めばよい。

この回路は以下の考え方で設計されている。まず、V_A の場所で安定した電圧 $\dfrac{V_{CC}}{2}$ を作り出す。次に、図 4.31(a) (p.196) で説明した直流成分を付加する回路（図 5.49(a) 中 R_A と C_1 の部分）を用いて、交流信号 V_S に直流成分 $\dfrac{V_{CC}}{2}$ を加算した電圧を、V_1 の場所に得る。

図 5.49(a) において、電源電圧の変動成分を $V_{CC(AC)}$ として表す。また、同図中には、電源電圧そのものを安定化させるためのコンデンサ C_B が明示的に示されている。実際にオペアンプ回路を組む場合、電源に並列に入れるコンデンサ C_B は回路図に示されていなくても取りつける場合が多い。以下の説明では C_B は省略する。

図 5.49(a) における入力電圧 V_1 を同図 (b)(c)(d) に示すように、$V_{CC(DC)}$ と $V_{CC(AC)}$ と V_S の重ね合わせで考える。

図 5.49(b) において、コンデンサ C_A と C_1 は直流を通さないから、$V_{CC(DC)}$ に関しては

$$V_{A(DC)} = V_{1(DC)} = \frac{V_{CC(DC)}}{2} \tag{5.70}$$

である。

図 5.49(c) において、

$$\frac{1}{j\omega C_A} \simeq 0 \tag{5.71}$$

と近似できるように C_A を大きな値に設定すると、$V_{A(AC0)}$ の場所はアースと短絡することになるので、

$$V_{A(AC0)} \simeq 0$$

である。$V_{1(AC0)}$ は $V_{A(AC0)}$ とアースの間にあるので、

$$V_{1(AC0)} \simeq 0 \tag{5.72}$$

である。

次に信号源に関する回路である図 5.49(d) について考える。

---

[33] Analog Devices 社のオペアンプ AN-581 のアプリケーションノート REV.0 2002 から引用（多少レイアウトを変更）。Reprinted with permission of Analog Devices, Inc. © 2014 All rights reserved

5.13 単電源での扱い方

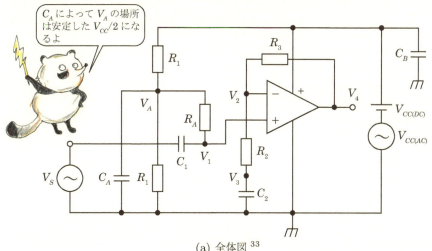

(a) 全体図 [33]

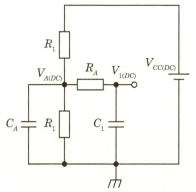

(b) $V_{CC(DC)}$ に関する直流回路

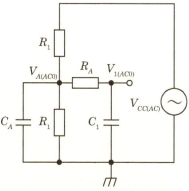

(c) $V_{CC(AC)}$ に関する交流回路

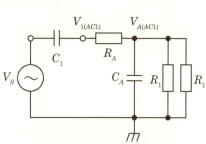

(d) V_S に関する交流回路

図 5.49　非反転増幅回路の改良版

$$\frac{1}{j\omega C_1} \simeq 0 \tag{5.73}$$

と近似できるように C_1 を設定すると、(5.71) と併せて

$$V_{A(AC1)} \simeq 0$$
$$V_{1(AC1)} \simeq V_S \tag{5.74}$$

である。

結局、(5.70) (5.72) (5.74) より、図 5.49(a) の回路において、場所 V_1 の電圧は「直流成分 $\frac{V_{CC(DC)}}{2}$」に「交流成分 V_S」を加算したものになり、電源電圧の変動成分 $V_{CC(AC)}$ の影響を受けない。

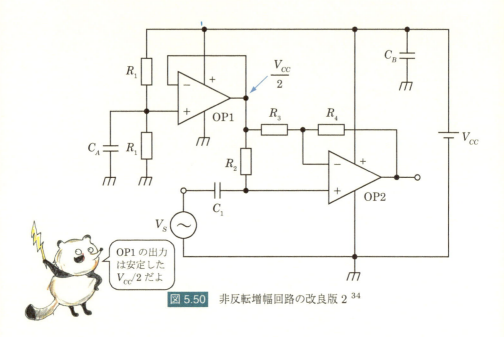

図 5.50　非反転増幅回路の改良版 2 [34]

図 5.49(a) の回路においては、場所 V_A, V_3 の 2 箇所で $\frac{V_{CC}}{2}$ の電圧を得ていた。$\frac{V_{CC}}{2}$ の電圧を別途供給できる場合は、図 5.50 のように組めばよい。C_A の効果により、オペアンプ OP1 の出力端子からは安定した $\frac{V_{CC}}{2}$ が出力されている。

C_1 と R_2 によって V_S を $\frac{V_{CC}}{2}$ シフトさせる。

---

[34] トランジスタ技術（雑誌名）2012 年 8 月号 p.196 に掲載された回路から引用。ただし、トラ技に掲載された回路には C_1 と R_2 の接続点と ＋ 入力端子の間に抵抗が挿入されている。また C_A は筆者が付加した。

R_3 の左端は図 5.46 や図 5.49(a) においては、無信号時に $\frac{V_{CC}}{2}$ の直流電圧を発生するコンデンサに接続されていた。この回路ではオペアンプ OP1 の出力として $\frac{V_{CC}}{2}$ が得られているので、R_3 の左端を OP1 の出力に接続する。

5.13.5 反転増幅回路

単電源の場合の反転増幅回路を図 5.51 に示す。直流電源 V_{CC} に関する部分と交流信号源 V_S に関する部分に分けて考える。

まず、図 5.51(b) に示す V_{CC} に関する回路について考える。分圧の式より

$$V_{3(DC)} = \frac{V_{CC}}{2} \tag{5.75}$$

である。また、バーチャルショートが成立するので

$$V_{2(DC)} = V_{3(DC)} \tag{5.76}$$

である。定常状態においてコンデンサに直流電流は流れないので R_1 と R_2 には直流電流は流れず、R_1 と R_2 における電圧降下（上昇）はない。ゆえに

$$V_{1(DC)} = V_{2(DC)} = V_{3(DC)} = V_{4(DC)} = \frac{V_{CC}}{2} \tag{5.77}$$

であり、コンデンサ C にかかる電圧は $\frac{V_{CC}}{2}$ である[35]。すなわち、C は入力信号源 V_S の電圧を $\frac{V_{CC}}{2}$ シフトさせる働きを持つ。

次に交流信号源 V_S に関する回路である図 5.51(c) について複素記号法を用いて考える。2 個の R_3 には電流は流れないので、R_3 における電圧降下はない。

$$V_{3(AC)} = 0 \tag{5.78}$$

である。バーチャルショートが成立するので

$$V_{2(AC)} = 0 \tag{5.79}$$

---

[35] (5.77) で表される定常状態に到達するまでに過渡現象がおこる。初期状態においてコンデンサに蓄積されている電荷を 0 とし、オペアンプの出力 $V_{4(DC)}$ は飽和しないことを仮定する。バーチャルショートにより $V_{2(DC)} = \frac{V_{CC}}{2}$ なので、場所 V_1 の電圧 $v_1(t)$ は次式で表される。

$$v_1(t) = \frac{V_{CC}}{2} \left(1 - e^{-\frac{1}{CR_1}t} \right)$$

第5章 オペアンプ

CはV_sを$V_{CC}/2$シフトさせる働きを持つよ

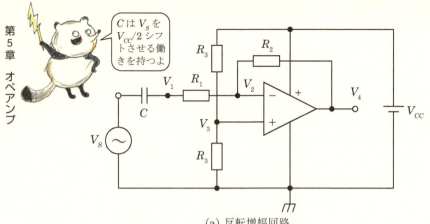

(a) 反転増幅回路

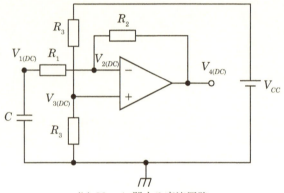

(b) V_{CC} に関する直流回路

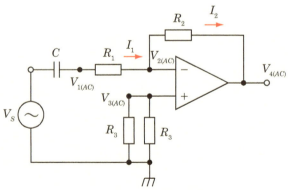

(c) V_S に関する交流回路

図 5.51　単電源の反転増幅回路

である。図中の $I_1 = I_2$ より

$$\frac{V_S}{\frac{1}{j\omega C} + R_1} = -\frac{V_{4(AC)}}{R_2} \tag{5.80}$$

である。

$$\frac{1}{j\omega C} + R_1 \simeq R_1 \tag{5.81}$$

と近似できるように C と R_1 を設定すると、

$$V_{4(AC)} = -\frac{R_2}{R_1}V_S \tag{5.82}$$

が得られる。

(5.77) と (5.82) より、電圧 V_4 は「直流成分 $\frac{V_{CC}}{2}$」に「交流信号 V_S を $-\frac{R_2}{R_1}$ 倍したもの」を加えたものになる。

例として、V_S の振幅が 1V、$V_{CC} = 10\,\mathrm{V}$、$-\frac{R_2}{R_1} = -2$ のときの V_S, $V_1 \sim V_4$ の波形を図 5.52 に示す。

ただし、この結果が成立するには仮定 (5.81) 成立する必要がある。(5.81) が満たされないとき、(5.80) が適用されるので、増幅率が (5.82) より小さくなり、入出力信号間に位相差が生じる。また式中に ω が含まれるので、周波数によって特性が変化する。

電源電圧の変動に対する対策としては、図 5.49(a) (p.257) や図 5.50 (p.258) の

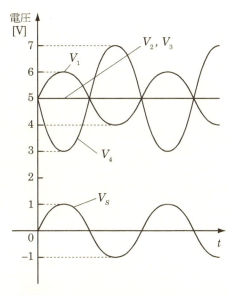

図 5.52 単電源の反転増幅回路の波形例

C_A と C_B のように「V_{CC} とアースの間にコンデンサを入れる」「場所 V_3 とアースの間にコンデンサを入れる」を行えばよい。

第6章 ダイオード

▶ 6.1 ダイオードの基本性質

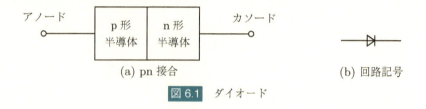

図 6.1 ダイオード

ダイオードは図 6.1(a) のように p 形半導体と n 形半導体[1]を接合した素子である。pn 接合と呼ばれる。「p 形半導体 → n 形半導体」の方向だけに電流が流れるという性質がある。回路記号は図 6.1(b) であり、矢印の方向にのみ電流が流れる。

端子に名前が付いており、p 形半導体側の端子をアノード、n 形半導体側の端子をカソードと呼ぶ。

図 6.2 のように電圧 V と電流 I の向きを定義する。V と I は以下の式で表される関係を持つ。

---

[1] 導体（電気をよく通す媒質：鉄や銅などの金属の抵抗率は $10^{-7}\,\Omega\mathrm{m} \sim 10^{-8}\,\Omega\mathrm{m}$）と絶縁体（電気を通さない媒質：紙・ゴム・ガラスなどの抵抗率は $10^{10}\,\Omega\mathrm{m} \sim 10^{16}\,\Omega\mathrm{m}$）の中間の性質を持った媒質を半導体（抵抗率は $10^{-5}\,\Omega\mathrm{m} \sim 10^{6}\,\Omega\mathrm{m}$）という。ゲルマニウム（抵抗率は $6.9 \times 10^{-1}\,\Omega\mathrm{m}$）やシリコン（抵抗率は $4 \times 10^{3}\,\Omega\mathrm{m}$）が半導体の代表であり、4 価の元素（最外殻の電子の個数が 4 個）である。この半導体に微量の不純物を混ぜると電気をよく通すようになる。例えばシリコンに不純物を 1 千万分の 1 混ぜると、抵抗率は 10 万分の 1 以下になる。p 形半導体はホウ素など 3 価の原子を混ぜたものであり、正孔（ホール）がキャリア（電荷の運び手）となり電流が流れる。n 形半導体はリンやヒ素など 5 価の原子を混ぜたものであり、電子がキャリアとなり電流が流れる。
抵抗率の単位 $\Omega\mathrm{m}$ は、断面積 $1\mathrm{m}^2$、長さ 1 m の媒質の抵抗値を表す。

図 6.2　電圧と電流の向きの定義

$$I = I_s \left(e^{\frac{q}{nkT}V} - 1 \right) \tag{6.1}$$

ここで I_s は逆方向飽和電流で、シリコンダイオードの場合 10^{-7} A 〜 10^{-12} A 程度の値を持つ。k はボルツマン定数で 1.38×10^{-23} JK^{-1}、T は絶対温度[2] を表し、q は電荷素量[3] で 1.6×10^{-19} C である。n は再結合電流の影響を表す量で、ダイオードによって異なるが、1 〜 2 の範囲の値をとる。

(6.1) の I は V を引数とする指数関数であるが、その形は座標軸のとり方によって、異なって見える。小信号用ダイオードとしてポピュラーな型番である 1N4148 の特性を例として、そのことを説明する。

データシートに記載されている 25°C のときの特性のグラフを、(6.1) でフィッティングして I_s と n を求め[4]、その値に基づいてグラフを描いたのが図 6.3(a)〜(c) である。この 3 つのグラフは同一のデータに基づくが、座標軸の取り方が異なるため、見た目はかなり異なる。図 6.3(a) は縦軸（電流）を対数で表し、同図 (b) と (c) は縦軸をリニアで表している[5]。図 6.3(b) と (c) は縦軸の最大値が異なる。同図 (c) の縦軸は、軸に付けた数値に 10^{-3} をかけることに注意する。

縦軸をリニアで表した図 6.3(b)(c) を見ると、ダイオードの特性は図 6.3(d) のように近似できることが分かる。V_F の値を**順方向電圧**[6] と呼び、ダイオードの種類によって異なる。また、ダイオードに流す電流のオーダーによっても若干変動する。ダイオードに流す電流が大きいとき V_F は大きくなる。本章では図 6.3(d) のように近似できることを仮定して、話を進める。

---

[2] $-273.15°$C（摂氏：セルシウス温度）を 0 K（ケルビン）とする温度の表し方。0°C = 273.15 K、26.85°C = 300 K である。
[3] 陽子 1 個あるいは電子 1 個が持つ電荷量の絶対値をいう。電気素量ともいう。
[4] $I_s = 3.9$ nA、$n = 1.89$ 程度になった。
[5] リニアとログ（対数）の違いは第 4.1 節の図 4.8 (p.170) 付近で説明した。
[6] 本書では V_F を「順方向電圧」と呼ぶ。その他に「順方向電圧降下」「順電圧」「順電圧降下」「on 電圧」と呼ばれる場合もある。

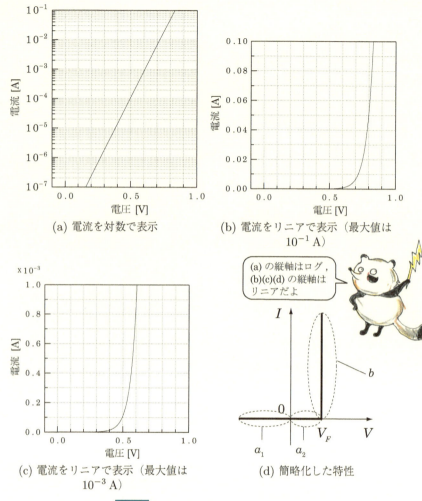

図 6.3　ダイオード 1N4148 の特性

V_F の目安としては、ゲルマニウムダイオードやショットキーバリアダイオードの場合は $0.2\,\mathrm{V} \sim 0.4\,\mathrm{V}$ 程度、シリコンダイオードの場合は $0.6\,\mathrm{V} \sim 0.8\,\mathrm{V}$ 程度である。

図 6.3(d) に示す特性を言葉で説明すると、表 6.1 のようになる。なお、ダイオードにおいては図 6.2 の V が正のとき順方向、負のとき逆方向とよぶ。

表 6.1 によると、ダイオードは 2 つの状態がある。本書では、ダイオードが無限大の抵抗と等価であるとき、**off** 状態、導通状態のとき **on** 状態と呼ぶ。ダイオードは図 6.4(a) の回路記号で表されるが、off 状態のときは同図 (b)

表 6.1 ダイオードの特性を言葉で表す

図中の部分	ダイオードにかける電圧	等価な表現
a_1	逆方向	抵抗値無限大
a_2	順方向で V_F 未満	抵抗値無限大
b	順方向で V_F 以上	抵抗値は 0 (導通)。ただしダイオードの両端に電圧 V_F が発生する。

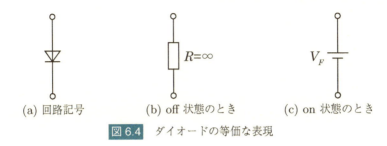

(a) 回路記号　　(b) off 状態のとき　　(c) on 状態のとき

図 6.4 ダイオードの等価な表現

と等価であり、on 状態のときは同図 (c) と等価である。

図 6.3(d) によると、ダイオードの両端電圧 V は V_F を超えることはないので、表 6.1 の「ダイオードにかける電圧が V_F 以上」という表現はやや不正確である。正確には「ダイオードを取り去ったときに、その場所に発生する電圧」である。

6.2 ダイオードにおける電圧降下

ダイオードに順方向の電圧をかけ、電流 I が流れるとき (on 状態のとき)、電圧降下 V_F (順方向電圧) が発生する。電流が流れて電圧降下が起こる接合部では電力が消費される。すなわち、$P = V_F I$ の電力が消費され、熱となる。

発光ダイオード (LED: Lignt Emitting Diode) の場合は、消費される電力の一部が光となる。発光ダイオードの回路記号を図 6.5 に示す。発光を表す矢印が付加されている。矢印の向きは斜め上向きに書く。

発光ダイオードの順方向電圧は通常のダイオードより高い。赤は 2 V, 青は 3 V 程度である (電流が 20 mA のとき)。波長が短いほど順方向電圧は高くなる。

図 6.5　発光ダイオードの回路記号

6.3　発光ダイオードの駆動回路

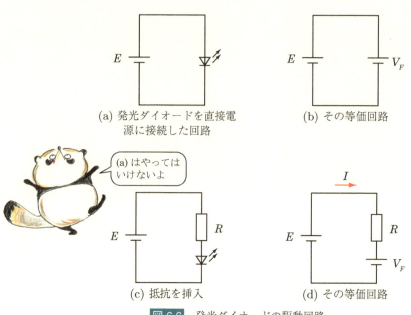

図 6.6　発光ダイオードの駆動回路

　図 6.6(a) のように電圧源に発光ダイオードのみを接続し、$E > V_F$ であったと仮定する。そのときの等価回路は同図 (b) のようになり、大きさが $(E - V_F)$ の電圧源をショートさせたのと同じことになる。大きな電流が流れて発光ダイオードは焼損し、電源にもダメージを与える可能性がある。図 6.6(a) のように電源と発光ダイオードを直結してはいけない。
　そこで、図 6.6(c) のように、抵抗を挿入して電流を調節する。このときの等価回路は同図 (d) のようになる。例えば、電圧源が $E = 5\,\mathrm{V}$, 発光ダイオードに流す電流を $I = 20\,\mathrm{mA}$, 順方向電圧が $V_F = 3\,\mathrm{V}$ であるとき、挿

入する抵抗 R の値は次式で与えられる。

$$R = \frac{5\,\mathrm{V} - 3\,\mathrm{V}}{0.02\,\mathrm{A}} = 100\,\Omega$$

このとき発光ダイオードが消費する電力は

$$3\,\mathrm{V} \times 20\,\mathrm{mA} = 60\,\mathrm{mW}$$

であり、抵抗が消費する電力は、$E - V_F = 2\,\mathrm{V}$ より

$$2\,\mathrm{V} \times 20\,\mathrm{mA} = 40\,\mathrm{mW}$$

である。

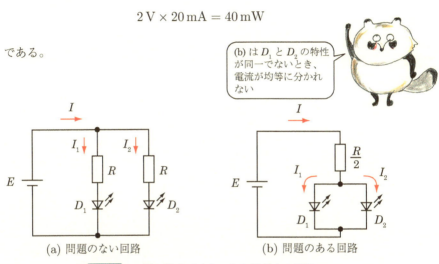

(b) は D_1 と D_2 の特性が同一でないとき、電流が均等に分かれない

図 6.7　2 個の発光ダイオードを駆動する回路

複数の発光ダイオードを駆動するときは図 6.7(a) のように回路を組む。図 6.7(b) としても良さそうにみえるが、この回路は問題がある。図 6.7(b) の回路の場合、2 個の発光ダイオードが同一の順方向電圧を持つなら $I_1 = I_2$ となり問題ないが、順方向電圧がわずかでも異なると、順方向電圧が低い発光ダイオードのみに電流が流れる。図 6.7(a) の回路では、2 個の発光ダイオードの順方向電圧が多少異なっても $I_1 \simeq I_2$ となる。

6.4　整流回路（電源用）

6.4.1　半波整流回路

ダイオードを使うと、交流電圧の + の部分（あるいは − の部分）のみを

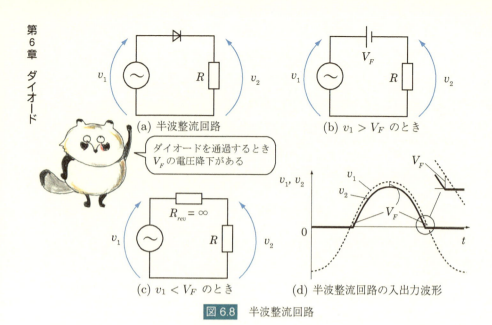

図 6.8　半波整流回路

取り出すことができる。これを整流という。コンデンサと組み合わせることで、交流を直流に変換することができる。

図 6.8(a) の半波整流回路について考える。$v_1 > V_F$ のときダイオードは on 状態となり、同図 (b) のようになる。$v_2 = v_1 - V_F$ である。$v_1 < V_F$ のとき、ダイオードは off 状態となり、同図 (c) のようになる。v_2 は、v_1 を「抵抗 R」と「無限大の抵抗 R_{rev}」で分圧したときに、有限の値 R にかかる電圧であるから、$v_2 \simeq 0$ となる。結局、電源電圧 v_1 と負荷抵抗 R にかかる電圧 v_2 の波形は同図 (d) のようになる。

図 6.8(d) が示すように、半波整流回路は波形の半分を完全に取り出すのではなく、順方向電圧 V_F（シリコンダイオードでは $0.6\,\mathrm{V} \sim 0.8\,\mathrm{V}$ 程度）の影響を受ける。

説明を簡単化するため、$V_F \simeq 0$ と近似すると、半波整流回路の入出力波形は図 6.9 となる。このときダイオードは以下のように考えればよい。

- ダイオードの矢印の向きに電流を流すように電圧をかけると、ダイオードは導通状態である。
- 逆方向に電流を流すように電圧をかけると、ダイオードは抵抗値無限大（断線状態）とみなせる。

図 6.8(a) の回路のダイオードの向きを逆にすると、波形の − 側のみを取

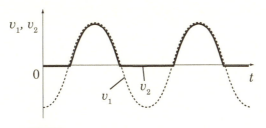

図 6.9　半波整流回路の入出力波形の概形

り出せる。

6.4.2　全波整流回路

図 6.10(a) は全波整流回路である。ダイオードが菱形に並んでいる部分を**ブリッジダイオード**（あるいはダイオードブリッジ）と呼び、ブリッジ整流回路と呼ばれる。この部分を 1 個の部品とした製品が製造されている。この回路は AC アダプタなど、交流を直流に変換するときに定番的に用いられる。順方向電圧 $V_F \simeq 0$ と近似すると、この回路は以下の 2 つの状態をもつ。

1. $v_1 > 0$ のとき、図 6.10(b) のような状態となる。
2. $v_1 < 0$ のとき、図 6.10(c) のような状態となる。

図 6.10(b)(c) において、抵抗値無限大とみなせるダイオードを点線で描いた。電圧波形の概形を図 6.10(d) に示す。v_A, v_B は図 6.10(a) の中で E と印をつけた場所を基準としたときの電圧である。全波整流回路は半波整流回路とは異なり、電圧 v_1 と v_2 の起点は同一ではない。

全波整流回路によって得られる波形は半波整流回路に比べると、より直流に近いので、平滑化が容易である[7]。電源回路としては通常は全波整流回路が用いられる。

絶縁

AC アダプタは、家庭のコンセントに来ている AC（交流）100V を低い電圧の直流（通常は 24 V 以下）に変換する電気機器である。AC アダプタをコンセントに差したとき、柱上変圧器（電柱の高いところに設置されている大きな変圧器）から住宅までの配線も含めて回路図を書くと図 6.11 のよう

---

[7] 平滑化するためのコンデンサの容量が小さくて済む。

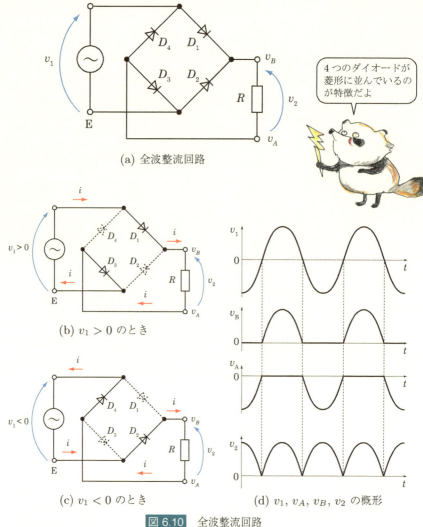

図 6.10 全波整流回路

になる[8]。

　家庭のコンセントの 2 つの差し込み口を良く観察すると、長さが異なる。図中「ア」で示された長い方（v_1 に対応）はコールドと呼ばれ、柱上変圧器において大地に接続されている。⏚ は大地に接続することを意味する。図中「イ」で示された短い方（v_2 に対応）はホットと呼ばれ、±141 V の正弦

---

[8] AC アダプタには図 6.11 に示したトランス方式以外に、スイッチング方式のものがある。スイッチング方式の AC アダプタは図 6.11 とは異なる構成を持つ。

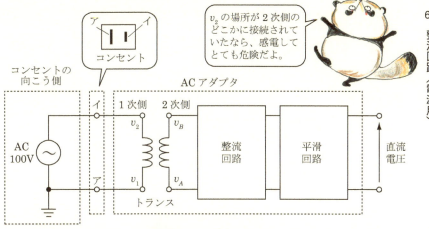

図 6.11　整流回路と絶縁

波電圧がきている。「ア」に触れても感電しないが、「イ」に触れると感電して死にいたることもあり、大変危険である。

　図 6.11 中のトランスは「降圧」と「絶縁」の 2 つの働きをしている。もし v_2 の場所が、v_A, v_B など 2 次側の回路のどこかの場所と接続されていたなら、2 次側の回路のどこを触っても感電する。1 次側の AC 100V の回路と 2 次側の回路は絶縁されていなければならない。4.6.3 節 (p.210) で学習した単巻変圧器は用いることができない。整流回路を自作するときは注意が必要である。

6.4.3　平滑回路

　電源回路の出力としては脈動の少ない直流が要求される。コンデンサを用いると、半波整流回路や全波整流回路で得られた波形を平滑化することができる。

　図 6.12(a) は半波整流回路に平滑用のコンデンサを接続した回路である。この回路を回路シミュレータ LTspice を用いて解析する。電源電圧 v_1 は「振幅 10 V, 周波数 50 Hz の正弦波交流」とし、負荷の抵抗値は $R = 100\,\Omega$ とする。コンデンサの容量を $C = 0\,\mu\text{F}, C = 100\,\mu\text{F}, C = 500\,\mu\text{F}$ に設定して解析する。v_1, v_2 の波形を図 6.12(b) に示し、i の波形を同図 (c) に示す。v_2 の波形はコンデンサの容量が大きくなるほど滑らかになっている。

　v_2 の波形は図 6.12(d) のような形をしている。区間 A においてダイオードは off であり、コンデンサから電流が供給されている。この現象は、図 4.27

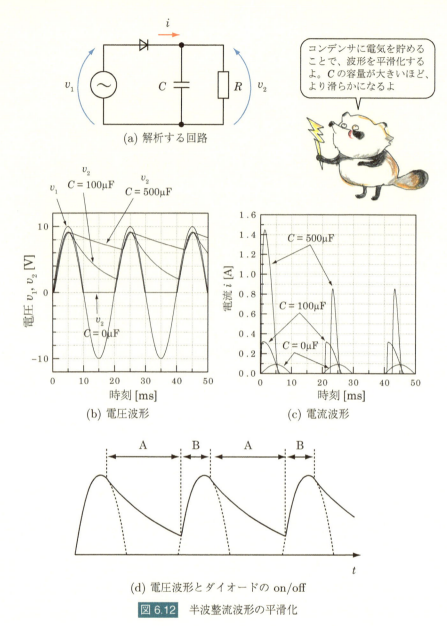

図 6.12　半波整流波形の平滑化

(p.192) の回路の電圧波形が図 4.28 になるのと同じ現象である。電圧は指数関数的に減少している。区間 B でコンデンサは充電されている。図 6.12(c) を見ると、区間 B において、コンデンサを充電するために大きな電流が流れている。なお、初期状態においてはコンデンサに電荷は貯まっていないことを

仮定している。ゆえに、図 6.12(d) の $C = 100\,\mu\mathrm{F}$, $C = 500\,\mu\mathrm{F}$ の波形は、1 回目の周期のみ電流が多く流れている。平滑回路は電源 on の直後に、空のコンデンサを充電するために大きな電流が流れる。これを突入電流という。

ここでは抵抗値を固定し、コンデンサの容量を変えたときの波形を観察した。コンデンサの容量を固定し、抵抗値を変化させたなら、抵抗値が大きいほど抵抗を流れる電流が少なくなるため、より滑らかな波形になる。

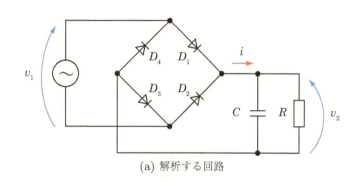

(a) 解析する回路

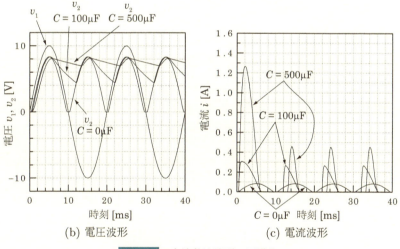

(b) 電圧波形　　　　　　　　(c) 電流波形

図 6.13　全波整流波形の平滑化

図 6.13(a) の全波整流回路において、$R = 100\,\Omega$ とし、平滑用コンデンサ C の容量を変えた場合の電圧・電流波形を同図 (b)(c) に示す。電源波形は半波整流回路の場合と同一である。ダイオードを 2 個通過するので、v_2 のピーク値は半波整流回路のときより小さくなっている。また、同一容量のコ

ンデンサを使う場合、半波整流回路より全波整流回路の方が、より直流に近い波形が得られる。

6.5 整流回路（信号処理用）

前節で学習した電源回路に用いる整流回路では、出力電流としてある程度の電流を流すことを想定していた。本節では入力電圧は 10 V 以下で、出力は電圧として取り出し、出力電流はほとんど流さない場合を考える。

6.5.1 ダイオードと抵抗のみの回路

前節で図 6.14(a) に示す半波整流回路を学んだ。これに加えて、図 6.14(b) に示す回路も半波整流回路である。

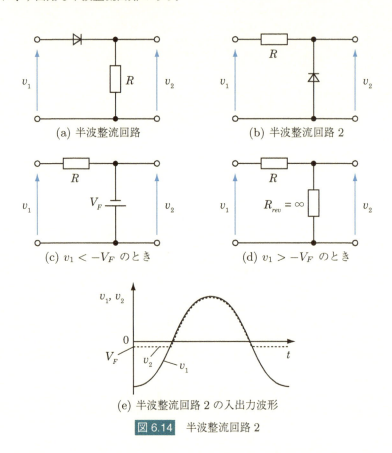

図 6.14　半波整流回路 2

図 6.14(b) において、$v_1 < -V_F$ のとき、ダイオードは on 状態となり、同図 (c) のようになる。$v_2 = -V_F$ である。$v_1 > -V_F$ のとき、ダイオードは off 状態となり、同図 (d) のようになる。v_2 は「v_1 を有限の値 R と無限大の抵抗 R_{rev} で分圧したときに、R_{rev} にかかる電圧」なので、$v_2 \simeq v_1$ である。結局、入出力の波形は同図 (e) のようになる。

図 6.14(a)(b) の半波整流回路は波形の半分を完全に取り出すのではなく、順方向電圧 V_F（シリコンダイオードの場合は 0.6 V 〜 0.8 V 程度）の影響を受ける。v_1 の振幅が小さくて V_F の値が無視できない場合は、V_F が小さいゲルマニウムダイオードやショットキーバリアダイオード（V_F はどちらも 0.2 V 〜 0.4 V 程度）を用いるか、次項で述べるオペアンプを使った整流回路を用いる。

6.5.2　オペアンプを用いた整流回路

オペアンプを使用すると V_F の影響を受けない整流回路が実現可能である。ただし、オペアンプで出力可能な電流は通常は mA オーダーなので、大電流で負荷を駆動することはできない。

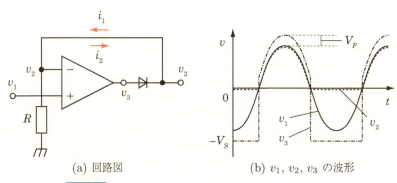

(a) 回路図　　(b) v_1, v_2, v_3 の波形

図 6.15　オペアンプを用いた非反転形の半波整流回路

図 6.15(a) はオペアンプを用いた非反転形の半波整流回路である。5.5.2 項 (p.222) で学習した非反転増幅回路において、$R_2 = 0$ とおき、出力端子の先にダイオードを挿入した回路である。この回路は以下のように考える。

1. v_1 を何らかの値に設定し、バーチャルショートが成立すると仮定する。
2. そのとき電流が流れる向きとダイオードの矢印の方向が同じなら、

負帰還が起こり、バーチャルショートが成立する。そうでないなら、バーチャルショートは成立せず、オペアンプはプラスかマイナスのどちらかに飽和する。

$v_1 > 0$ の場合を考える。$v_1 = v_2$ を仮定すると、電流は i_1 の向きに流れる。ダイオードの向きと電流の方向が一致するので、バーチャルショートが成立する。ダイオードで V_F の電圧降下があるので、$v_1 = v_2 = v_3 - V_F$ である。

次に $v_1 < 0$ の場合を考える。$v_1 = v_2$ を仮定すると、電流は i_2 の向きに流れようとするが、ダイオードが逆方向に入っているので、電流は流れず、負帰還は起こらない。

オペアンプが正方向に飽和すると仮定し、正の飽和電圧を V_S とすると、$v_2 = V_S - V_F > v_1$ であり、オペアンプは負方向へ飽和しようとする。オペアンプが負方向に飽和すると仮定すると、v_2 はアース点（0 V）と負の飽和電圧 $-V_S$ を「R」と「無限大の抵抗（ダイオード）」で分圧して得られるので、$v_2 \simeq 0$ となる。$v_1 < v_2$ なので、オペアンプは負方向に飽和し、仮定と矛盾しない。従って、オペアンプは負方向に飽和する。「オペアンプが飽和する方向」は「ダイオードに電流が流れない方向」と言える。

結局、図 6.15(a) の回路の v_1, v_2, v_3 は同図 (b) のようになる。v_3 は v_1 の符号が切り替わる瞬間に、V_F と負の飽和電圧 $-V_S$ の間をジャンプするので、周波数が高いとき、オペアンプの出力が信号に追従できないという問題がある。

図 6.16(a) は 5.5.1 項 (p.220) で学習した反転増幅回路に対して、出力端子の先にダイオードを挿入した回路である。$R_1 = R_2$ を仮定する。

$v_1 > 0$ のとき、$v_2 = 0$ を仮定すると、電流は i_1 の向きに流れ、ダイオードの向きと一致する。負帰還がかかり、バーチャルショートが成立する。このとき、$v_4 = -v_1$ である。ダイオードには順方向電圧がかかるので、$v_3 = v_4 - V_F$ である。

$v_1 < 0$ のとき $v_2 = 0$ を仮定すると、電流は i_2 の向きに流れようとするが、ダイオードが逆方向に入っているため、負帰還がおこらず、バーチャルショートは成立しない。オペアンプは「ダイオードに電流が流れない方向、すなわち正方向」に飽和すると仮定すると、v_1 と v_3 の間の電圧はほとんどがダイオードにかかるため、R_1, R_2 にかかる電圧はほぼ 0 であり、$v_2 \simeq v_1 < 0$ である。このときオペアンプは正方向に飽和し、仮定と矛盾しない。

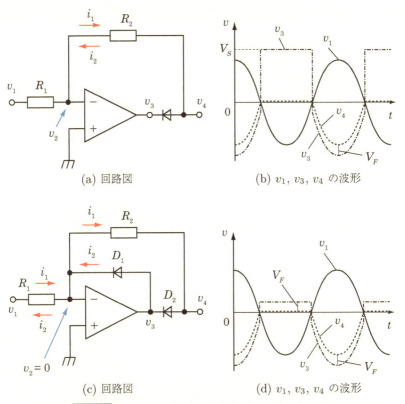

(a) 回路図　(b) v_1, v_3, v_4 の波形

(c) 回路図　(d) v_1, v_3, v_4 の波形

図 6.16　オペアンプを用いた反転形の半波整流回路

　結局 v_1, v_3, v_4 の電圧波形は図 6.16(b) のようになる。v_1 の符号が切り替わる瞬間にオペアンプの出力がジャンプする。

　オペアンプの出力がジャンプするのを避ける回路が図 6.16(c) である。$v_1 > 0$ のとき i_1 の向きに電流が流れ、$v_1 < 0$ のとき i_2 の向きに電流が流れる。常に負帰還がかかり、バーチャルショート $v_2 = 0$ が常に成立する。

　$v_1 > 0$ のときは図 6.16(a) のときと同様で、$v_4 = -v_1$, $v_3 = v_4 - V_F$ である。$v_1 < 0$ のとき $v_3 = V_F$ である。$v_2 (0\,\mathrm{V})$ と $v_3 (V_F)$ の間の電圧を R_2 とダイオード D_2（抵抗値無限大）で分圧して v_4 は得られる。R_2 には電圧はほとんどかからないので、$v_4 \simeq 0$ である。

　結局、v_1, v_3, v_4 の波形は図 6.16(d) のようになり、オペアンプの出力が大きくジャンプすることはない。

　本項で述べた整流回路は入力信号が負になる部分をカットする回路であっ

た。ダイオードの向きを逆にすると、入力信号が正になる部分をカットする回路になる。

6.6 ダイオードと抵抗を接続した回路

図 6.17(a) はトランジスタの等価回路など、様々な場所で見かけるパターンである。V_1 として直流電圧をかけるとき、この回路は以下のように考える。

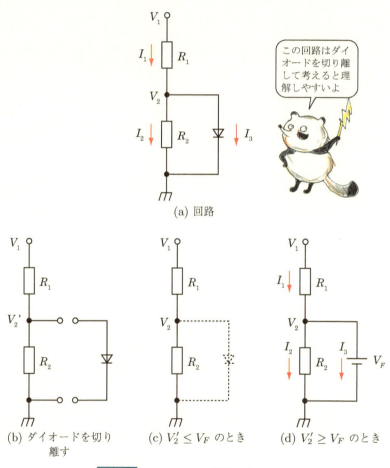

図 6.17　ダイオードと抵抗を含む回路

まず、図 6.17(b) のようにダイオードを切り離した場合に V_2' がどうなる

かを考える。V_2' は分圧の式より以下のように求まる。

$$V_2' = \frac{R_2}{R_1 + R_2} V_1 \tag{6.2}$$

次にダイオードを接続すると何が起こるかを考える。ダイオードの特性は図 6.3(d) (p.264) で表された。$V_2' < V_F$ のとき、ダイオードは off 状態となる。図 6.17(c) の状態となり、ダイオードは無視することができる。$V_2' > V_F$ のとき、ダイオードにはいくらでも電流が流れ、図 6.17(a) の R_1 における電圧降下が増加するため、V_2 は V_F に固定される。図 6.17(d) の状態となる。I_1, I_2, I_3, V_2 は以下のように芋づる式に求まる。

$$V_2 = V_F$$

$$I_1 = \frac{V_1 - V_F}{R_1} \tag{6.3}$$

$$I_2 = \frac{V_F}{R_2} \tag{6.4}$$

$$I_3 = I_1 - I_2 \tag{6.5}$$

抵抗 R_2 の両端電圧はダイオードの順方向電圧 V_F より大きくならないので、I_2 の最大値は (6.4) である。このパターンの回路の用途の 1 つは「R_2 に流れる電流を制限する」というものである。例えば、電流計に過大な電流が流れて壊れることを防ぐため、電流計に並列にダイオードを接続する。この場合、R_2 は電流計の内部抵抗に対応する。

第7章 トランジスタ

7.1 基本特性

トランジスタ (transistor) は 3 端子の素子であり、図 7.1(a)(b) に示す回路記号で表される。トランジスタには 2 つのタイプがあり、図 7.1(a) を npn 形トランジスタ、同図 (b) を pnp 形トランジスタと呼ぶ。3 つの端子は、それぞれベース (base), コレクタ (collector), エミッタ (emitter) と呼ばれる [1]。

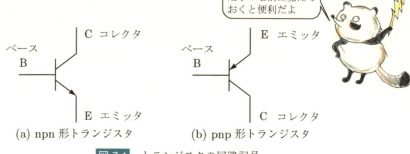

図 7.1　トランジスタの回路記号

トランジスタの構造を図 7.2(a)(b) に示す。npn 形トランジスタは p 形半導体を n 形半導体で挟んだ構造をしており、pnp 形トランジスタは n 形半導

---

[1] 3 つの端子の名前を丸暗記するには「npn 形も pnp 形も矢印がついているのがエミッタ、微小な電流を流すのがベース、それ以外がコレクタ」と覚える。理由付けて覚えるには、以下のように考えればよい。n 形半導体ではキャリア（電流の担い手）は電子で、p 形半導体ではキャリアは正孔である。npn 形トランジスタはエミッタから電子を放出 (emit) し、コレクタが電子を集める (collect)。pnp 形トランジスタではエミッタから正孔を放出 (emit) し、コレクタが正孔を集める (collect)。ベースの名前の由来は図 7.2 の構造からは分からない。これは初期のトランジスタはゲルマニウムの土台 (base) の上に 2 つの金属針（エミッタとコレクタ）を突き立てた構造を持っていたことに由来する。

体を p 形半導体で挟んだ構造をしている。

図 7.2(a)(b) を見ると、コレクタとエミッタを逆にしても使えそうにみえる。しかし、図 7.2(a)(b) は簡略化した図であり、実際のトランジスタは非対称な構造を持ち、コレクタとエミッタの不純物濃度も異なる。ゆえに、コレクタとエミッタを逆にして使うことはできない[2]。

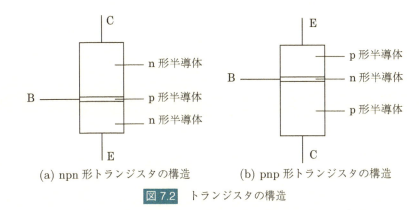

(a) npn 形トランジスタの構造　　(b) pnp 形トランジスタの構造

図 7.2　トランジスタの構造

npn 形トランジスタの方がスイッチング速度が速いので、npn 形トランジスタが用いられることが多い。ただし、pnp 形でないと回路が組めない場合、あるいは npn 形と pnp 形をペアで用いないといけない場合は、pnp 形トランジスタが必要である。本章では使用頻度が高い npn 形トランジスタを中心に説明する。

電気回路においては、大文字と小文字を次のように使い分けていた。

- V_1 のような大文字は時間変化しない定常値を表す。直流を表すとき、あるいは複素電圧や複素電流を表すのに用いる。
- v_1 のような小文字は時間変化する値 $v_1(t)$ を表す。

トランジスタを含む回路に現れる電圧や電流は「直流成分」に「小さい振幅の交流成分」を重ね合わせたものとなることが多い。本書では以下のように、大文字と小文字を使い分ける。

- I_B のように「大文字」に「大文字の添字」を付けたものは、定常値

---

[2] 東芝の Web サイトの中に「トランジスタをコレクタ、エミッタ逆接続で使用しても良いのでしょうか?」という質問のページがある（アクセス：2014/4/11）。回答として「コレクタとエミッタを逆接続して使うと電流増幅率が正常時の 1/10 ～ 1/数 100 に低下し、破壊の要因となるので逆接続はしないで下さい」とある。

を表す。

- i_B のように「小文字」に「大文字の添字」を付けたものは、時間変化する値を表し、その符号は常に正である。すなわち直流に交流を重畳したものを表す。
- i_b のように「小文字」に「小文字の添字」を付けたものは、時間変化する値を表し、符号は正負に変化し平均値は0である。すなわち交流を表す。

例を図 7.3 に示す。

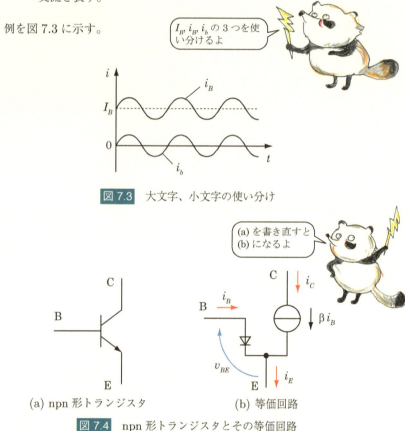

図 7.3　大文字、小文字の使い分け

(a) npn 形トランジスタ　　(b) 等価回路

図 7.4　npn 形トランジスタとその等価回路

npn 形トランジスタから話をはじめる。図 7.4(a) の npn 形トランジスタの等価回路は同図 (b) となる。

ベース → エミッタ間の特性はダイオードと同じである。ベースからエミッタへ向けて流れる電流 i_B をベース電流と呼ぶ。図 7.4(a) の回路記号中の矢印はダイオードの向きと一致する。

コレクタからエミッタへ向けて流れる電流 i_C をコレクタ電流と呼ぶ。コレクタ–エミッタ間は大きさ βi_B の電流源がある。ベース電流 i_B とコレクタ電流 i_C は以下の関係を持つ。

$$i_C = \beta i_B \tag{7.1}$$

β はトランジスタの電流増幅率を表し、50〜400 程度の値をとる。電流増幅率を表す記号として β の代わりに h_{FE} を用いることもある[3]。**トランジスタは電流を増幅する素子である**。キルヒホッフの電流則により、

$$i_E = i_B + i_C \tag{7.2}$$

が成立する。i_E をエミッタ電流と呼ぶ。

まずベース–エミッタ間の特性について述べる。小電力の npn 形トランジスタの定番である 2SC1815 のベース–エミッタ間電圧 v_{BE} とベース電流 i_B の関係を図 7.5 に示す[4]。電流を表す縦軸を対数で描くと、同図 (a) のように電圧と電流の関係はほぼ直線になる。縦軸をリニアで描くと同図 (b)(c)（最大値の違いに注意）のように、電圧がある閾値を超えると電流が急激に増加する形状になる。この特性は第 6 章で学習したダイオードの特性と同一である。

pnp 形トランジスタとその等価回路を図 7.6(a)(b) に示す。同図 (b) のように「エミッタ → ベース」間はダイオードと同じであり、ベース電流 i_B を β 倍した電流が「エミッタ → コレクタ」方向に流れる。

▶ 7.2　基本回路

基本特性

npn 形トランジスタの基本回路を図 7.7(a) に示す[5]。「ベースとエミッタ

---

[3] 本書では二端子対回路（四端子回路と呼ばれることもある）の理論は取り扱わないが、トランジスタを二端子対回路として表す場合、トランジスタの特性は h パラメータで表される。このとき電流増幅率は h_{FE} で表される。

[4] 東芝の 2SC1815 のデータシート（「2SC1815 datasheet」で検索すると見つかる）のグラフから数値を起こした。2SC1815 は電子工作における定番のトランジスタであったが、2010 年に廃盤となった。2017 年現在、KSC1815 という互換品が販売されている。

[5] トランジスタ回路において正電源の電圧は V_{CC} と表されることが多い。負電源の電圧は V_{EE} と表されることが多い。

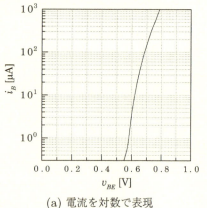

(a) 電流を対数で表現

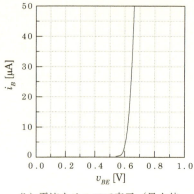
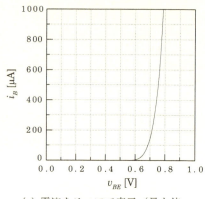

(b) 電流をリニアで表示（最大値 50 μA）　　(c) 電流をリニアで表示（最大値 1000 μA）

図 7.5　トランジスタ 2SC1815 のベース–エミッタ間特性

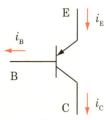
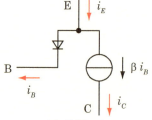

(a) pnp 形トランジスタ　　(b) 等価回路

図 7.6　pnp 形トランジスタとその等価回路

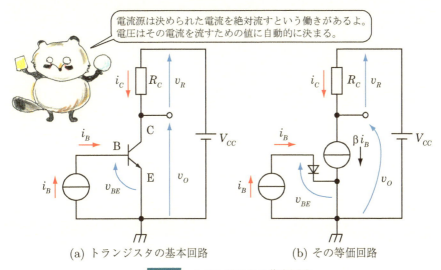

(a) トランジスタの基本回路　　(b) その等価回路

図 7.7　トランジスタの基本回路

を含むループ」と「コレクタとエミッタを含むループ」の 2 つのループがある。等価回路が同図 (b) である。この回路の入力はベース電流 i_B、出力はコレクタ電圧 v_O[6] である。前節で述べたように、通常は

$$i_C = \beta i_B \tag{7.3}$$

が成立する。

図 7.7 の回路においてベース電流 i_B を増やしていくと、コレクタ電流 i_C とコレクタ電圧（出力電圧）v_O は図 7.8 のようになる。領域 A では $i_C = \beta i_B$ が成立し、i_B と i_C は比例関係にある。抵抗 R_C に電流 i_C が流れると、電圧降下 $v_R = R_C i_C$ が発生するから、v_O は

$$v_O = V_{CC} - R_C i_C = V_{CC} - R_C \beta i_B \tag{7.4}$$

である。**トランジスタのコレクターエミッタ間電圧 v_O は $i_C = \beta i_B$ を満たすように自動的に調節される**[7]。

コレクタ電流には上限がある。最大値 $i_{C(max)}$ は

$$i_{C(max)} = \frac{V_{CC}}{R_C} \tag{7.5}$$

---

[6] 出力 Output の頭文字をとって v_O で表す。
[7] コレクターエミッタ間は電流源で表される。電流源は「電流値が決まっており、電圧はその電流が流れるための値に自動的になる」という素子である。

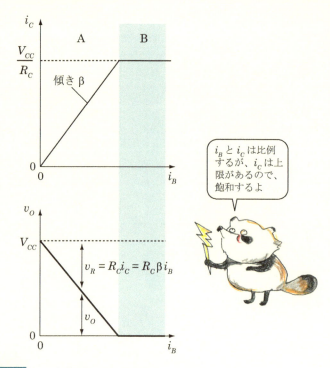

図 7.8 i_B を変化させたときの i_C と v_O

である。ベース電流 i_B が

$$\beta i_B = i_C > \frac{V_{CC}}{R_C} \tag{7.6}$$

を満たすほど大きいとき、コレクタ電流は飽和して $i_{C(max)} = \frac{V_{CC}}{R_C}$ となる。このとき、ベース電流を増やしても、コレクタ電流は $i_{C(max)}$ のままである。図 7.8 の領域 B において、トランジスタは飽和している。このとき、コレクタ–エミッタ間は導通状態（抵抗とみなすと $0\,\Omega$）になり、理想的には $v_O = 0$ になる[8]。

トランジスタのコレクタ–エミッタ間にかかる電圧が v_O、コレクタ電流が i_C のとき、トランジスタにおいて

$$v_O i_C$$

---

[8] 実際のトランジスタにおいては飽和電圧があり、$v_O = 0$ にならない場合が多い。飽和電圧はトランジスタによって異なる。小信号増幅用トランジスタ（i_C は mA のオーダー）は小さく（$0\,\mathrm{V} \sim 0.5\,\mathrm{V}$ 程度）、電力増幅用トランジスタ（i_C は A のオーダー）は大きい（$0.5\,\mathrm{V} \sim 2\,\mathrm{V}$ 程度）。

の電力が消費され、トランジスタは発熱する。これをコレクタ損失と呼ぶ。トランジスタのデータシートにコレクタ損失の最大値が記載されているので、トランジスタを使うときはコレクタ損失が許容値以下になるように配慮する必要がある。

トランジスタの使用法

トランジスタは以下の 2 つの使い方がある。

1. アナログ増幅素子として用いる（i_B と i_C が比例する領域で用いる）。
2. スイッチング素子として用いる（i_C は飽和するか 0 かの二者択一の値をとる）。

アナログ増幅素子として用いるときの i_B, i_C, v_O の例を図 7.9(a) に示す。i_B は小さな直流成分 I_B（$10\,\mu\mathrm{A}$〜数 $100\,\mu\mathrm{A}$ 程度の値をとる。バイアス電流と呼ばれる）に微小な振幅の交流成分を加えたものとなる。図から分かるように、出力電圧 v_O の波形は、ベース電流やコレクタ電流の波形を、上下反転させた形になる。

トランジスタのベース–エミッタ間電圧 v_{BE} とベース電流 i_B の関係は図 7.10(a) のように、指数関数で表される。アナログ増幅素子として用いる場合、図 7.10(a) において楕円で囲んだ領域を使用する。このときの解析法については 7.4 節 (p.291) で説明する。

スイッチング素子として用いるときの i_B, i_C, v_O の例を図 7.9(b) に示す。ベース電流は「全く流さない」か「コレクタ電流が飽和するように十分たくさん流す」の二者択一である。図 7.10(a) において三角形で示した 2 箇所で使用する。この場合、v_{BE} と i_B の関係は図 7.10(b) のように近似できる。

▐▐▐▶ 7.3 スイッチ回路

本節ではトランジスタをスイッチとして用いる方法について説明する。npn形トランジスタをスイッチとして用いる場合の回路構成を図 7.11(a) に示す。スイッチ SW を切り替えることで、負荷 R_C に流れる電流を on/off する。点線で囲まれた部分はマイコンなどのデジタル IC の出力端子を想定している。デジタル IC の出力が Low のときスイッチは下側の端子に接続され（$v_{in} = 0$）、High のとき上側の端子に接続される（$v_{in} = V_D$）。

等価回路は図 7.11(b) のようになる。$v_{in} = 0$ のとき $i_B = i_C = 0$ とな

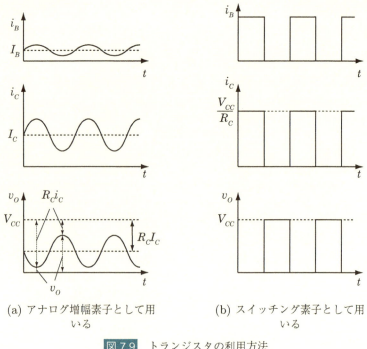

(a) アナログ増幅素子として用いる

(b) スイッチング素子として用いる

図 7.9　トランジスタの利用方法

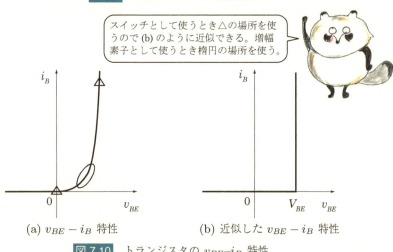

スイッチとして使うとき△の場所を使うので (b) のように近似できる。増幅素子として使うとき楕円の場所を使う。

(a) $v_{BE}-i_B$ 特性

(b) 近似した $v_{BE}-i_B$ 特性

図 7.10　トランジスタの v_{BE}-i_B 特性

るので、トランジスタは off 状態になる。$v_{in} = V_D$ のとき図 7.11(c) の状態となる。ベース電流 i_B は

$$i_B = \frac{V_D - V_{BE}}{R_B} \tag{7.7}$$

7.3 スイッチ回路

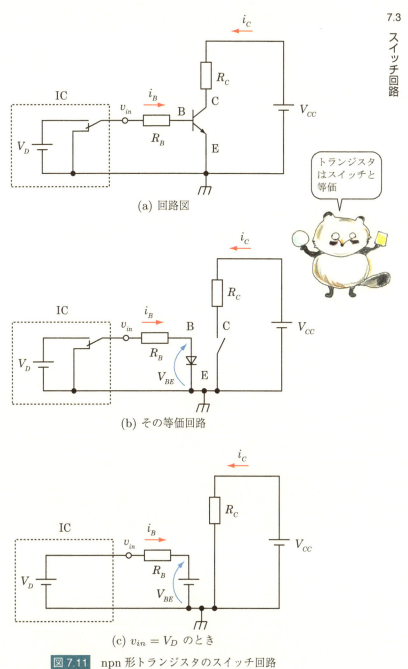

(a) 回路図

(b) その等価回路

(c) $v_{in} = V_D$ のとき

図 7.11　npn 形トランジスタのスイッチ回路

となる。ここで V_{BE} はベース–エミッタ間電圧で $0.6\,\mathrm{V} \sim 0.8\,\mathrm{V}$ 程度の値をとる[9]。**(7.7)** の i_B がコレクタ電流を飽和させるような値に R_B を設定すると、トランジスタは on 状態（導通状態）になる。飽和する条件は (7.6) (p.286) で示したように、

$$\beta i_B > \frac{V_{CC}}{R_C}$$

である。

トランジスタは負荷 R_C を駆動するための電子的なスイッチとして働く。トランジスタをスイッチとして用いることにより「小さな電流 i_B」で「大きな電流 i_C」を on/off することができる。電源 V_D に直接 R_C を接続しない理由は以下の通りである。

- V_D はデジタル IC の出力端子を想定している。通常、デジタル IC の出力端子からは小さな電流しか取り出せないので[10]、負荷 R_C を駆動するには電流が不足する。
- V_{CC} は V_D とは別の値（大きな値）に設定できる。

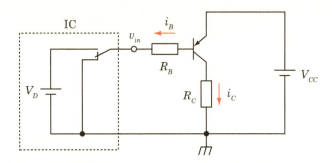

図 7.12　pnp 形トランジスタのスイッチ回路

pnp 形トランジスタをスイッチとして使用するときは図 7.12 のような構成になる。ただし、$V_{CC} = V_D$ でなくてはならない。$v_{in} = V_D$ のとき $i_B = 0$ となり、トランジスタは off 状態になる。$v_{in} = 0$ のとき i_C を飽和させるようなベース電流 i_B が流れ、トランジスタは on になる。

---

[9] V_{BE} はダイオードの順方向電圧 V_F に対応する。
[10] 例えば、論理 IC である 74HC シリーズは $25\,\mathrm{mA}$, PIC マイコンは $20\,\mathrm{mA}$ である。

7.4 増幅回路

7.4.1 増幅とは

前節ではトランジスタをスイッチとして用いた。スイッチ回路への入力電圧の典型的な値は 0 V/5 V であり、on のときの電圧は比較的大きな値であった。これに対して、本節以降はトランジスタをアナログの増幅素子として用いる回路について述べる。増幅とは図 7.13 に示すように、小さな電圧変化からそれと相似な大きな電圧変化を作り出すことを言う。

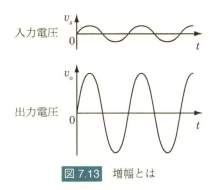

図 7.13 増幅とは

本節では入力電圧は図 7.13 に示すような交流電圧で、その振幅は $\mu V \sim mV$ のオーダーであることを仮定する。

7.4.2 固定バイアス回路

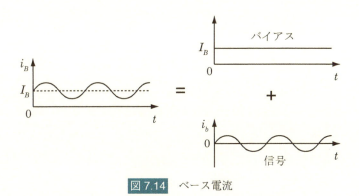

図 7.14 ベース電流

図 7.13 の入力電圧はプラスマイナスに変化し、平均値は 0 である。一方、トランジスタを使う場合、ベース電流は正の値でないといけない。すなわち、図 7.13 の入力電圧を用いて図 7.14 に示すようなベース電流 $i_B(t)$ を作り出さねばならない。$i_B(t)$ は直流成分 I_B（バイアス電流と呼ばれる）と交流成分 $i_b(t)$（信号成分）の和である。

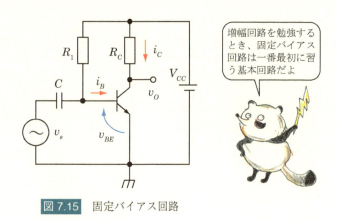

図 7.15　固定バイアス回路

このような電流 $i_B(t)$ を実現するための一番基本的な回路構成は図 7.15 である。これを**固定バイアス回路**と呼ぶ。コンデンサ C は直流を通さずに交流を通す働きをする。抵抗 R_1 はバイアス電流 I_B を作り出すためにある。抵抗 R_C は出力電圧 v_O を取り出すためにある。図 7.15 の回路を解析するには、直流等価回路と交流等価回路について個別に解き、2 つの結果を重ね合わせればよい。

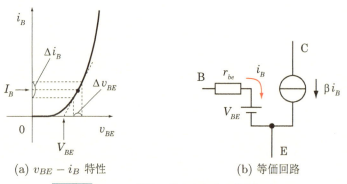

(a) $v_{BE} - i_B$ 特性　　　(b) 等価回路

図 7.16　ベース電流が微小なときの等価回路

トランジスタの等価回路において、ベース–エミッタ間はダイオードで表さ
れることは図 7.4 (p.282) で述べた。トランジスタをスイッチとして使うと
きは、ベース電流は「全く流さない」か「たくさん流す」の二者択一なので、
図 7.10(b) (p.288) のような近似が可能であった。

しかし、トランジスタをアナログ増幅素子として用いる場合、ベース電流
は微小な値をとり、微小な変化をする（どちらも μA オーダー）。そのよう
な場合、より精度の高い近似を行う必要がある。トランジスタのベース–エ
ミッタ間電圧 v_{BE} とベース電流 i_B の関係は厳密には指数関数で表され、図
7.16(a) のようになる。

ベース–エミッタ間電圧 v_{BE} が Δv_{BE} の範囲で変化すると、ベース電流
i_B は Δi_B の範囲で変化する。この範囲内では電流と電圧の関係は直線で表
されると仮定すると、傾きの逆数は抵抗とみなせる [11]。

$$r_{be} = \frac{\Delta v_{BE}}{\Delta i_B} \tag{7.8}$$

とおくと、図 7.16(a) の特性を表す等価回路は図 7.16(b) になる。r_{be} を
ベース–エミッタ間抵抗と呼ぶ [12]。また、ベース–エミッタ間電圧 V_{BE} は図
7.16(a) のように、接線と横軸が交わる場所の v_{BE} である（0.6 V 程度）。

図 7.16(a) から分かるように、**直流バイアス電流 I_B が異なると接線の傾
きも異なる**。すなわち、I_B が変化すると、ベース–エミッタ間抵抗 r_{be} は変
化する。例として、ポピュラーなトランジスタである 2SC1815 の I_B と r_{be}
の関係を図 7.17 に示す [13]。このグラフは横軸を I_B、縦軸を r_{be} として、両
対数で描いている。I_B と r_{be} はほぼ反比例の関係にあるので、両対数のグ
ラフ上でほぼ直線になる [14]。

---

[11] Δi_B, Δv_{BE} が大きく、その関係が直線とみなせないときは、r_{be} が変動することにな
る。その場合、本節で説明する解析法は精度が悪くなる。

[12] 記号 r_{be} とベース–エミッタ間抵抗という呼称は本書ローカルなものである。本書の r_{be}
に相当する量は一般の教科書では h_{ie} あるいは r_{ie} という記号で表される。

[13] この値は実測値ではなく回路シミュレータ Tina で求めた。

[14] I_B と r_{be} がほぼ反比例するのは、数式から導出できる。トランジスタのベース–エミッ
タ間はダイオードと同じ特性である。ダイオードの特性を表す (6.1)(p.263) より、ベー
ス電流 I とベース–エミッタ間電圧 V の関係は次式で表される。

$$I = I_s(e^{aV} - 1) = I_s e^{aV} - I_s$$

ここで、I_s は比例係数、$a = \frac{q}{nkT}$ である。q, n, k, T についてはダイオードの式
(6.1) (p.263) で説明したように、q は電荷素量で 1.6×10^{-19} C, k はボルツマン定
数で 1.38×10^{-23}JK^{-1}, T は絶対温度, n は再結合電流の影響を表す量である。ダイ
オードの場合、n は 1〜2 の範囲の値をとるが、トランジスタの場合、n はほぼ 1 で
ある。

I_s を移項して

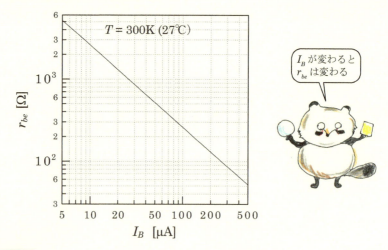

図 7.17　直流バイアス電流とベース–エミッタ間抵抗の例

図 7.18(a) の固定バイアス回路の等価回路は同図 (b) となる。この回路を直流に関する部分と、交流に関する部分の重ね合わせを用いて考える。トランジスタのコレクタ–エミッタ間の電流源は同図 (c) のように、直流成分と交流成分に分ける。直流電流源と交流電流源を区別するため、小さな添字 DC あるいは AC を書く。

直流等価回路を求める。コンデンサは直流を通さないので、コンデンサを含むループ（一点鎖線で囲まれた部分）を除去し、電流源の交流成分を無視すると、直流等価回路は図 7.18(d) となる。

交流等価回路[15]は図 7.18(b) から点線で囲まれた 2 つの直流電圧源の値

$$I + I_s = I_s e^{aV} \qquad (*)$$

である。両辺を V で微分すると、左辺の I_s は定数だから消えて、

$$\frac{dI}{dV} = aI_s e^{aV} = a(I + I_s) \simeq aI$$

が得られる。ここで $aI_s e^{aV} = a(I + I_s)$ の部分は式 (*) を用いた。I_s はトランジスタのベース電流の場合 10^{-12} A 以下なので $I \gg I_s$ であり、$I + I_s \simeq I$ と近似した。ベース–エミッタ間抵抗 r_{be} は

$$r_{be} = \frac{dV}{dI} = \frac{1}{aI}$$

となるので、ベース電流 I に反比例する。

なお、ここで係数 $a = \frac{q}{nkT}$ を導入したが、これは本書ローカルなものである。一般の教科書では、熱電圧 V_T という用語が使われ、$V_T = \frac{kT}{q}$ である。$n = 1$, $T = 300$ K (27°C) とおくと、$a \simeq 38.6$, $V_T = 0.026$ V である。

[15] 一般の教科書では「小信号等価回路」と呼ばれる。

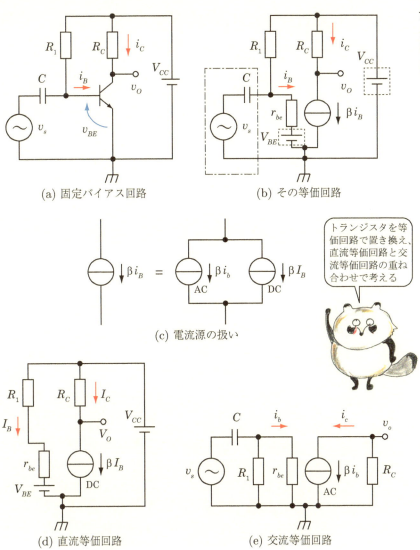

図 7.18　固定バイアス回路とその等価回路

を 0 とおき（短絡させて）、電流源の直流成分を無視して、同図 (e) となる。

直流等価回路の出力 V_O を求める。$R_1 \gg r_{be}$ なので、r_{be} は無視することができる。

$$I_B = \frac{V_{CC} - V_{BE}}{R_1} \tag{7.9}$$

である。コレクタ電流の直流成分 I_C は

$$I_C = \beta I_B \tag{7.10}$$

であり、出力電圧 v_O の直流成分 V_O は

$$V_O = V_{CC} - I_C R_C \tag{7.11}$$

である。

次に図 7.18(e) を用いて交流等価回路の出力 v_o を求める。$R_1 \gg r_{be}$ なので、R_1 は無視することができる。また、結合コンデンサ (coupling capacitor) C の容量は十分大きく

$$\frac{1}{j\omega C} + r_{be} \simeq r_{be} \tag{7.12}$$

と近似できるように設定するので[16]、コンデンサも無視することができる。ベース電流 i_b は

$$i_b = \frac{v_s}{r_{be}} \tag{7.13}$$

となる。コレクタ電流は

$$i_c = \beta i_b \tag{7.14}$$

であり、出力電圧 v_O の交流成分 v_o は

$$v_o = -i_c R_C \tag{7.15}$$

である。

図 7.19(a) のようなベース電流が流れたとき、コレクタ電流 i_C と出力電圧 v_O はそれぞれ同図 (b)(c) となる。ベース電流とコレクタ電流は比例するので、図 7.19(a) の i_B と同図 (b) の i_C は相似である。v_O は V_{CC} から $R_C i_C$ を引いた値なので、グラフの形は i_B（あるいは i_C）を反転させた形となる。反転増幅器という。

7.4.3 電圧増幅率

図 7.18(a) (p.295) の固定バイアス回路の入力電圧 v_s と出力電圧の交流成分 v_o の比 $\dfrac{v_o}{v_s}$ を電圧増幅率と呼ぶ。トランジスタが飽和しないようにするため、入力信号 v_s が ± に変化するとき、出力電圧 v_O は $\frac{V_{CC}}{2}$ を中心として変化するように設計する。入力が 0 のときの出力 v_O は $\frac{V_{CC}}{2}$ となるか

---

[16] 近似が成立する条件については、第 4 章 p.198 の (4.57) が成立する条件のところで検討した。

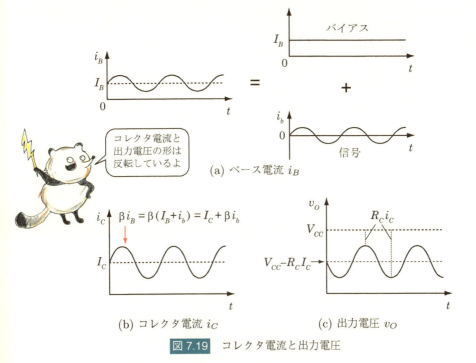

図 7.19 コレクタ電流と出力電圧

ら、コレクタ電流の直流成分 I_C は、

$$I_C = \frac{V_{CC}}{2} \div R_C = \frac{V_{CC}}{2R_C} \tag{7.16}$$

である。電流増幅率を β とすると、直流バイアス電流 I_B は

$$I_B = \frac{I_C}{\beta} = \frac{V_{CC}}{2\beta R_C} \tag{7.17}$$

である。p.293 の脚注 14 より、ベース–エミッタ間抵抗 r_{be} は

$$r_{be} = \frac{1}{aI_B} = \frac{2\beta R_C}{aV_{CC}} \tag{7.18}$$

である[17]。ベース電流の交流成分 i_b は、

$$i_b = \frac{v_s}{r_{be}} = \frac{v_s a V_{CC}}{2\beta R_C} \tag{7.19}$$

である。コレクタ電流の交流成分は

---

[17] (7.18) に含まれる係数 a は $a = \frac{q}{nkT}$ で定義される量であり、p.293 の脚注 14 で説明した。$n=1$, $T=300\mathrm{K}\,(27°\mathrm{C})$ のとき $a \simeq 38.6$ である。

$$i_c = \beta i_b = \frac{v_s a V_{CC}}{2R_C} \tag{7.20}$$

である。出力電圧の交流成分 v_o は (7.15) より $-R_C i_c$ だから、

$$v_o = -R_C i_c = -\frac{v_s a V_{CC}}{2} \tag{7.21}$$

となる。電圧増幅率 $\dfrac{v_o}{v_s}$ は

$$\frac{v_o}{v_s} = -\frac{a V_{CC}}{2} \tag{7.22}$$

となる。(7.22) から分かるように、電圧増幅率は係数 a と V_{CC} によって定まり、R_C や β には関係しない。

7.5 エミッタとアースの間の抵抗の取り扱い

電流帰還バイアス回路を 7.6 節で学習する前に、エミッタとアースの間に抵抗を挿入した場合の取り扱いについて述べる。図 7.20(a) のようにエミッタとアースの間に抵抗 R_E があるとき、ループ (a) とループ (b) についての連立方程式を解く必要があり、面倒である。2 つのループを分離する巧妙な方法がある。

トランジスタを等価回路で置換すると、図 7.20(b) が得られる。「回路中の任意の 2 点に逆方向の電流源を接続しても等価である」という定理があるので、R_E の両端に互いに逆方向の電流源を接続すると、同図 (c) のように変形できる。

点線で囲んだ部分は「電流源と抵抗の並列接続」であり、等価な「電圧源と抵抗の直列接続」に置換することができる（p.74 の等価変換の項を参照）。置換結果を図 7.20(d) に示す。

図 7.20(d) 中の右上の電流源から流れ出した電流は、全て右下の電流源に流れ込む。図中の 印の部分には電流は流れないので、電圧源 $R_E \beta i_B$ や抵抗 R_E を流れる電流は i_B である。「両端電圧が $R_E \beta i_B$ で、流れる電流が i_B」ということは、この電圧源は $R_E \beta$ の抵抗と等価である。同図 (e) のように書き直すことができる。$\beta \gg 1$ だから

$$(1 + \beta) R_E \simeq \beta R_E \tag{7.23}$$

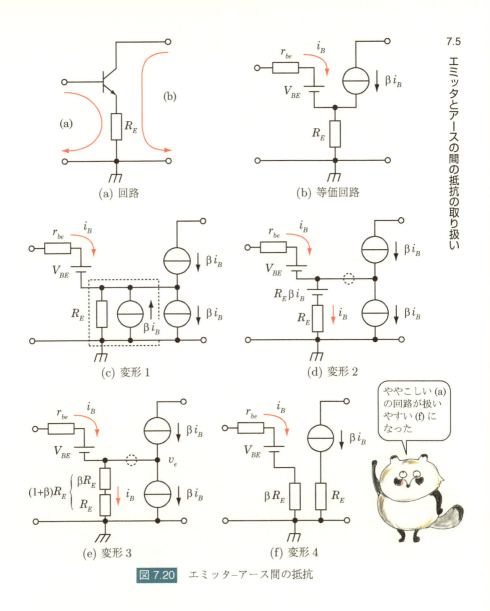

図 7.20　エミッタ–アース間の抵抗

と近似すると、図 7.20(e) 中の電圧 v_e は

$$v_e = i_B \beta R_E \tag{7.24}$$

である。右下の電流源の両端電圧は $i_B \beta R_E$、電流は $i_B \beta$ であるから、この電流源は抵抗 R_E と等価である。また、◯ の部分は電流が流れないので、p.65 で習ったテクニック（電流が流れていない場所は切断してもよい）によ

り、切断する。最終的に図 7.20(f) の等価回路が得られた[18]。ベース側とコレクタ側の回路を分離して考えることができるので、解析が容易になる。そして、ベース側から見ると、抵抗 R_E は βR_E に見えることが分かる。

7.6 電流帰還バイアス回路

トランジスタの電流増幅率 β は以下の要因により変動する。

- 個体差があり、個々のトランジスタごとに異なる β を持つ。
- トランジスタの温度が上昇すると増加する。

図 7.18(a) (p.295) の固定バイアス回路において、出力電圧 v_O は無信号時 $(v_s = 0)$ に $\frac{V_{CC}}{2}$ となり、信号入力時に $\frac{V_{CC}}{2}$ を中心として上下に振れるように設計する。図 7.18(c) の直流等価回路において、β が変化すると、ベース電流 I_B は変化しないが、コレクタ電流 $I_C = \beta I_B$ は変化する。β が大きくなると「コレクタ電流が一時的に飽和し、出力電圧がクリップする」可能性がある。

もし、コレクタ電流の直流成分 I_C が、β にかかわらず一定であれば、無信号時の出力電圧は一定値 $\frac{V_{CC}}{2}$ となり、β の変動による影響を最小限に抑えられる。本節では β が変化してもコレクタ電流の直流成分は一定となる「電流帰還バイアス回路」を学習する。この回路は負帰還という考え方を取り入れて、

- β が大きくなると I_B が減少する
- β が小さくなると I_B が増加する

として $I_C = \beta I_B$ をほぼ一定にする。

その回路構成を図 7.21(a) に示す。トランジスタを等価回路に置き換えたものを同図 (b) に示す。

直流等価回路は「コンデンサを含むループを除去し、R_E を前節の方法で変形する」ことで得られる。図 7.21(c) となる。ただし、$\beta R_E \gg r_{be}$ なのでベース–エミッタ間抵抗 r_{be} は省略した。この回路において、β が変動しても $I_C = \beta I_B$ が一定値になることを示す。

図中 ⋯ の場所が切断されていると仮定する。電圧 V_1 は分圧の式を用いて

---

[18] (7.23) の近似を用いない場合、図 7.20(f) 中の 2 つの抵抗値は $R_E(1+\beta)$ と $R_E(1+1/\beta)$ になる。

7.6 電流帰還バイアス回路

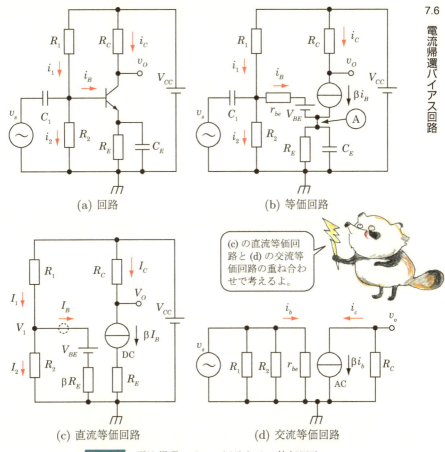

図 7.21　電流帰還バイアス回路とその等価回路

$$V_1 = \frac{R_2}{R_1 + R_2} V_{CC} \tag{7.25}$$

である。○ の場所を接続しても、

$$I_1, I_2 \gg I_B \tag{7.26}$$

が満たされていれば、接続による影響はほとんどなく、V_1 は変化しない。そうなるように、R_1, R_2, R_E を設定する[19]。R_1 と R_2 はブリーダ抵抗と呼ばれる。

V_1 とベース–エミッタ間電圧 V_{BE} を一定値とみなすと

---
[19] I_1, I_2 が I_B の 10 倍以上になるようにする。

$$I_B = \frac{V_1 - V_{BE}}{\beta R_E} \tag{7.27}$$

であるから、β を移項して

$$\beta I_B = I_C = \frac{V_1 - V_{BE}}{R_E} \tag{7.28}$$

となる。I_C は β にかかわらず一定値となる。例えば、β が 2 倍になると I_B が $\frac{1}{2}$ になり、I_C を一定に保つ。

以上の議論では V_1 を固定値とみなしたが、V_1 を固定値とみなせる条件について、テブナンの等価回路を用いて考察する。図 7.21(c) の I_B に関する部分を抽出すると図 7.22(a) となる。点線で囲まれた部分をテブナンの定理を用いて置き換えると同図 (b) となる。

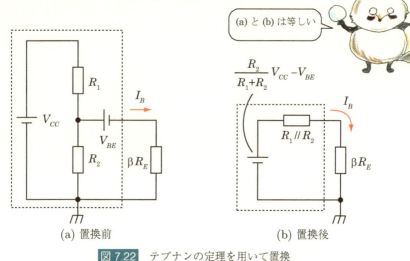

(a) 置換前　　　　　　　　　(b) 置換後

図 7.22　テブナンの定理を用いて置換

図 7.22(b) より、β が 2 倍になったときに I_B が 1/2 になるには、

$$\beta R_E \gg R_1 \mathbin{/\mkern-2mu/} R_2 \tag{7.29}$$

が満たされることが必要である。

次に R_E の大きさについて考える。出力 V_O が取りうる範囲は $V_{CC} - R_E I_C$ なので、それを広くするには R_E は小さい方がよい。しかし、R_E が小さくなりすぎると安定度が低下する[20] ので、通常は R_E にかかる電圧は V_{CC} の

---

[20] 本書では V_{BE} は固定値として取り扱ったが、温度が上昇すると V_{BE} は若干小さくなり、I_C に影響を与える。R_E が小さいと、その影響は大きくなる。V_{BE}, β が変動したときに I_C がどのくらい変動するかを安定度という。安定度の解析は難解なので本書ではパスするが、より深く勉強したい読者は、アナログ電子回路の他書を参照してほしい。

1/10 程度に設定する。

バイアスに関する抵抗 R_1, R_2, R_E の値は以下の手順で定める。ただし、I_1, I_2 は I_B の 10 倍程度、R_E にかかる電圧は $\frac{1}{10}V_{CC}$ とする。

1. コレクタ電流の直流成分 I_C を決める。
2. $R_E = \frac{1}{10}V_{CC} \div I_C$ で R_E が定まる。$I_B = I_C/\beta$ により I_B も定まる。
3. I_1, I_2 は I_B の 10 倍程度になるように定める。すなわち、$I_1 = 11I_B$, $I_2 = 10I_B$ に設定する。R_1 と R_2 は次式で求まる。なお、V_{BE} は 0.6 V 程度と見積もる。

$$R_1 = \left(\frac{9}{10}V_{CC} - V_{BE} \right) \div (11I_B) \tag{7.30}$$

$$R_2 = \left(\frac{1}{10}V_{CC} + V_{BE} \right) \div (10I_B) \tag{7.31}$$

次に交流等価回路を図 7.21(e) に示す。入力側の結合コンデンサ C_1 は

$$\frac{1}{j\omega C_1} \simeq 0 \tag{7.32}$$

とみなせるような大きな値に設定する [21]。バイパスコンデンサ [22] C_E も

$$\frac{1}{j\omega C_E} \simeq 0$$

とみなせるような大きな値に設定するので、図 7.21(b) の Ⓐ 点は、交流等価回路においてはアースと短絡されていると見なすことができる。入力側のブリーダ抵抗 R_1 と R_2 はベース–エミッタ間抵抗 r_{be} と並列に入る。図 7.21(e) において

$$i_b = \frac{v_s}{r_{be}} \tag{7.33}$$

なので、電流帰還バイアス回路における交流成分の増幅に関しては、固定バイアス回路のときと同じ結果になる。

固定バイアス回路は図 7.21(c) で $R_2 = \infty$ とした場合に類似している。このとき $I_1 = I_B$ となり、I_B は微小な値なので、R_1 はかなり大きい値（数

---

[21] 本章で学習するトランジスタ回路においては、コンデンサは交流に対して導通状態とみなす。(7.12) と表現が異なるので不統一であるが、説明を簡潔にするため、以後、無視する（導通状態とみなす）コンデンサについては $\frac{1}{j\omega C} \simeq 0$ と表現する。
[22] 直流は通さず、交流をバイパスするのでバイパスコンデンサと呼ばれる。

百 kΩ) になる。それに対して、電流帰還バイアス回路における I_1 は I_B の 10 倍以上に設定するので、R_1 は固定バイアス回路に比べると 1 桁小さくなる。R_2 は (7.30)(7.31) より、R_1 よりかなり小さな値になる。

負荷を接続したとき

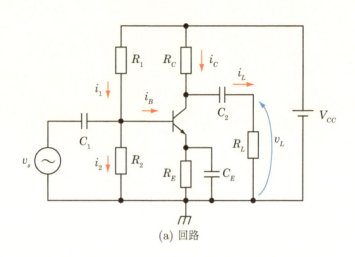

(a) 回路

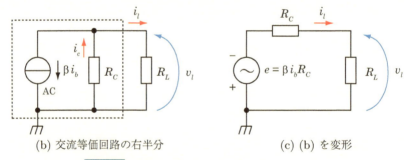

(b) 交流等価回路の右半分　　　　(c) (b) を変形

図 7.23　負荷がある場合の電流帰還バイアス回路

図 7.21(a) の回路の出力 v_O は直流と交流が重畳された電圧である。次段の回路に接続するときや負荷を駆動するとき、通常は、図 7.23(a) のように結合コンデンサ C_2 を挿入して交流成分のみを取り出す。R_L は次段の回路のインピーダンス、あるいは負荷抵抗を表す。

コンデンサは直流を通さないので、図 7.23(a) の回路の直流等価回路は図 7.21(c) と同じである。交流等価回路の左半分は図 7.21(d) と同じなので、右

半分を図 7.23(b) に示す。$\frac{1}{j\omega C_2}$, $\frac{1}{j\omega C_E}$ は小さいので、コンデンサは省略した。同図 (b) の点線で囲んだ部分を 1.22 節 (p.73) で学んだ方法を用いて、等価な電圧源で置換すると同図 (c) のようになる。v_l は電圧源 e を R_C と R_L で分圧したときに R_L にかかる電圧である。

できるだけ大きな電圧を取り出したい場合は、R_L を R_C に比べて十分大きな値に設定する。

R_L が負荷抵抗であり、R_L で消費される電力を最大にしたい場合は、1.25 節 (p.80) で学んだ整合の知識を利用すると、$R_L = R_C$ のときに R_L で消費される電力が最大になる。

入力側回路のインピーダンスを考慮したとき

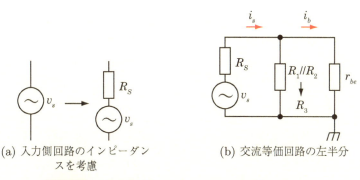

(a) 入力側回路のインピーダンスを考慮

(b) 交流等価回路の左半分

図 7.24　入力側回路のインピーダンスを考慮したとき

図 7.21(a) (p.301) の電流帰還バイアス回路において、入力電圧を発生する部分は図 7.24(a) 左側のように表現した。実際の回路においては、入力側の回路に出力インピーダンスがある（信号源の内部インピーダンスと考えてもよい）[23]。これを R_S で表し、同図 (a) 右側のように表現する。このように置き換えても直流等価回路は不変である。

交流等価回路の左側は図 7.24(b) のようになる。$R_3 = R_1 \mathbin{/\mkern-6mu/} R_2 = \frac{R_1 R_2}{R_1 + R_2}$ とおくと、i_b は以下のように求まる。

$$i_s = \frac{v_s}{R_S + R_3 \mathbin{/\mkern-6mu/} r_{be}}$$

---

[23] 入力インピーダンス、出力インピーダンスについては 4.2 節 (p.177) で説明した。

$$i_b = i_s \frac{R_3}{R_3 + r_{be}} \quad \text{分流の式} \tag{7.34}$$

入力側回路のインピーダンスを考慮するときは、(7.33) の代わりに (7.34) を使えばよい。

なお、図 7.18(e) (p.295) の固定バイアス回路の交流等価回路の場合は、$R_1 \gg r_{be}$ のため、R_1 は無視することができた。C も無視できるので、入力側回路のインピーダンスを考慮するときは (7.13) を次式で置き換えればよい。

$$i_b = \frac{v_s}{R_S + r_{be}} \tag{7.35}$$

7.7 エミッタフォロワー (Emitter follower)

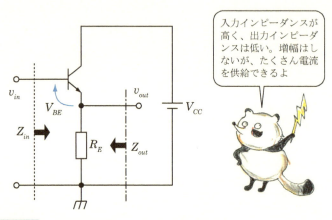

図 7.25 エミッタフォロワー回路の基本図

図 7.25 はエミッタフォロワーと呼ばれる回路である。この回路は常に

$$v_{out}(t) = v_{in}(t) - V_{BE} \tag{7.36}$$

という関係が成立する。V_{BE} はベース-エミッタ間電圧で $0.6\,\mathrm{V} \sim 0.8\,\mathrm{V}$ 程度の値である。エミッタの電位 v_{out} がベースの電位 v_{in} に追従するのでエミッタフォロワー (emitter follower) と呼ばれる。v_{out} に重い負荷[24]を接

続しても電流を供給することができる。

この回路の入力インピーダンス Z_{in}（図 7.25 中に示す）は高い値であり、出力インピーダンス Z_{out} は低い値である。エミッタフォロワーは増幅はしないが、重い負荷を駆動することができる。

図 7.26(a) のように、入力として「直流バイアス電圧 V_{DC} に交流信号 v_s を重畳した電圧」を考え、v_I から左側のインピーダンス（入力側回路の出力インピーダンス）を R_S とする。出力端子に結合コンデンサ C を介して負荷抵抗 R_L を接続する。結合コンデンサ C は交流成分だけを取り出す働きがある。

トランジスタを等価回路で表すと図 7.26(b) となる。

直流等価回路を求める。コンデンサ C は交流を通さないので R_L の部分は無視できる。R_E を図 7.20 (p.299) の方法で置換すると、図 7.26(c) が得られる。図中の点線で結ばれた 2 つの点の電位は等しい。

$$r_{be} \ll \beta R_E$$

なので、ベース–エミッタ間抵抗は省略した[25]。

$$V_E = V_I - V_{BE} \tag{7.37}$$

である。

交流等価回路を求める。図 7.26(b) に以下の処理を施すと同図 (d) が得られる。

- 直流電源は 0 とおく。
- $\frac{1}{jwC} \simeq 0$ とみなせるように C を選ぶので、コンデンサ C は無視する。
- R_E と R_L の並列部分を図 7.20 (p.299) の方法で置換する。
- $r_{be} \ll \beta(R_E \mathbin{/\mkern-5mu/} R_L)$ なので、r_{be} は無視する。

図より

$$v_e = v_i \tag{7.38}$$

---

[24] 「負荷が重い」とは負荷が大きな電力を消費することを意味する。すなわち、その負荷の抵抗値は小さい。

[25] エミッタフォロワー回路への入力信号 v_s は微小な電圧とは限らず、増幅後の信号（振幅は V のオーダー）の場合もある。その場合、電流は大きく変化することになるので、トランジスタのベース–エミッタ間の特性は図 7.10(b) (p.288) で表せる。この場合 $r_{be} \simeq 0$ であり、いずれにせよ r_{be} は省略できる。

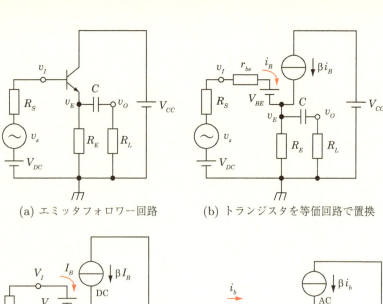

(a) エミッタフォロワー回路　　(b) トランジスタを等価回路で置換

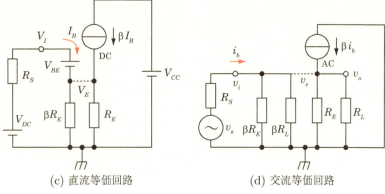

(c) 直流等価回路　　(d) 交流等価回路

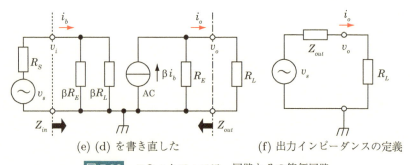

(e) (d) を書き直した　　(f) 出力インピーダンスの定義

図 7.26　エミッタフォロワー回路とその等価回路

である。(7.37) と (7.38) より (7.36) が得られた。

次に入出力インピーダンスを求める。図 7.26(d) を書き直したのが同図 (e) である。入力インピーダンス Z_{in} は

$$Z_{in} = \beta(R_E \mathbin{/\!/} R_L) \tag{7.39}$$

である。

　出力インピーダンス Z_{out} について考える。図 7.26(e) の v_o より左側をテブナンの等価回路を使って同図 (f) のように書き直したとき、Z_{out} が出力インピーダンスである。p.71 で学習した方法を使う。図 7.26(f) を見ると、R_L を除去したときの開放電圧 $v_{o(open)}$ と R_L の部分をショートしたときの短絡電流 $i_{o(short)}$ が得られたなら、$Z_{out} = v_{o(open)}/i_{o(short)}$ で求まることがわかる。

　R_L を除去したときの開放電圧 $v_{o(open)}$ は図 7.26(e) において、$R_L, \beta R_L$ を除去して、

$$i_{b(open)} = \frac{v_s}{R_s + \beta R_E}$$

$$v_{o(open)} = \beta i_{b(open)} R_E = \frac{\beta R_E v_s}{R_S + \beta R_E} \tag{7.40}$$

である。次に R_L の場所を短絡したときの短絡電流 $i_{o(short)}$ は、図 1.29 (p.33) で学習した考え方を利用すると、$R_E, \beta R_E$ は存在しないものとして扱えばよいから、

$$i_{b(short)} = \frac{v_s}{R_s}$$

$$i_{o(short)} = \beta i_{b(short)} = \frac{\beta v_s}{R_S} \tag{7.41}$$

である。ゆえに

$$Z_{out} = \frac{v_{o(open)}}{i_{o(short)}} = \frac{\cancel{\beta} R_E \cancel{v_s}}{R_S + \beta R_E} \frac{R_S}{\cancel{\beta} \cancel{v_s}} = \frac{R_S R_E}{R_S + \beta R_E} \tag{7.42}$$

である。$R_S \ll \beta R_E$ を仮定すると、

$$Z_{out} = \frac{R_S}{\beta} \tag{7.43}$$

となる [26]。

---

[26] ここでは r_{be} を無視して考えたが、無視せずに計算する場合、以下のようになる。図 7.26(b) において R_S は r_{be} と直列に入っているので、$R_S \leftarrow R_S + r_{be}$ と置き換えて計算しても、同じ数式が成立する。(7.43) は $Z_{out} = \frac{R_S + r_{be}}{\beta}$ となる。

入力側からみると出力端子に接続された R_L は β 倍にみえ、出力側からみると入力端子に接続された R_S は $\frac{1}{\beta}$ 倍にみえる。エミッタフォロワーはバッファとしての働きを持っている。

5.6 節 (p.226) で学習したオペアンプのバッファは入力と出力を完全に切り離すが、出力端子から大きな電流を供給することはできなかった（オペアンプの最大出力電流は通常は数 10 mA である）。これに対して、エミッタフォロワーは入力と出力を完全に切り離すことはできないが、出力端子から大きな電流を供給することができる。

重ね合わせが成立する条件

エミッタフォロワー回路への入力信号 v_s が増幅後の電圧の場合、振幅は V のオーダーになる。その場合、直流等価回路と交流等価回路の重ね合わせが成立するか否かに注意を払う必要がある。

トランジスタを使う場合、ベース電流は正の値でないといけない。すなわち、図 7.26(b) 中の i_B は負の値をとってはならない。i_B は「同図 (c) 中の I_B」と「同図 (d) 中の i_b」の和だから、i_b の振幅は I_B より小さいことが必要である。この条件が満たされないとき、v_o の波形の下側がクリップする。

7.8　実際のトランジスタの特性

前節までの説明は、理想的なトランジスタについて述べたものである。本節では理想的なトランジスタと実際のトランジスタの特性の違いについて述べる。実際のトランジスタでは「飽和したときコレクタ–エミッタ間電圧は 0 ではない」「コレクタ電流が増加すると増幅率 β は小さくなる」という性質がある。

図 7.27(a) の回路について考える。V_{CC} と i_B を固定し、R を変化させると i_C と v_{CE} がどのように定まるかを考える。

理想的なトランジスタの場合、以下のようになる。

7.8 実際のトランジスタの特性

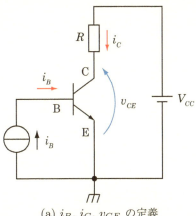

(a) i_B, i_C, v_{CE} の定義

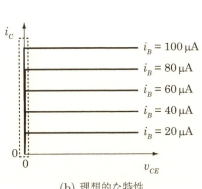

(b) 理想的な特性

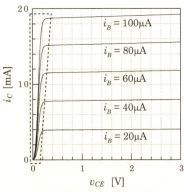

(c) 2N2222 の $v_{CE} - i_C$ 特性

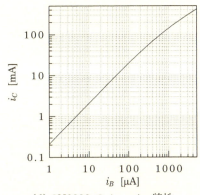

(d) 2N2222 の $i_B - i_C$ 特性

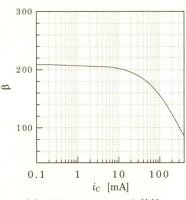

(e) 2N2222 の $i_C - \beta$ 特性

図 7.27 トランジスタの特性

1. $i_C = \beta i_B$ と仮定する。
2. 1. で求めた i_C が「コレクタ電流として流せる値の最大値 $\dfrac{V_{CC}}{R}$」を超えるとき、トランジスタは飽和する。このときトランジスタは導通状態となり、$i_C = \dfrac{V_{CC}}{R}, v_{CE} = 0$ である。
3. そうでないとき、$i_C = \beta i_B, v_{CE} = V_{CC} - R i_C$ である。

これをグラフで表すと、図 7.27(b) のようになる。図中 i_B の値を $20\,\mu\mathrm{A}$, $40\,\mu\mathrm{A}$, …… としているが、値自体に特に意味はない。図 7.27(b) の中で、点線で囲まれた部分が飽和した状態に対応する。図中の 5 本の線は全て原点を起点としている。

次に、実際のトランジスタの特性を見る。2N2222 という型番のトランジスタについて、回路シミュレータ LTspice でシミュレートした結果が図 7.27(c) である。点線で囲まれた部分がトランジスタが飽和した状態に対応する。図 7.27(b) と (c) を比べると以下のことが分かる。

1. 飽和状態のとき v_{CE} は 0 ではなく、小さな値（$0\,\mathrm{V} \sim 0.2\,\mathrm{V}$ 程度）を持つ [27]。そして、飽和状態のとき i_C が大きくなると v_{CE} も大きくなる。
2. 飽和していないとき、i_C は原則として i_B によって定まるが、図 7.27(c) を見ると、水平ではなく若干傾いている。これは「コレクタ–エミッタ間電圧 v_{CE} が小さくなる（飽和状態に近づく）と β は若干小さくなる」ことを意味する。

次に i_B と i_C の比例関係について考える。$V_{CC} = 5\,\mathrm{V}, R = 10\,\Omega$ とし、i_B を $0\,\mu\mathrm{A} \sim 5000\,\mu\mathrm{A}$ まで変化させたときのシミュレーション結果が、図 7.27(d) である（i_C の最大値が同図 (c) より大きいことに注意）。グラフ中においてトランジスタは飽和していない。もし $i_C = \beta i_B$ であるなら、図 7.27(d) は直線であるべきだが、少し湾曲している。これは i_C が大きくなると、増幅率 β が小さくなることを表している。同図 (e) は同じデータについて、横軸を i_C, 縦軸を β として描いたものであり、そのことが確認できる。

ここでは npn 形トランジスタの例を挙げたが、pnp 形トランジスタについても同様の議論が成立する。

また、ここでは 2N2222 というトランジスタのシミュレーション結果を示したが、トランジスタの型番が異なると、特性はある程度異なる。

---

[27] トランジスタのデータシートには「コレクタ・エミッタ間飽和電圧」として記載されている。

7.9 電界効果トランジスタ (FET: Field effect transistor)

7.9.1 FET とは

実はトランジスタには2つのタイプがある。通常「トランジスタ」というと、前節までで説明したトランジスタを指すことが多い。本節ではもう一つのタイプである「電界効果トランジスタ」について説明する[28]。

電界効果トランジスタは FET と呼ばれることが多いので、本書では以降 FET と表記する。FET は以下のように分類される。

$$\begin{cases} \text{接合形 FET} \\ \text{(JFET: Junction FET)} \\ \text{金属酸化膜形 FET} \\ \text{(MOSFET: Metal Oxide} \\ \text{Semiconductor FET)} \end{cases} \begin{cases} \text{ディプリーション形}^{29} \\ \text{(depletion type)} \\ \text{エンハンスメント形} \\ \text{(enhancement type)} \end{cases}$$

それぞれに n チャンネルのものと p チャンネルのものがあるので、回路記号は図 7.28(a)〜(f) のように 6 通りある。3 つの端子には名前が付いており、図中の G, D, S はそれぞれゲート (gate)、ドレイン (drain)、ソース (source)[30] の略である。電流は図 7.28(a)〜(f) のいずれにおいても上から下へ向かって流れる。

7.9.2 JFET (Junction FET)

n チャンネル JFET の回路記号を図 7.29(a) に示し、その構造を同図 (b)

---

[28] 前節までで説明したトランジスタはキャリア（電流の担い手）が 2 種類あったので（p 形半導体では正孔、n 形半導体では電子）、バイポーラトランジスタ (bipolar transistor) と呼ばれる。本節で説明する電界効果トランジスタはキャリアが 1 種類なので（p チャンネルのものは正孔、n チャンネルのものは電子）、ユニポーラトランジスタ (unipolar transistor) と呼ばれる。

[29] 発音記号は diplíːʃən なので、カタカナ表記としては「ディプリーション」が近いと思われるが、慣用的に「デプレッション」や「ディプレッション」と表記されることが多い。JIS C0617 の規格表では「デプレション」となっている。本書では「ディプリーション」と表記する。

[30] ドレインとソースの区別は次のように覚える。ソース（Source: 源）はキャリア（電流の担い手）を供給する端子である。n チャンネル FET のキャリアは電子なので、そのソース端子は電源の − 側に接続される。p チャンネル FET のキャリアは正孔なので、そのソース端子は電源の + 側に接続される。ソースから供給されたキャリアはドレイン (drain: 排水口) へ流れ込む。

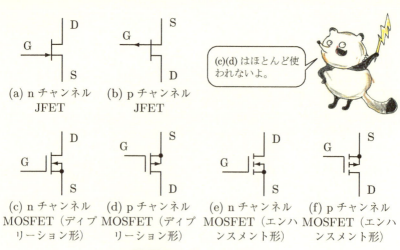

図 7.28　FET の回路記号

に示す。n 形半導体は電気を通すので、ドレインからソースへ向かって電流が流れる。電流が流れる部分が n 形半導体なので、n チャンネル JFET と呼ばれる。ゲートに負の電圧をかけると、pn 接合に逆方向の電圧をかけることになる。電流は流れず、接合部の境界に空乏層（キャリア（電流の担い手）が存在しない領域）が発生する。空乏層は電気を通さないので、絶縁体と同じである。v_{GS} の大きさが大きくなると空乏層が大きくなり、電流が流れにくくなる。その結果、図 7.29(c) のような特性が得られる。

ゲート電圧 $v_{GS} = 0$ のときにドレイン電流 i_D は最大値 $I_{D(max)}$[31] をとる。その値は FET の型番によって異なるが、数 mA〜数 10mA 程度の値である。電流が流れなくなるときのゲート電圧 V_p をピンチオフ電圧といい、$-0.2\,\text{V} \sim -5\,\text{V}$ 程度の値である。i_D は v_{GS} の 2 次関数であり、次式で表される。

$$i_D = I_{D(max)}\left(1 - \frac{v_{GS}}{V_p}\right)^2 \tag{7.44}$$

n チャンネル JFET の等価回路は同図 (d) となる。FET はゲートに加える電圧でドレイン–ソース間の電流を制御する電圧制御型の素子である。

n チャンネル JFET においては「ゲート」と「ソース, ドレイン」の間にダイオードが形成されているので、回路図の矢印はダイオードの向きを表し

---

[31] ここでは $I_{D(max)}$ と名付けたが、FET のデータシートでは I_{DSS} と表記されるのが慣習となっている。

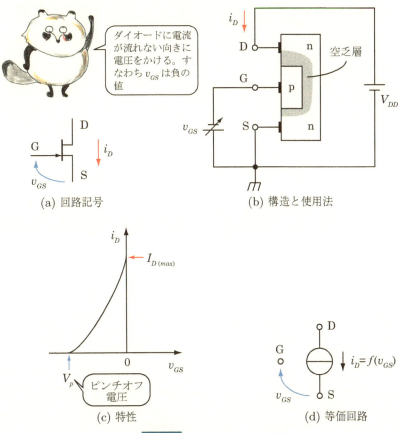

図 7.29　n チャンネル JFET

ている。n チャンネル JFET を増幅素子として用いる場合、ゲートの電位はソースの電位と同じかそれより低い状態で用いる。すなわち、ダイオードに電流が流れない向きに電圧を加える。

p チャンネル JFET の構造は図 7.29(b) の n 形半導体と p 形半導体を入れ換えたものである。基本的な回路構成法を図 7.30(a) に示す。ゲート電圧 v_{GS} によってドレイン電流 i_D を制御する。ゲートの電位はソースと同じかそれより高い電位に設定する。$v_{GS} = 0$ のときドレイン電流 i_D は最大値 $I_{D(max)}$ をとる。v_{GS} を大きくするに従って、空乏層が大きくなるので i_D は減少し、図 7.30(b) のような特性となる。等価回路を同図 (c) に示す。

JFET は微弱な電圧を増幅する用途などに用いられる。

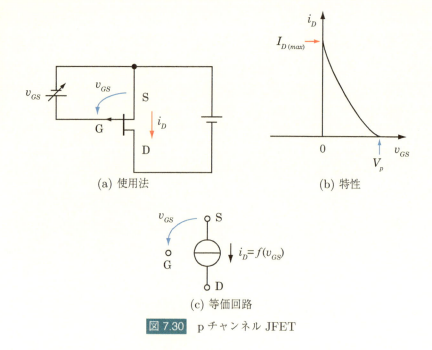

図 7.30　p チャンネル JFET

7.9.3　MOSFET (Metal Oxide Semiconductor FET)

n チャンネル MOSFET の回路記号を図 7.31(a)(b) に示す。同図 (a) はディプリーション形で同図 (b) はエンハンスメント形である。ディプリーション形はあまり使われないので、ここではエンハンスメント形について説明する。

図 7.31(b) に示す n チャンネルのエンハンスメント形 MOSFET の構造を同図 (c) に示す。ゲートは酸化膜で絶縁されている。p 形半導体の右側の端子はバックゲート (back gate) あるいはバックコンタクト (back contact) あるいはバルク (bulk) などと呼ばれ、通常はソースに接続される。

エンハンスメント形 MOSFET は npn 形トランジスタと同様にゲートに正の電圧をかけて使用する。ゲート–ソース間の電圧が 0 のとき、ドレイン → ソース の間は「n → p → n」となっており、「n → p」の部分が逆方向であるから、電流は流れない。ゲートに正の電圧を加えると、p 形半導体はバックゲートによりアースに接続されているので、「ゲート – 酸化膜 – p 形半導体」の部分はコンデンサとみなせる。図 7.31(c) において、ゲートは正に帯電し、p 形半導体の「反転層」と記入した部分は負に帯電する。反転層は n 形半導体とみなせるので、ドレイン–ソース間に n チャンネルの通路が

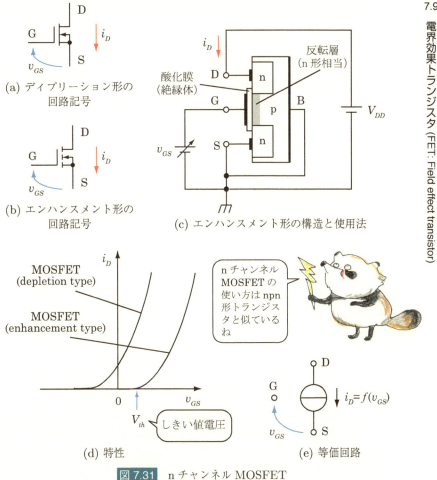

図 7.31　n チャンネル MOSFET

できて、電流が流れる。横軸を v_{GS}, 縦軸を i_D にとると、特性は図 7.31(d) のようになる。等価回路は同図 (e) で表され、JFET の場合と同様に、ドレイン電流 i_D はゲート電圧 v_{GS} の関数となる。

図 7.31(d) から分かるように、ゲート電圧 v_{GS} が V_{th} 以下のとき、ドレイン電流は流れない。この電圧 V_{th} を**閾値電圧**という。V_{th} の値は FET の型番によって異なるが、1 V 〜 4 V 程度の値をとる。$V_{th} < v_{GS}$ の領域では、

$$i_D = \alpha (v_{GS} - V_{th})^2 \tag{7.45}$$

となり、ドレイン電流 i_D はゲート電圧 v_{GS} の 2 次関数となる。α は比例

係数である[32]。

MOSFET の入力インピーダンス（ゲート–ソース間のインピーダンス）は非常に高い（$1\,\mathrm{M\Omega}$ 以上）。ゲート端子は他の端子とは接続されていないと考えてよい。

図 7.31(e) から分かるように、n チャンネル MOSFET は npn 形トランジスタと使い方が似ている。トランジスタは「ベース電流」→「コレクタ電流」という因果関係があり、**電流で電流を制御する**素子なのに対して、FET は「ゲート電圧」→「ドレイン電流」という因果関係があり、**電圧で電流を制御する**素子である。

回路記号に関しては、npn 形トランジスタと n チャンネル MOSFET は矢印の向きが逆である。どちらも「p → n」を表しているが、「npn 形トランジスタの矢印」は「pn 接合に電流が流れる向き」を表しているのに対して、「n チャンネル MOSFET の矢印」は「矢印の先に n チャンネルができること」を表している。

p チャンネルのエンハンスメント形 MOSFET の構造は図 7.31(c) の n と p を入れ換えたものである。ディプリーション形の回路記号を図 7.32(a) に示し、エンハンスメント形の回路記号と使用法を同図 (b) に示す。ゲートの電位がソースの電位と同じとき、ドレイン電流 i_D は流れない。ゲートの電位を下げてゆくと、ドレイン電流が増加する。特性を図 7.32(c) に示す。等価回路は同図 (d) となる。

7.9.4　MOSFET の使用例

MOSFET のポピュラーな用途は次の 2 つである。

- 比較的大きな電流を on/off するスイッチとして用いる。
- デジタル IC（論理 IC, CPU など）中の演算回路を構成する素子として用いる。

ここではスイッチとしての使い方について説明する。n チャンネル MOS-FET を用いたスイッチ回路の原理図を図 7.33(a) に示す[33]。

$v_{in} = 0$ のとき図 7.31(d) (p.317) より、ドレイン電流は流れないので FET は off 状態である。

ドレイン電流の最大値 $i_{D(max)}$ は

---

[32] ここで用いた α という記号は本書ローカルなものである。

[33] FET 回路において正電源の電圧は V_{DD} と表されることが多い。負電源の電圧は V_{SS} と表されることが多い。

(a) ディプリーション形の回路記号

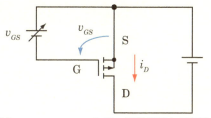
(b) エンハンスメント形の回路記号と使用法

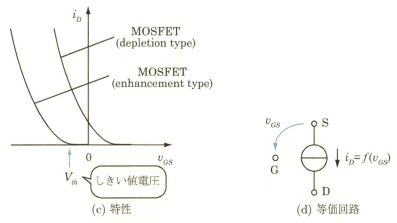
(c) 特性 　　　(d) 等価回路

図 7.32　p チャンネル MOSFET

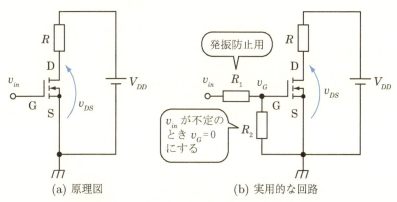
(a) 原理図　　　(b) 実用的な回路

図 7.33　n チャンネル MOSFET を用いたスイッチ

$$i_{D(max)} = \frac{V_{DD}}{R} \tag{7.46}$$

である。(7.45) (p.317) で示した式

$$i_D = \alpha(v_G - V_{th})^2$$

ただし α は比例係数、V_{th} は閾値電圧

で得られる i_D と (7.46) の $i_{D(max)}$ を比べて、$i_{D(max)}$ の方が小さいとき、MOSFET は導通状態となり、$v_{DS} = 0$ となる。すなわち、v_{in} の電圧が十分高いとき MOSFET は on 状態（導通状態）になる。以上より、MOSFET はスイッチとして働く。

理論上は図 7.33(a) の回路でスイッチは実現できるが、実際に回路を組むと、FET が off → on, あるいは on → off に切り替わる瞬間に、寄生発振によりゲート–ソース間やゲート–ドレイン間に大きな振動電圧が発生することがある [34]。また、電源を入れた瞬間など v_{in} が不定になると、FET が on になる可能性がある。それらを防止するために、実用上は図 7.33(b) のように回路を組む。R_1 は寄生発振を防止するためにある。R_2 は v_{in} が不定のときに $v_G = 0$ として FET を off にするためにある。

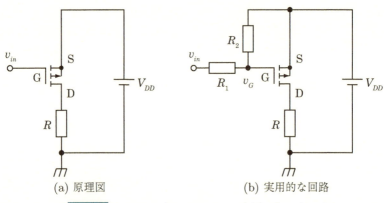

(a) 原理図　　　　　　　(b) 実用的な回路

図 7.34　p チャンネル MOSFET を用いたスイッチ

p チャンネル MOSFET を用いたスイッチ回路の原理図を図 7.34(a)、実用上の回路を同図 (b) に示す。$v_{in} = V_{DD}$ のとき FET は off となる。v_{in} が V_{DD} より十分に小さいとき FET は on になる。

---

[34] 筆者の電子工作において、比較的大きな電流（0.4 A 程度）を MOSFET で on/off したときに、寄生発振によるスパイク状のノイズが発生し、マイコンが誤動作するという現象に遭遇したことがある。マイコンが誤動作すると、off であるべきときに on になったりするので厄介である。

以下の理由により、スイッチとしては MOSFET の方がトランジスタより
優れている。

- スイッチング速度が速い。
- 損失が少ない。すなわち on のとき、「トランジスタのコレクタ–エ
  ミッタ間の電圧」より「FET のドレイン–ソース間の電圧」の方が
  低い。「上記の電圧 × 電流」がトランジスタや FET における損失
  となる。
- 大電流を on/off する場合、パワートランジスタの電流増幅率は低い
  ので（例えば 50）、大きなベース電流を流す必要がある。デジタル IC
  の出力（多くの電流を取り出すことはできない。例えば 20 mA 以下）
  をそのままベースに接続することはできないが、パワー MOSFET
  はゲートに電流を流す必要がないので、デジタル IC の出力をゲー
  トに接続できる。

ただし、MOSFET では on にするために、ゲート–ソース間にある程度
高い電圧（例えば 4 V 以上）をかける必要があるのに対して、トランジスタ
のベース–エミッタ間は 1 V 程度で on になる。

7.9.5 実際の FET の特性

図 7.35(a) の n チャンネル MOSFET の回路について考える。i_D は以
下のように求めることを既に学習した。

1. $v_{GS} < V_{th}$ のとき $i_D = 0$ である。
2. そうでないとき $i_D = \alpha(v_{GS} - V_{th})^2$ と仮定する。
3. 上で仮定した i_D が $i_{D(max)} = \frac{V_{DD}}{R}$ より大きいとき、

$$i_D = i_{D(max)} = \frac{V_{DD}}{R}$$

となり FET は on 状態（導通状態）である。そうでないとき、仮
定通り

$$i_D = \alpha(v_{GS} - V_{th})^2$$

である。

このことをグラフで表すと図 7.35(b) となる。図中の一点鎖線の長方形で
囲まれた範囲が on 状態に対応する。5 本の線は原点を起点としている。

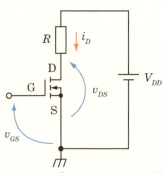
(a) n チャンネル MOSFET の回路

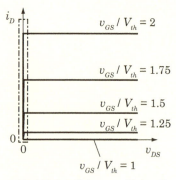
(b) 線形領域を考慮しない場合の特性

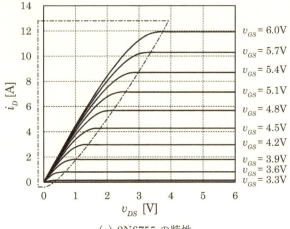
(c) 2N6755 の特性

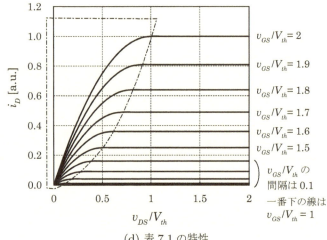
(d) 表 7.1 の特性

図 7.35　FET の詳細な特性

以上の理論は理想的な FET の場合である。実際の FET の特性はこれとは少し異なる。2N6755 という型番の MOSFET の特性を回路シミュレータ Tina でシミュレートすると図 7.35(c) となる。一点鎖線で囲んだ領域が同図 (b) の一点鎖線で囲まれた領域とは異なっている。この領域を線形領域（抵抗領域）と言う。この領域も含めて、実際の FET の特性は表 7.1 で表せる。

表 7.1　n チャンネル MOSFET の特性

名称	条件	ドレイン電流
遮断領域	$v_{GS} < V_{th}$	$i_D = 0$
飽和領域	$v_{GS} > V_{th}$ $v_{DS} > v_{GS} - V_{th}$	$i_D = \alpha\,(v_{GS} - V_{th})^2$ FET は電流源として振る舞う。
線形領域 （抵抗領域）	$v_{GS} > V_{th}$ $v_{DS} < v_{GS} - V_{th}$	$i_D = \alpha\{2(v_{GS} - V_{th})v_{DS} - v_{DS}^2\}$ FET は抵抗のように振る舞い、抵抗値は v_{GS} によって決まる。

表 7.1 の数式に基づいて描いたグラフが図 7.35(d) である。一点鎖線で囲んだ領域が線形領域である。電圧は V_{th} で規格化しており、電流は $v_{GS}/V_{th} = 2$ のときの値で規格化している。図 7.35(d) は同図 (c) とほぼ同じ形状なので、表 7.1 の数式は FET の特性を精度良く表すと言える。

MOSFET が線形領域で動作する場合、どのように扱えばよいかを考える。図 7.35(c) の線形領域における「線の傾きの逆数」が「ドレイン–ソース間の抵抗」に相当する[35]。2N6755 の場合、どの場所においてもおおむね $1/3\,\Omega$ 以下である。この値は大変小さいので、i_D が mA（ミリアンペア）オーダーであるとき、MOSFET は導通状態であるとみなせる。A（アンペア）オーダーの電流を扱うときは、ドレイン–ソース間のオン抵抗を考慮する必要がある。

次に、JFET について説明する。V_{th} をピンチオフ電圧 V_p で置き換えると、表 7.1 はそのまま成立する。JFET はゲート電圧を 0 に設定し、ドレイン電流が最大値をとる状態でも、ドレイン–ソース間は抵抗に換算すると $500\,\Omega$ 以上になる場合が多い。JFET はスイッチとしては用いられず、増幅回路として使われる。増幅回路を設計する場合、無信号時のとき、ゲート電圧はピンチオフ電圧の半分程度、ドレイン–ソース間の電圧は電源電圧の半分程度になるように設定する。筆者が回路シミュレータで JFET の増幅回路

---

[35] MOSFET のデータシートには「ドレイン・ソース間オン抵抗」として記載されている。

をシミュレートしたところ、微弱な信号を増幅する場合、JFET は飽和領域で動作し、線形領域には入らなかった。

　本節では n チャンネル FET について述べたが、p チャンネル FET についても同様の議論が成立する。

　なお、FET とトランジスタでは「飽和」という用語が表す現象が異なり、混乱しないように気をつけねばならない。この違いを表 7.2 にまとめる。ただし、数式は理想的な場合の式である。トランジスタの欄において、i_B はベース電流、i_C はコレクタ電流、β は電流増幅率である。

表 7.2　トランジスタと FET の対応

	FET	トランジスタ
出力はゼロ	遮断領域 $i_D = 0$	遮断領域 $i_C = 0$
入出力は比例	**飽和領域** $i_D = \alpha(v_{GS} - V_{th})^2$	能動領域（活性領域） $i_C = \beta i_B$
入力が増加しても出力は一定	線形領域（抵抗領域） $i_D = i_{D(max)} < \alpha(v_{GS} - V_{th})^2$	**飽和領域** $i_C = i_{C(max)} < \beta i_B$

付録A 複素数の基礎

▶ A.1 複素数とは

複素数は実数の概念を拡張したものである。a, b を実数とするとき、複素数は

$$a + jb \tag{A.1}$$

という形で表される。a を実部、b を虚部と呼ぶ。j は**虚数単位**と呼ばれ、$j^2 = -1$ となる数である。

実部が 0 である複素数を純虚数（あるいは単に虚数）と呼ぶこともある。

数学の分野では虚数単位は i (imaginary の頭文字) で表し、複素数を $a+bi$ のように表記する。これに対して、電気工学の分野では i は電流を表すので、混同を避けるため、虚数単位として j を用いる。また、$a + jb$ のように、j を虚部の先頭に置くのが慣習となっている。

実数が数直線上の位置として表せるように、複素数は複素平面上の点として表せる。図 A.1 のように横軸（実軸と呼ぶ, Real の Re で表す）を実部、縦軸（虚軸と呼ぶ, Imaginary の Im で表す）を虚部にとると、1 個の複素数は複素平面上の点として表せる。

分数の分母が複素数の場合、以下のような手順で実部と虚部に分けることができる。

$$\frac{1}{a+jb} = \frac{a-jb}{(a+jb)(a-jb)} = \frac{a-jb}{a^2+b^2} = \frac{a}{a^2+b^2} - j\frac{b}{a^2+b^2}$$

分母が純虚数の場合は、以下のように分子分母に j をかける。

$$\frac{1}{jb} = \frac{j}{jb \times j} = \frac{j}{-b} = -\frac{j}{b} = -j\frac{1}{b}$$

325

付録 A 複素数の基礎

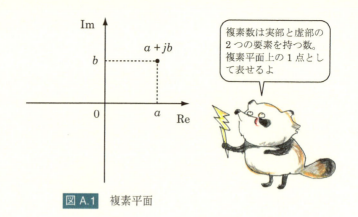

図 A.1　複素平面

A.2　極座標形式

複素数の表し方として、前節では「実部」と「虚部」で表す方法を述べた。もう一つの表現法として、極座標形式と呼ばれる方法がある。複素数を次のような形式で表す。

$$re^{j\theta} \tag{A.2}$$

e はネイピア数[1]で、指数関数や対数関数を学ぶときに登場する。r を**絶対値**、θ を**偏角**と呼ぶ。ただし $r \geq 0$ を仮定する。

(A.2) には $e^{j\theta}$（指数関数の引数が虚数）という見慣れない部分がある。オイラー[2]の公式[3]によると、

$$e^{j\theta} = \cos\theta + j\sin\theta \tag{A.3}$$

である。(A.3) の意味を図示すると図 A.2 となる。複素数 $e^{j\theta}$ の実部は $\cos\theta$、虚部は $\sin\theta$ である。

(A.3) を (A.2) に代入すると、

$$re^{j\theta} = r\cos\theta + jr\sin\theta \tag{A.4}$$

---

[1] $e = \lim\limits_{n \to \infty} \left(1 + \frac{1}{n}\right)^n = \sum\limits_{k=0}^{\infty} \frac{1}{k!}$ などから導かれる数であり、値は 2.71828······ と続く超越数である。

[2] レオンハルト・オイラー Leonhard Euler (1707–1783)：スイスのバーゼルに生まれ、ロシアのサンクトペテルブルクにて死去。18 世紀最大・最高の数学者であり、物理学者、天文学者でもある。

[3] オイラーの公式は数学で最も美しいといわれる公式である。小川洋子著の小説「博士の愛した数式」にも登場する。

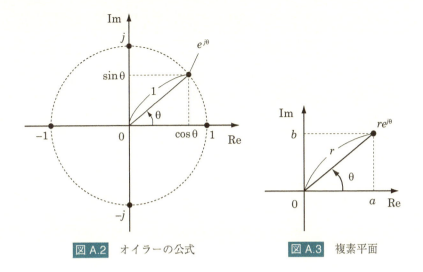

図 A.2　オイラーの公式　　　　図 A.3　複素平面

となる。(A.4) は複素数 $re^{j\theta}$ の実部が $r\cos\theta$, 虚部が $r\sin\theta$ であることを表している。複素数を「絶対値と偏角」で表す極座標形式と、$a+jb$ のように「実部と虚部」で表す形式の関係を図示すると図 A.3 のような関係になる。複素数の絶対値 r は原点からの距離を意味する。

図から次の関係が得られる。

$$\begin{cases} a &= r\cos\theta \\ b &= r\sin\theta \end{cases} \qquad \begin{cases} r &= \sqrt{a^2+b^2} \\ \theta &= \tan^{-1}\dfrac{b}{a} \end{cases}$$

複素数 C の絶対値を $|C|$ で表す[4]。以下の関係が成立する。

$$|a+jb| = \sqrt{a^2+b^2}$$
$$|re^{j\theta}| = r$$
$$|e^{j\theta}| = 1$$

「実部と虚部」で複素数を表す方式は足し算や引き算のときに便利であり、「絶対値と偏角」で表す極座標形式は掛け算や割り算のときに便利である。極座標形式で表された複素数の掛け算と割り算は A.4 節で説明する。

次に進む前に、オイラーの公式を証明しておく。興味が無い読者はスキッ

---

[4] 複素数の英語表記は complex number であり、頭文字の C で表すことが多い。

プしても構わない。オイラーの公式は、指数関数と三角関数をそれぞれテーラー[5]展開[6]することで導出できる。関数 $f(x)$ を $x = 0$ でテーラー展開すると、

$$f(x) = f(0) + f'(0)x + f''(0)\frac{x^2}{2!} + f'''(0)\frac{x^3}{3!} + f''''(0)\frac{x^4}{4!} \cdots\cdots \quad (\text{A}.5)$$

となる。これを利用して $e^{j\theta}$ をテーラー展開する。$(e^{ax})' = ae^{ax}$ だから $(e^{ax})^{(n)} = a^n e^{ax}$ である。$a \leftarrow j,\, x \leftarrow \theta$ と置換すると、

$$e^{j\theta} = 1 + j\theta - \frac{\theta^2}{2!} - j\frac{\theta^3}{3!} + \frac{\theta^4}{4!} + j\frac{\theta^5}{5!} - \frac{\theta^6}{6!} - j\frac{\theta^7}{7!} + \frac{\theta^8}{8!} \cdots\cdots \quad (\text{A}.6)$$

一方、$\cos\theta,\, \sin\theta$ をそれぞれ $\theta = 0$ でテーラー展開すると

$$\cos\theta \;=\; 1 \qquad - \frac{\theta^2}{2!} \qquad + \frac{\theta^4}{4!} \qquad - \frac{\theta^6}{6!} \qquad + \frac{\theta^8}{8!} \cdots\cdots \quad (\text{A}.7)$$

$$\sin\theta \;=\; \qquad \theta \qquad - \frac{\theta^3}{3!} \qquad + \frac{\theta^5}{5!} \qquad - \frac{\theta^7}{7!} \qquad\quad \cdots\cdots \quad (\text{A}.8)$$

となる。(A.6) を実部と虚部に分け、係数を (A.7)(A.8) と比較するとオイラーの公式 (A.3) が導出できた。

▐▐▐▶ A.3　代表的な値

極座標形式で表すと、複素数は絶対値（原点からの距離）と偏角（実軸から反時計回りの方向に見たときの角度）で表される。図 A.4 から分かるように、偏角 θ が $0,\, \frac{\pi}{2},\, \pi,\, \frac{3}{2}\pi$ のときの $e^{j\theta}$ は以下の値になる。

$$e^{j0} \;=\; 1 \qquad\qquad e^{j\frac{\pi}{2}} \;=\; j$$

$$e^{j\pi} \;=\; -1 \qquad\qquad e^{j\frac{3}{2}\pi} \;=\; -j$$

---

[5] Brook Taylor （ブルック・テーラー）(1685–1731): イギリスの数学者。

[6] テーラー展開は任意の関数をべき級数で表現する方法であり、$x = a$ で展開するとき $f(x) = f(a) + f'(a)(x-a) + f''(a)\frac{(x-a)^2}{2!} + f'''(a)\frac{(x-a)^3}{3!} + f''''(a)\frac{(x-a)^4}{4!} + \cdots\cdots$ である。

$x = 0$ でテーラー展開することをマクローリン展開と呼び、$f(x) = f(0) + f'(0)x + f''(0)\frac{x^2}{2!} + f'''(0)\frac{x^3}{3!} + f''''(0)\frac{x^4}{4!} + \cdots\cdots$ である。この公式は以下のように導出できる。$f(x) = a_0 + a_1 x + a_2 x^2 + a_3 x^3 + a_4 x^4 + \cdots\cdots$ とおいて、両辺を n 回微分し（$n = 0, 1, 2, \cdots\cdots$）、$x$ に 0 を代入すると、左辺は $f^{(n)}(0)$、右辺は $a_n n!$ となるから、両辺を等しいとおくと x^n の係数 a_n は $\frac{f^{(n)}(0)}{n!}$ である。

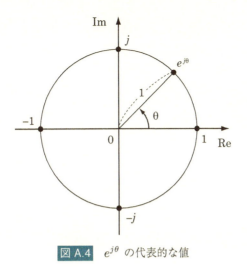

図 A.4　$e^{j\theta}$ の代表的な値

$|e^{j\theta}| = 1$ だから、$e^{j\theta}$ の値は複素平面上で、原点を中心とした半径 1 の円周上にある。

主値

極座標形式で表す場合、

$$e^{j(\theta + 2n\pi)}$$

は任意の整数 n に対して同じ値である。例えば、$e^{-j\frac{\pi}{2}} = e^{j\frac{3}{2}\pi}$ である。通常は

$$n = 0, \quad -\pi < \theta \leq \pi \tag{A.9}$$

にとる。偏角が (A.9) で表される値の範囲内にあるとき、偏角の**主値**という。

本付録の冒頭で「虚数単位 j は $j^2 = -1$ となる数である」と述べた。この記述は実は不正確である。図 A.4 を見ると分かるように、2 乗して -1 になる複素数は

$$e^{j\frac{\pi}{2}} \quad (= j)$$

$$e^{-j\frac{\pi}{2}} \quad (= -j)$$

の 2 つある。虚数単位 j はこのうち $e^{j\frac{\pi}{2}}$ で表される数と定義されており、図 A.4 中で j と表される場所である。

A.4 極座標形式の演算

極座標形式で複素数を表すと、掛け算の結果が予想しやすくなる。2つの複素数 $C_1 = r_1 e^{\theta_1}$ と $C_2 = r_2 e^{\theta_2}$ の積は以下のようになる。

$$r_1 e^{j\theta_1} \times r_2 e^{j\theta_2} = r_1 r_2 e^{j(\theta_1 + \theta_2)} \tag{A.10}$$

(A.10) を図で表すと図 A.5 のようになる。$C_1 C_2$ の絶対値は $r_1 r_2$ となり、偏角は $\theta_1 + \theta_2$ となる。

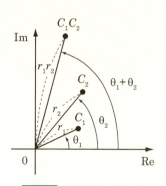

図 A.5　複素数の掛け算

図 A.6　複素数に $e^{j\theta}$ をかける

ある複素数に $e^{j\theta}$ をかけることは、$|e^{j\theta}| = 1$ だから、その複素数の偏角を角度 θ だけ回転させることを意味する。これを図で表すと図 A.6 となる。

複素数の割り算を極座標形式で表すと、以下のようになる。

$$\frac{r_1 e^{j\theta_1}}{r_2 e^{j\theta_2}} = \frac{r_1}{r_2} e^{j(\theta_1 - \theta_2)} \tag{A.11}$$

絶対値は割り算、偏角は引き算をすることで得られる。

(A.10)(A.11) より、複素数とその絶対値に関する以下の公式を得ることができる。

$$|C_1 C_2| = |C_1||C_2| \tag{A.12}$$

$$\left|\frac{C_1}{C_2}\right| = \frac{|C_1|}{|C_2|} \tag{A.13}$$

すなわち、「複素数の掛け算や割り算をした結果の絶対値」は「絶対値を求めた後に掛け算や割り算をした結果」と等しい。

A.5　複素共役

複素数 C の共役複素数を C^* で表す。上付きの $*$ は複素共役を意味する[7]。C と C^* を複素平面上に示すと、図 A.7 のようになる。図から分かるように、実部は同じで虚部の符号を反転させたものが、共役複素数である。実軸に対して対称な位置にある。

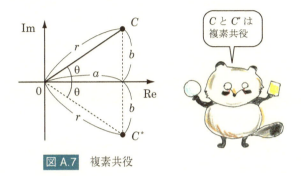

図 A.7　複素共役

数式で示すと以下のようになる。

$$\begin{array}{ccc} \text{複素数} & & \text{共役複素数} \\ a+jb & \Rightarrow & a-jb \end{array} \qquad (A.14)$$

$$re^{j\theta} \quad \Rightarrow \quad re^{-j\theta} \qquad (A.15)$$

(A.14) は定義である。(A.15) は図 A.7 から自明であるが、以下のように導出できる。

$$e^{j\theta} = \cos\theta + j\sin\theta$$
$$e^{-j\theta} = \cos\theta + j\sin(-\theta) = \cos\theta - j\sin\theta$$

極座標形式で表すと、共役複素数は元の複素数に対して絶対値は同じで偏角の符号が逆になる。

共役複素数のさらに共役をとると、元の複素数に戻る。

$$(C^*)^* = C$$

---

[7] 共役複素数を $\overline{C}$ で表す流儀もある。

付録 A　複素数の基礎

複素共役に関して以下の公式が成り立つ。

公式 1

$$|C|^2 = CC^* = C^*C \tag{A.16}$$

公式 2

$$(C_1C_2)^* = C_1^* C_2^* \tag{A.17}$$

$$\left(\frac{C_1}{C_2}\right)^* = \frac{C_1^*}{C_2^*} \tag{A.18}$$

公式 3

$$\mathrm{Re}\,\{C\} = \frac{C + C^*}{2} \tag{A.19}$$

公式 4

$$EI^* + E^*I = 2\,\mathrm{Re}\,\{EI^*\} = 2\,\mathrm{Re}\,\{E^*I\} \tag{A.20}$$

ただし、E, I は複素数

公式 1 と公式 2 の証明は、複素数を極座標形式で表して計算することで容易に確認できる。公式 3 は複素数を実部と虚部で表すことで容易に確認できる。公式 4 について、以下のように証明する。

この公式は、複素電圧 E と複素電流 I から電力を求める公式の中で使用される。

$E = a + jb,\ I = c + jd$ とおくと、

$$
\begin{aligned}
EI^* + E^*I &= (a+jb)(c-jd) + (a-jb)(c+jd) \\
&= ac + bd + j(bc - ad) + ac + bd + j(-bc + ad) \\
&= 2(ac + bd)
\end{aligned}
$$

$$
\begin{aligned}
2\,\mathrm{Re}\,\{EI^*\} &= 2\,\mathrm{Re}\,\{(a+jb)(c-jd)\} = 2\,\mathrm{Re}\,\{ac + bd + j(bc - ad)\} \\
&= 2\,(ac + bd)
\end{aligned}
$$

$$
\begin{aligned}
2\,\mathrm{Re}\,\{E^*I\} &= 2\,\mathrm{Re}\,\{(a-jb)(c+jd)\} = 2\,\mathrm{Re}\,\{ac + bd + j(-bc + ad)\} \\
&= 2\,(ac + bd) \tag{A.21}
\end{aligned}
$$

である。以上より (A.20) が証明された。

索 引

A

A（アンペア）　11
AC　13
AC アダプタ　269
admittance　136

B

back contact　316
back gate　316
base　280
β　283
bipolar transistor　313

C

C（キャパシタンス：静電容量）　89
C（クーロン：単位）　10
cal　83
capacitance　89
capacitor　86
collector　280
comparator　241
complex number　327
coupling capacitor　296
cutoff frequency　171

D

dB　174
DC　13
drain　313

E

effective value　151
emitter　280
emitter follower　306

F

F（ファラッド）　89
FET　313
field effect transistor　313
frequency　93

G

G（ギガ）　12
gate　313

H

H（ヘンリー）　88
h_{FE}　283
Hz（ヘルツ）　93

I

I（電流）　11

impedance　103
inductance　88

J

J（ジュール）　11, 78
JFET　313
Junction FET　313

K

k（キロ）　12

L

L（インダクタンス）　88
LED　265
Lignt Emitting Diode　265
loading error　184
Log スケール　169
low pass filter　171

M

μ（マイクロ）　12
M（メガ）　12
m（ミリ）　12
μA741　215
Metal Oxide Semiconductor FET　313
MOSFET　313

N

n（ナノ）　12
negative feedback　219
npn 形トランジスタ　280
n 形半導体　262

O

off 状態
　FET　318
　ダイオード　264
　トランジスタ　288
on 状態
　FET　320
　ダイオード　264
　トランジスタ　290
operational amplifire　212
OP アンプ　213

P

p（ピコ）　12
pnp 形トランジスタ　280
pn 接合　262

power factor　148
p 形半導体　262

Q

Q（電荷量）　10

R

R（抵抗）　11
RC 直列回路　123
RC 並列回路　127
reactor　86
RL 直列回路　120

S

S（ジーメンス）　136
single supply　249
SI 接頭語　12
source　313

T

T（周期）　93
T（テラ）　12
transformer　205
transistor　280

U

unipolar transistor　313

V

V（ボルト）　11
V_{CC}　283
V_{DD}　318
V_{EE}　283
virtual short　219
Volt Ampere　154
voltage follower　226
V_{SS}　318

W

W（ワット）　78
Wh（ワットアワー）　83

Z

Z（インピーダンス）　130

あ

アース　57
アドミタンス　136
アナログ計算機　214
アノード　262
アンペア（A）　11
アンペアの法則　87
1 次側　205

索引

インダクタンス	88
インピーダンス	103
インピーダンス変換	207
エミッタ	280
エミッタフォロワー	306
演算増幅器	212
エンハンスメント形	313
オイラーの公式	106, 326
オートトランス	210
オーム	11
オームの法則	16
オペアンプ	212

か

回路記号	
FET	314
検流計	62
コイル	87
交流電源, 交流信号源	99
コンデンサ	89
ダイオード	262
電池, 電球, 抵抗, スイッチ, 電圧計, 電流計	10
電流源	73
トランジスタ	280
角周波数	95
重ね合わせの理	
交流	134
直流	49
加算回路	228
仮想短絡	219
カソード	262
片電源	249
カットオフ周波数	
RC ハイパスフィルタ	174
RC ローパスフィルタ	171
過渡解	187
過渡現象	185
カロリー (cal)	83
ギガ (G)	12
逆方向飽和電流	263
キャパシタ	86
キャリア	262
共振	
直列	138
並列	140
共役複素数	331
極座標形式	326
虚軸	325
虚数	325
虚数単位	102, 325
虚部	325
キルヒホッフ	

— の第 1 法則	17
— の第 2 法則	18
— の電圧則	18
— の電圧則（交流）	91
— の電流則	17
— の電流則（交流）	91
キロ (k)	12
金属酸化膜形 FET	313
空乏層	314
クーロン (C)	10
グランド	58
クランプメータ	41
ゲート	313
結合コンデンサ	296
ゲルマニウム	262
ゲルマニウムダイオード	264
減算回路	229
検流計	62
コイル	87
合成	
インダクタンス	131
インピーダンス	131
キャパシタンス	132
抵抗（直列）	19
抵抗（並列）	22
交流	13
交流信号源	99
交流抵抗	103
交流電源	99
固定バイアス回路	292
コモン	58
コレクタ	280
コレクタ損失	287
コレクタ電流	283
コンデンサ	88
コンパレータ	240

さ

再結合電流	263
鎖交	87
酸化膜	316
ジーメンス (S)	136
閾値電圧	317
磁束	87
実効値	151
実軸	325
実部	325
時定数	189
遮断周波数	
RC ハイパスフィルタ	174
RC ローパスフィルタ	171
遮断領域 (FET)	323
周期	93

充電回路	185
周波数	93
周波数特性	164, 169
ジュール	11, 78
主値	329
出力インピーダンス	178
オペアンプ	217
シュミットトリガ回路	243
純虚数	325
瞬時値	123, 148
瞬時電力	144
順方向電圧	263
ショート	32
初期条件	188
ショットキーバリアダイオード	264
シリコン	262
シリコンダイオード	264
信号源（交流）	99
スライダック	210
スルーレート	215
正弦関数	13
正弦波	93
整合	82
正孔	262
静電容量	89
整流回路	267, 274
積分回路	231
改良された —	234
絶縁体	262
接合形 FET	313
絶対温度	263
絶対値	326
接地	58
節点方程式	47
線形	165
線形領域 (FET)	323
全波整流回路	269
ソース	313

た

ダイオード	262
ダイオードブリッジ	269
単電源	249
単巻変圧器	210
短絡	32
直流	13
直流成分	
— の遮断	200
— の付加	195
直列接続	
コイル	131
コンデンサ	132
抵抗	19
低域通過フィルタ	171
抵抗	10, 11

索引

—の直列接続 19
—の並列接続 22
抵抗領域 (FET) 323
定常解 187
定常状態 186
ディプリーション形 313
ディプレッション 313
テーラー展開 328
デシベル 174
テブナンの定理
　交流 135
　直流 66
　電流源を含む 75
　ローディングエラー 183
テブナンの等価回路 68
デプレション 313
デプレッション 313
テラ (T) 12
電圧 8, 11, 14
電圧計 39
電位 58
電界効果トランジスタ 313
電荷素量 263
電荷量 10
電源
　交流 99
　直流 8
電流 8, 11, 14
電流帰還バイアス回路 300
電流計 36
電流源 73
電流増幅率 283
電力
　交流 143
　直流 77
電力量 83
等価回路
　オペアンプ 217
　トランジスタ 282
導体 262
時定数 189
突入電流 273
トランジスタ 280
トランス 205
ドレイン 313

な

内部抵抗
　電圧計 39
　電圧源 74
　電流計 37
ナノ (n) 12
2 次側 205
入力インピーダンス 178
　オペアンプ 217

反転増幅回路 222
非反転増幅回路 224
入力オフセット電圧 225, 233
入力バイアス電流 217
任意定数 187
ネイピア数 326

は

バーチャルショート 219
バイパスコンデンサ 303
ハイパスフィルタ 172, 240
バイポーラトランジスタ 313
倍率器 43
バックゲート 316
バックコンタクト 316
発光ダイオード 265
発振 237
バッファ 226, 310
バルク 316
反転層 316
反転増幅回路 220
半導体 262
半波整流回路 267, 274
　オペアンプを用いた — 275
比較器 241
ピコ (p) 12
ヒステリシス付きコンパレータ 243
皮相電力 154
非反転増幅回路 222
微分回路 237
ピンチオフ電圧 314
ファラッド (F) 89
フーリエ級数展開 92
フーリエ変換 92
負荷 82
負荷誤差 184
負帰還 219
複素記号法 92, 102
複素共役 331
複素数 325
複素電圧 102
　実効値を表す — 152
複素電流 102
　実効値を表す — 152
複素平面 325
± 電源 214
ブリーダ抵抗 301
ブリッジ 62
ブリッジ整流回路 269
ブリッジダイオード 269
プルアップ抵抗 248

分圧の式 20
分流器 42
分流の式 26
平滑回路 271
平衡条件（ブリッジ） 63
並列接続
　コイル 131
　コンデンサ 132
　抵抗 22
ベース 280
ベース–エミッタ間抵抗 293
ベース電流 282
ベクトル図 118
　RC 直列回路 124
　RC 並列回路 128
　RL 直列回路 121
ヘルツ (Hz) 93
変圧器 205
偏角 326
ヘンリー (H) 88
放電回路 190
飽和（トランジスタ） 286
飽和領域 (FET) 323
ホール 262
ボルツマン定数 263
ボルテージフォロワー 226
ボルト (V) 11

ま

マイクロ (μ) 12
ミリ (m) 12
無効電力 155
メガ (M) 12

や

有効電力 155
ユニポーラトランジスタ 313

ら

ラジアン 94
リアクトル 86
力率 148
両電源 214
ループ電流 44
励磁電流 208
ロー出しハイ受け 178
ローディングエラー 184
ローパスフィルタ 166, 237
ログスケール 169

わ

ワット (W) 78
ワットアワー (Wh) 83

335

著者紹介

薮 哲郎

1966 年生まれ。同志社大学工学部電子工学科卒業。
京都大学大学院工学研究科電気工学専攻修士課程修了。同博士課程中退。
博士（工学）。
大阪府立大学を経て，現在，奈良教育大学教育学部 准教授。
大阪府立大学在職時は光導波路の設計・解析を研究。
現在は電気・情報分野の教材作成に従事。
著書に「光導波路解析入門」（森北出版）。

本書のサポートページ
http://denki.nara-edu.ac.jp/~yabu/denki/
将来，web サイトが移転した場合でも
「薮哲郎」「世界一わかりやすい電気・電子回路」「サポート」
で検索すると辿り着けるようにします。

NDC540 335p 21cm

世界一わかりやすい電気・電子回路　これ 1 冊で完全マスター！

2017 年 10 月 20 日　第 1 刷発行
2018 年　 4 月 20 日　第 3 刷発行

著者　　薮 哲郎

発行者　渡瀬昌彦
発行所　株式会社 講談社
　　　　〒 112-8001　東京都文京区音羽 2-12-21
　　　　　販売　　(03)5395-4415
　　　　　業務　　(03)5395-3615

編集　　株式会社 講談社サイエンティフィク
　　　　代表　矢吹　俊吉
　　　　〒 162-0825　東京都新宿区神楽坂 2-14　ノービィビル
　　　　　編集　　(03)3235-3701

カバー・表紙印刷　豊国印刷 株式会社

本文印刷・製本　株式会社 講談社

落丁本・乱丁本は購入書店名を明記の上，講談社業務宛にお送りください．送料小
社負担でお取替えいたします．なお，この本の内容についてのお問い合わせは講談
社サイエンティフィク宛にお願いいたします．定価はカバーに表示してあります．
© Tetsuro Yabu, 2017

本書のコピー，スキャン，デジタル化等の無断複製は著作権法上での例外を除き禁
じられています．本書を代行業者等の第三者に依頼してスキャンやデジタル化する
ことはたとえ個人や家庭内の利用でも著作権法違反です．

JCOPY ＜(社)出版者著作権管理機構 委託出版物＞

複写される場合は，その都度事前に（社）出版者著作権管理機構（電話 03-3513-
6969，FAX 03-3513-6979，e-mail : info@jcopy.or.jp）の許諾を得てください．

Printed in Japan
ISBN978-4-06-156573-9